全国铁道职业教育教学指导委员会规划教材
高等职业教育测绘类专业"十二五"规划教材

测 量 基 础

张晓雅　李笑娜　主编

中国铁道出版社

２０１２年·北 京

内 容 简 介

本书为高等职业教育测绘类专业"十二五"规划教材。本教材共分6个项目，分别为项目1：测量学认识；项目2：角度测量；项目3：距离测量；项目4：高程测量；项目5：导线测量；项目6：地形图测绘。

本书可作为高等职业技术院校测绘类专业，铁道工程、道路与桥梁、城市轨道工程、建筑工程、农田水利等相关的土建类专业的教材；也可作为土建类有关工程技术人员的参考用书。

图书在版编目（CIP）数据

测量基础/张晓雅，李笑娜主编 . —北京：

中国铁道出版社，2012.8

高等职业教育测绘类专业"十二五"规划教材

ISBN 978-7-113-15040-2

Ⅰ. ①测… Ⅱ. ①张… ②李… Ⅲ. ①测量学—高等

职业教育—教材 Ⅳ. ①P2

中国版本图书馆 CIP 数据核字（2012）第 154939 号

书　　名：**测量基础**

作　　者：张晓雅　李笑娜　主编

策　　划：刘红梅　　电话：010-51873133　　邮箱：mm2005td@126.com　　读者热线：044-668-0820

责任编辑：刘红梅

封面设计：冯龙彬

责任校对：孙　玫

责任印制：李　佳

出版发行：中国铁道出版社（100054，北京市西城区右安门西街 8 号）

网　　址：http://www.51eds.com

印　　刷：三河市华业印装厂

版　　次：2012 年 8 月第 1 版　　2012 年 8 月第 1 次印刷

开　　本：787mm×1 092mm　1/16　印张：12.75　字数：324 千

印　　数：1～3 000 册

书　　号：ISBN 978-7-113-15040-2

定　　价：28.00 元

前言

本教材是根据《国务院关于大力发展职业教育的决定》和教育部《关于全面提高高等职业教育教学质量的若干意见》等文件精神，突出以"能力为本位"的职业教育思想而编写的。

为突出教材的实用性和通用性，本教材编写体现如下特征：①理论联系实际，引入相关工程案例，增强针对性；②以工程施工为导向，将知识、能力项目化，增强职业性；③以岗位工作为依据，将教学内容任务化，增强操作性；同时将知识进行有效地组合，改变了传统教材的知识排序；④突出能力目标，体现能力本位，每个教学项目，围绕能力目标组织教学内容，做到基本概念准确、作业方法简洁、实施过程清晰；⑤强化实践动手能力，在每个教学项目中都配有相应的实践教学内容、要求及考核标准等，教学目的明确；⑥注重拓展知识面，每个项目中增加了知识拓展，为学生后续发展做了相应的知识铺垫；⑦以测量规范为依据，培养学生照章作业的良好习惯；⑧通篇语言简练易懂、便于自学。

本教材共分6个学习项目，即：测量学认知、角度测量、距离测量、高程测量、导线测量和地形图测绘。

本书可作为高等职业技术院校测绘类专业、铁道工程、道路与桥梁、城市轨道工程、建筑工程、农田水利等相应的土建类专业的教材，也可作为土建类有关工程技术人员的参考用书。

本教材由西安铁路职业技术学院张晓雅、石家庄铁道职业技术学院李笑娜主编。项目1、项目4、项目5由张晓雅编写；项目2、项目3由李笑娜编写；项目6由天津铁道职业技术学院夏春玲编写。全书由张晓雅统一修改定稿。

全书完成后，由西安铁路职业技术学院赵景民进行认真审稿，提出了许多宝贵的意见和建议。该书在编写过程中，也得到了西安铁路职业技术学院、石家庄铁道职业技术学院、天津铁道职业技术学院等同仁的大力支持和帮助，在此一并表示衷心地感谢！

编　者
2012 年 6 月

目录

项目1　测量学认知

项目描述

测量学是测绘科学的重要组成部分,是研究地球表面的形状和大小以及确定地球表面(含空中、地表、地下和海洋)物体的空间位置,并对这些空间位置的信息进行处理、储存、管理的科学。通过本项目的学习,初步了解测量学的概念、分类、作用、点位确定方法等基本知识,对后续学习测量的3项基本工作奠定基础。

拟实现的教学目标

1. 能力目标
- 能利用测量学的概念理解测量学的原理;
- 能理解点的平面位置投影和平面坐标概念;
- 能理解点的高程位置投影和高程概念。

2. 知识目标
- 掌握测量学的概念、分类、作用及任务;
- 掌握点的平面位置投影规律和平面坐标确定方法;
- 掌握点的高程位置确定方法;
- 掌握测量工作原则和要求。

3. 素质目标
- 培养学生独立学习能力,养成自主学习的习惯;
- 培养学生团结协作的意识。

相关案例——测量学的意义

(1)案例一简介:某钢厂根据生产需要,对钢厂进行改建和扩建。为了使改建、扩建更合理,现需要测绘人员测绘钢厂厂区的地形图,作为后续改建、扩建的设计依据,测图比例尺为1:2 000。地形图就是将地球表面的地物和地貌按照一定的投影方法、比例关系和规定符号缩绘在平面上而形成的图形,其比例尺通常大于1:100万。地形图上既表示点的平面位置,也表示点的高程位置。地形图不同于我们看到的行政区划地图和游览图,它对地形的表示精确、详细,是各类土木工程进行工程设计和建设的依据,也是军队各级指挥员指挥战斗行动所必需的重要工具。

(2)案例二简介:钢厂地形图测绘完毕后,需要在地形图上设计新的厂房及相应的配套设施,测绘人员要将图纸上设计好的建筑物或构筑的平面位置和高程位置按照设计的要求标定到地面上,作为工程施工的依据。

典型工作任务 1　测量学认识

1.1.1　工作任务

通过测量学基本概念知识的学习,了解测量学的概况,明确本课程的学习意义和价值,对测绘、测设有一个基本认识。主要达到以下目标:

(1)掌握测量学的概念、分类、作用及任务;

(2)掌握点的平面位置投影规律和平面坐标确定方法;

(3)掌握点的高程位置确定方法;

(4)掌握测量工作原则和要求。

说明:测量学是研究地球形状和大小的一门学科。它的主要任务是测绘地球的形状和大小,为地球科学提供必要的数据和资料;二是测绘不同比例尺的地形图,为工程建设、城市规划、国土资源、国防建设等提供必要的图纸资料和数据资料;三是将工程建设中设计好的建筑物或构筑物按照设计的要求测设于地面,为工程施工提供依据。

1.1.2　相关配套知识

1. 测量学的概念及分类

测量学是测绘科学的重要组成部分,是研究地球形状和大小及确定地球表面(含空中、地表、地下和海洋)物体的空间位置,并对这些空间位置信息进行处理、储存、管理的科学。

测绘学是一门既古老而又在不断发展中的学科。按照研究范围和对象及采用技术的不同,测量学可以分为以下多个学科:

(1)大地测量学:研究和测定地球形状、大小和地球重力场,以及建立大面积范围内控制网的理论、技术和方法的学科。在大地测量学中,必须考虑地球曲率的影响。由于空间技术的发展,大地测量学正在从常规大地测量学向空间大地测量学和卫星大地测量学方向发展。

(2)普通测量学:不考虑地球曲率的影响,研究在地球表面局部区域(小于 10 km²)内测绘工作的理论、技术和方法的学科。

(3)摄影测量学:研究利用摄影或遥感技术获取被测物体的信息,以确定其形状、大小和空间位置的学科。根据获得像片的方式不同,摄影测量学又可以分为航空摄影测量学、航天摄影测量学、地面摄影测量学和水下摄影测量学等。

(4)海洋测量学:研究以海洋和陆地水域为对象所进行的测量和海图编制工作的学科。

(5)工程测量学:研究工程建设在勘测设计、施工和管理各阶段进行测量工作的理论、技术和方法的学科。

(6)地图制图学:利用测量、采集和计算所得的成果资料,研究各种地图的制图理论、原理、工艺技术和应用的学科。研究内容包括地图编制、地图投影学、地图整饰、印刷等。这门学科正在向制图自动化、电子地图制作及地理信息系统方向发展。

2. 测量学的任务

测量学是研究地球形状和大小的一门学科,其主要任务有 3 项。一是研究确定地球的形状和大小,为地球科学提供必要的数据和资料。二是测绘(也称测定)。测绘是指使用测量仪器和工具,通过测量和计算,得到一系列测量数据(三维坐标或方向、距离、高程等),之后按一定比例将地球表面的地物和地貌缩绘在图纸上,供经济建设、国防建设、规划设计及科学研究使用。三是测设。测设是指把图纸上规划设计好的建筑物(或构筑物)按照设计的要求标定在地面上,作为工程施工的依据,是改造自然的过程。

3. 测量学在土木工程建设中的作用

测量学的主要任务是大比例地形图的测绘、建筑物的施工测量和建筑物的变形观测。测绘工作为各项建设项目的勘测、设计、施工、竣工及养护维修等服务,遍布于国民经济建设和国防建设的各部门和各个方面。随着科学技术的发展,其作用将日益扩大。近年来,在地震预测、海底资源勘测、近海油井钻探、地下电缆埋设、灾情监视与调查、宇宙空间技术以及其他科学研究方面都越来越多地用到测绘技术;科学技术的研究、地壳的形变、地震预报以及地极周期性运动的研究等,也都要应用测绘资料。

在基础设施建设、城镇规划、农田水利建设等各类土木工程建设中,从勘测设计到施工、竣工阶段,都需要进行大量的测绘工作。例如,铁路、公路在建造之前,为了确定一条最经济合理的路线,首先必须进行该地带的测量工作,根据测量成果绘制带状地形图,在地形图上进行线路设计,然后将设计路线的位置标定在地面上以便进行施工;在路线跨越河流时必须建造桥梁,山地需要开挖隧道,开挖之前,必须在地形图上确定隧道的位置,并通过测量数据计算隧道的长度和方向;在隧道施工期间,通常从隧道两端开挖,这就需要根据测量的结果指示开挖方向等,使之符合设计要求。在民用建筑和工业建筑施工时,首先要测绘地形图,之后进行场地平整,然后进行建筑物定位放样、轴线投测、标高传递等一系列工作。

可见,测量工作贯穿于土木工程建设的整个过程。因此,学习和掌握测量学的基本知识和技能是土木工程各专业的技术人员的基本职业素质要求。

典型工作任务2　确定地面点的空间位置

1.2.1　工作任务

通过地面点位确定知识的学习,主要达到以下目标:

(1)理解地球的形状,掌握地面点投影的规律和测量坐标系统;

(2)掌握高程基准面的确定和地面点位的高程定义;

(3)掌握确定地面点位的三要素。

说明:要确定地球表面的形状和大小,必须从研究组成体最基本的元素点入手,了解点的投影规律及坐标系统,从而确定点位的3个基本要素(平面坐标 x、y 和高程 H)。

1.2.2　相关配套知识

1. 地面点平面位置的表示方法

(1)地球的形状和大小

1)水准面和水平面

测量工作是在地球的自然表面进行的,而地球自然表面既不平坦也不规则,有高达8 848.13 m的珠穆朗玛峰,也有深至11 022 m的马里亚纳海沟,虽然它们高低起伏悬殊,但与半径为6 371 km的地球比较,还是可以忽略不计。另外,海洋面积约占地球表面总面积的71%,陆地面积仅占29%。因此,人们设想以一个静止不动的水面向陆地延伸,形成一个闭合的曲面包围整个地球,这个闭合曲面称为水准面。水准面的特点是其上任意一点的铅垂线都垂直于该点的曲面。与水准面相切的平面,称为水平面。

2)大地水准面

事实上,海水受潮汐及风浪的影响,时高时低,所以水准面有无数个,其中与平均海水面相吻合的水准面称为大地水准面,也称为绝对水准面,它是测量工作的基准面。由大地水准面所包围的地球形体称为大地体,它代表了地球的自然形状和大小。

3)铅垂线

由于地球自转,地球上任一点都同时受到离心力和地球引力的作用,这两个力的合力称为重力,重力的方向线称为铅垂线,它是测量工作的基准线。

4)地球椭球体

由于地球内部质量分布不均匀,重力也受其影响故引起铅垂线的方向产生不规则的变化,致使大地水准面成为一个有微小起伏的复杂曲面,如图 1.1(a)、(b)所示,人们无法在这样的曲面上直接进行测量数据的处理。为了解决这个问题,人们选用一个既非常接近大地水准面、又能用数学式表示的几何形体来代替地球总的形状,这个几何形体是由椭圆绕其短轴旋转而成的旋转椭球体,又称地球椭球体,如图 1.1(c)所示。地球椭球体的形状和大小取决于椭圆的长半径 a,短半径 b 及扁率 α,其关系式为:

$$\alpha = \frac{a-b}{a} \tag{1.1}$$

我国目前采用的地球椭球体的参数值为:$a = 6\ 378\ 140$ m,$b = 6\ 356\ 755$ m,$\alpha = 1:298.257$。

由于地球椭球体的扁率 α 很小,所以当测量的区域不大时,可将地球看做半径为 6 371 km 的圆球;在小范围内进行测量工作时,可以用水平面代替大地水准面。

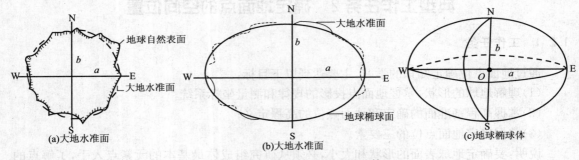

图 1.1 大地水准面与地球椭球体

(2)确定地面点平面位置的方法

测量工作的实质是确定地面点的空间位置,而地面点的空间位置须由 3 个参数来确定,即该点在大地水准面上的投影位置(两个参数 x、y)和该点的高程 H。

1)地面点在大地水准面上的投影位置

地面点在大地水准面上的投影位置,可用地理坐标和平面直角坐标表示。

①地理坐标

地理坐标是用经度 λ 和纬度 ϕ 表示地面点在大地水准面上的投影位置。由于地理坐标是球面坐标,不便于直接进行各种计算,在工程上为了使用方便,常采用平面直角坐标系来表示地面点位。下面介绍两种常用的平面直角坐标系。

②高斯平面直角坐标

地球椭球面是一个不可展的曲面,必须通过投影的方法将地球椭球面的点位换算到平面上。

地图投影方法有多种，我国采用的是高斯投影法。利用高斯投影法建立的平面直角坐标系，称为高斯平面直角坐标系。在广大区域内确定点的平面位置，一般采用高斯平面直角坐标系。

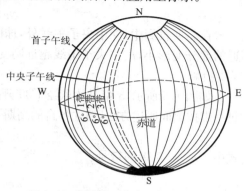

高斯投影法是将地球划分成若干带，称为投影带，然后将每带投影到平面上。如图 1.2 所示，投影带是从首子午线起，每隔经度 6°划分一带，称为 6°带，将整个地球划分成 60 个带。带号从首子午线起自西向东编，0°～6°为第 1 号带，6°～12°为第 2 号带……位于各带中央的子午线称为中央子午线，第 1 号带中央子午线的经度为 3°，设任意号带中央子午线的经度 L_0，则：

$$L_0 = 6N - 3 \qquad (1.2)$$

式中　　N——6°带的带号。

图 1.2　高斯平面直角坐标的分带

为了叙述方便，把地球看做圆球，并设想把投影面卷成圆柱面套在地球上，如图 1.3(a)所示，使圆柱的轴心通过圆球的中心，并与某 6°带的中央子午线相切。在球面图形与柱面图形保持等角的条件下，将该 6°带上的图形投影到圆柱面上，然后将圆柱面沿过南、北极的母线剪开，并展开成平面，这个平面称为高斯投影平面。如图 1.3(b)所示，投影后在高斯投影平面上中央子午线和赤道的投影是两条互相垂直直线，其他的经线和纬线是曲线。

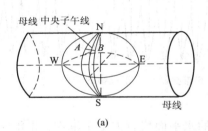

(a)

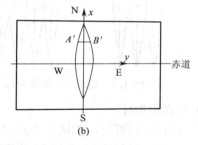

(b)

图 1.3　高斯投影方法

我们规定中央子午线的投影为高斯平面直角坐标系的纵轴 x，赤道的投影为高斯平面直角坐标系的横轴 y，两坐标轴的交点为坐标原点 O。并令 x 轴向北为正，y 轴向东为正，由此建立了高斯平面直角坐标系，如图 1.4 所示。

在图 1.4(a)中，地面点 A、B 的平面位置可用高斯平面直角坐标 x、y 来表示。由于我国位于北半球，x 坐标均为正值，y 坐标则有正有负，因此：

$$y_A = +136\ 780 \text{ m}$$
$$y_B = -272\ 440 \text{ m}$$

为了避免 y 坐标出现负值，将每带的坐标原点向西移 500 km，如图 1.4(b)所示。纵轴西移后，

$$y_A = (500\ 000 + 136\ 780)\text{m} = 636\ 780 \text{ m}$$
$$y_B = (500\ 000 - 272\ 440)\text{m} = 227\ 560 \text{ m}$$

为了正确区分某点所处投影带的位置，规定在横

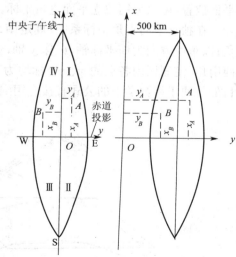

(a)坐标原点西移前　(b)坐标原点西移前
的高斯平面直角坐标　的高斯平面直角坐标

图 1.4　高斯平面直角坐标

坐标值前冠以投影带带号。如 A、B 两点均位于第 20 号带，则：

$$y_A = 20\ 636\ 780\ \text{m}$$

$$y_B = 20\ 227\ 560\ \text{m}$$

在高斯投影中，除中央子午线外，球面上其余的曲线投影后都会产生变形。离中央子午线近的部分变形小，离中央子午线越远则变形越大，两侧对称。当要求投影变形更小时，可采用 3°带投影。

如图 1.5 所示，3°带是从东经 1°30′ 开始，每隔经度 3°划分一带，将整个地球划分成 120 个带。每一带按前面所述方法，建立各自的高斯平面直角坐标系。设各带中央子午线的经度 $L_0{}'$，则：

$$L_0{}' = 3n \tag{1.3}$$

式中　n——3°带的带号。

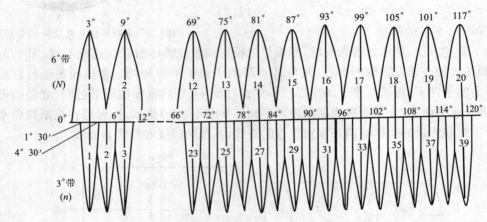

图 1.5　高斯平面直角坐标系 6°带投影和 3°带投影的关系

③独立平面直角坐标

当测区范围较小时，可以用测区中心点 A 的水平面代替大地水准面，如图 1.6 所示。在这个平面上建立的测区平面直角坐标系，称为独立平面直角坐标系。在局部区域内确定点的平面位置，可以采用独立平面直角坐标。

在独立平面直角坐标系中，规定南北方向为纵坐标轴，记作 x 轴，x 轴向北为正，向南为负；以东西方向为横坐标轴，记作 y 轴，y 轴向东为正，向西为负；坐标原点 O 一般选在测区的西南角，使测区内各点的 x、y 坐标均为正值；坐标象限按顺时针方向编号，如图 1.7 所示，其目的是便于将数学中的公式直接应用到测量计算中，而不需做任何变更。

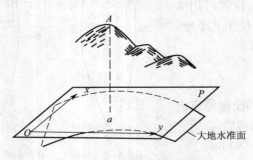

图 1.6　地面点位的确定

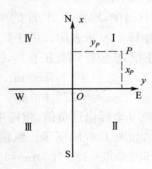

图 1.7　坐标象限

2. 地面点高程位置的表示

（1）绝对高程

地面点到大地水准面的铅垂距离，称为该点的绝对高程，又称海拔，在工程测量中习惯称为高程，用 H 表示。如图 1.8 所示，地面点 A、B 的高程分别为 H_A、H_B。

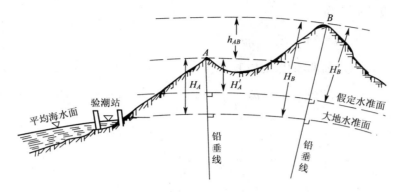

图 1.8　高程和高差

建国以来，我国曾以青岛验潮站多年的观测资料求得黄海平均海水面，作为我国的大地水准面，即绝对高程的基准面。目前，我国采用的"1985 年国家高程基准"，是以 1953—1979 年青岛验潮站观测资料确定的黄海平均海水面作为绝对高程基准面，并在青岛观象山上建立了国家水准原点，其高程为 72.260 m。

（2）相对高程

个别地区采用绝对高程有困难时，也可以假定一个水准面作为高程起算基准面，这个水准面称为假定水准面。地面点到假定水准面的铅垂距离，称为该点的相对高程或假定高程。如图 1.8 中，A、B 两点的相对高程为 H'_A、H'_B。

（3）高差

地面上任意两点间的高程之差，称为高差，用 h 表示。高差有方向和正负。如图 1.8 中，A、B 两点的高差为：

$$h_{AB} = H_B - H_A \tag{1.4}$$

当 h_{AB} 为正时，B 点高于 A 点；当 h_{AB} 为负时，B 点低于 A 点。

B、A 两点的高差为：

$$h_{BA} = H_A - H_B \tag{1.5}$$

由此可见，A、B 两点的高差与 B、A 两点的高差绝对值相等，符号相反，即：

$$h_{AB} = -h_{BA} \tag{1.6}$$

综上所述，我们只要知道地面点的 3 个参数 x、y、H，那么地面点的空间位置就可以唯一确定了。

3. 用水平面代替水准面的范围

前面我们介绍到当测区范围较小时，可以把水准面看做水平面，为此，要讨论用水平面代替水准面对距离、角度和高差的影响，以便给出限制水平面代替水准面的限度。为叙述方便，假定水准面为球面。

（1）对距离的影响

如图 1.9 所示，地面上 A、B 两点在大地水准面上的投影点是 a、b，用过 a 点的水平面代替大地水准面,则 B 点在水平面上的投影为 b'。

设 ab 的弧长为 D,ab' 的长度为 D',球面半径 R,D 所对圆心角为 θ,则以水平长度 D' 代替弧长 D 所产生的误差 ΔD 为:

$$\Delta D = D' - D = R\tan\theta - R\theta = R(\tan\theta - \theta) \tag{1.7}$$

将 $\tan\theta$ 用级数展开为:

$$\tan\theta = \theta + \frac{1}{3}\theta^3 + \frac{5}{12}\theta^5 + \cdots$$

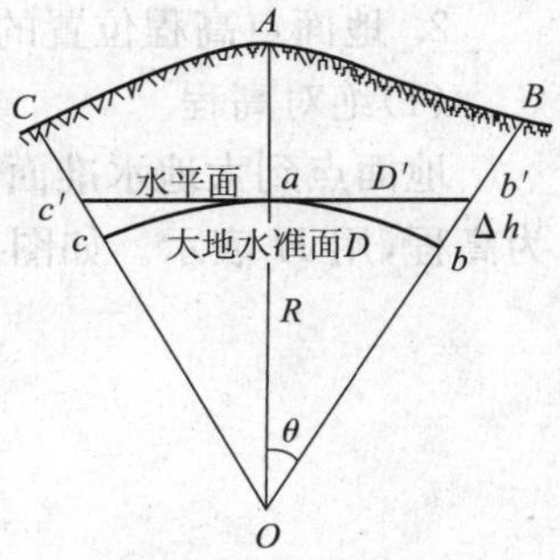

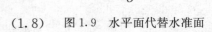

图 1.9　水平面代替水准面

因为 θ 角很小,所以只取前两项代入式(1.7)得:

$$\Delta D = R\left(\theta + \frac{1}{3}\theta^3 - \theta\right) = \frac{1}{3}R\theta^3 \tag{1.8}$$

又因 $\theta = \dfrac{D}{R}$,则:

$$\Delta D = \frac{D^3}{3R^2} \tag{1.9}$$

$$\Delta D / D = \frac{D^2}{3R^2} \tag{1.10}$$

若取地球半径 $R = 6\ 371$ km,并以不同的距离 D 值代入式(1.9)和式(1.10),则可求出距离误差 ΔD 和相对误差 $\Delta D/D$,如表 1.1 所示。

表 1.1　水平面代替水准面的距离误差和相对误差

距离 D(km)	距离误差 ΔD(mm)	相对误差 $\Delta D/D$	距离 D(km)	距离误差 ΔD(mm)	相对误差 $\Delta D/D$
10	8	1 : 1 220 000	50	1 026	1 : 49 000
20	128	1 : 200 000	100	8 212	1 : 12 000

由表 1.1 可知,当距离 D 为 10 km 时,用水平面代替水准面所产生的距离相对误差为 1 : 1 220 000,这样小的误差,就是对精密的距离测量也是允许的。因此,在半径为 10 km 的范围内进行距离测量时,可以用水平面代替水准面,而不必考虑地球曲率对距离的影响。

(2)对水平角的影响

从球面三角学可知,同一空间多边形在球面上投影的各内角和,比在平面上投影的各内角和大一个球面角超值 ε:

$$\varepsilon = \rho \frac{S}{R^2} \tag{1.11}$$

式中　ε——球面角超值($''$);

S——球面多边形的面积(km^2);

R——地球半径(km);

ρ——1 弧度的秒值,$\rho = 206\ 265''$。

以不同的面积 S 代入式(1.11),可求出球面角超值,如表 1.2 所示。

表 1.2　水平面代替水准面的水平角误差

球面多边形面积 S(km^2)	球面角超值 ε($''$)	球面多边形面积 S(km^2)	球面角超值 ε($''$)
10	0.05	100	0.51
50	0.25	300	1.52

由表 1.2 可知，面积 S 为 100 km^2 时，用水平面代替水准面所产生的角度误差仅为 0.51″，所以在一般的测量工作中，可以忽略不计。

（3）对高程的影响

如图 1.9 所示，地面点 B 的绝对高程为 H_B，用水平面代替水准面后，B 点的高程为 H'_B，H_B 与 H'_B 的差值即为水平面代替水准面产生的高程误差，用 Δh 表示，则：

$$\Delta h = D'^2 / (2R + \Delta h)$$

上式中，可以用 D 代替 D'，Δh 相对于 $2R$ 很小，可略去不计，则：

$$\Delta h = \frac{D^2}{2R} \tag{1.12}$$

以不同的距离 D 值代入式（1.12），可求出相应的高程误差 Δh，如表 1.3 所示。

表 1.3　水平面代替水准面的高程误差

距离 D(km)	0.1	0.2	0.3	0.4	0.5	1	2	5	10
Δh(mm)	0.8	3	7	13	20	78	314	1 962	7 848

由表 1.3 可知，用水平面代替水准面，对高程的影响是很大的，在 0.2 km 的距离上就有 3 mm 的高程误差，这是不允许的。因此，在进行高程测量时，即使距离很短，也应考虑地球曲率对高程的影响。

4. 测量工作概述

（1）测量的基本工作

地球表面的形态是复杂多样的，在测量工作中，一般将其分为两大类：地面上的物体如河流、道路、房屋等称为地物；地面高低起伏的形态称为地貌。地物和地貌统称为地形。地形图由为数众多的地形特征点所组成。为测绘地形图，在测区中构成一个骨架，起控制作用，将它们称为控制点。测量控制点的坐标的工作称为控制测量。以控制点为依据，测量控制点至碎部点（地形的特征点）之间的水平距离、高差及其相对于某一已知方向的角度，来确定碎部点的位置，这一工作称为碎部测量。

地面点的平面直角坐标和高程一般不是直接测定，而是间接测定的。通常是测出待定点与已知点（已知平面直角坐标和高程的点）之间的几何关系，然后推算出待定点的平面直角坐标和高程。测定地面点平面直角坐标的主要工作是测量水平角和水平距离，测定地面点高程的主要工作是测量高差。

综上所述，测量的基本工作是：高程测量、水平角测量、水平距离测量。通常，将水平角（方向）、距离和高程称为地面点位的三要素。

（2）测量工作的基本原则

①"由整体到局部"、"先控制后碎部"的原则

无论是测绘地形图还是建筑物的施工放样，其最基本的问题都是测定或测设地面点的位置。在测量过程中，为了避免误差的积累，保证测量区域内所测点位具有必要的精度，首先要在测区内选择若干对整体具有控制作用的点作为控制点，用较精密的仪器和精确的测量方法，测定这些控制点的平面位置和高程，然后根据控制点进行碎部测量和测设工作。这种"从整体到局部"、"先控制后碎部"的方法是测量工作的一个原则，它可以减少误差的积累，并且可同时在几个控制点上进行测量，加快测量工作进度。

②"前一步工作未作检核不进行下一步工作"的原则

当测定控制点的相对位置有错误时,以其为基础所测定的碎部点或测设的放样点也必然有错。为避免错误的结果对后续测量工作的影响,测量工作必须重视检核,因此,"前一步工作未作检核不进行下一步工作"是测量工作的又一个原则。

(3)测量工作的基本要求

①"质量第一"的观念

为了确保施工质量符合设计要求,需要进行相应的测量工作,测量工作的精度会影响施工质量。因此,施工测量人员应有"质量第一"的观念,遵循的原则是相关规范。

②严肃认真的工作态度

测量工作是一项科学工作,具有客观性。在测量工作中,为避免产生差错,应进行相应的检查和检核,杜绝弄虚作假、伪造成果、违反测量规则的错误行为。因此,施工测量人员应有严肃认真的工作态度。

③保持测量成果的真实、客观和原始性

测量的观测成果是施工的依据,需长期保存。因此,应保持测量成果的真实、客观和原始性。

④要爱护测量仪器与工具

每一项测量工作,都要使用相应的测量仪器,测量仪器的状态直接影响测量观测成果的精度。因此,施工测量人员应爱护测量仪器与工具。

知识拓展

测绘学概况

1. 测量学的产生

(1)生产、生活的需要以及建筑、农田、水利建设等

公元前 27 世纪建设的埃及大金字塔,其形状与方向都很准确,说明当时已有放样的工具和方法。

我国的夏商时代,为了治水开始了水利工程测量工作。司马迁在《史记》中对夏禹治水有这样的描述:"陆行乘车,水行乘船,泥行乘橇,山行乘檋,左准绳,右规矩,载四时,以开九州,通九道,陂九泽,度九山。"这里所记录的是当时的工程勘测情景,准绳和规矩就是当时所用的测量工具,准是可揆平的水准器,绳是丈量距离的工具,规是画圆的器具,矩则是一种可定平,可测长度、高度、深度和画圆、画矩形的通用测量仪器。早期的水利工程多为河道的疏导,以利防洪和灌溉,其主要的测量工作是确定水位和堤坝的高度。秦代李冰父子领导修建的都江堰水利枢纽工程,曾用一个石头人来标定水位,当水位超过石头人的肩时,下游将受到洪水的威胁;当水位低于石头人的脚背时,下游将出现干旱。这种标定水位的办法与现代水位测量的原理完全一致。北宋时沈括为了治理汴渠,测得"京师之地比泗州凡高十九丈四尺八寸六分",是水准测量的结果。1973 年从长沙马王堆汉墓出土的地图包括了地形图、驻军图和城邑图 3 种,不仅所表示的内容相当丰富,绘制技术也非常熟练,在颜色使用、符号设计、内容分类和简化等方面都达到了很高水平,是目前世界上发现的最早的地图,这与当时发达的测绘术是分不开的。

公元前 14 世纪,在幼发拉底河与尼罗河流域曾进行过土地边界的划分测量。我国的地籍管理和土地测量最早出现在殷周时期,秦、汉过渡到私田制。隋唐实行均田制,建立户籍册。

宋朝按乡登记和清丈土地,出现地块图。到了明朝洪武四年,全国进行土地大清查和勘丈,编制的鱼鳞图册是世界最早的地籍图册。

　　(2)军事、交通运输的需要——旅行、航海等

　　工程测量学的发展也受到了战争的促进。中国战国时期修筑的午道、公元前 210 年秦始皇修建的"堑山堙谷,千八百里"直道、古罗马构筑的兵道以及公元前 218 年欧洲修建的通向意大利的"汉尼拔通道"等,都是著名的军用道路。修建中应用了测量工具进行地形勘测、定线测量和隧道定向开挖测量。

　　唐代李筌指出"以水佐攻者强……先设水平测其高下,可以漂城;灌军,浸营,败将也",说明了测量地势高低对军事成败的作用。中华民族伟大象征的万里长城修建于秦汉时期,这一规模巨大的防御工程,从整体布局到修筑,都进行了详细的勘察测量和施工放样工作。

　　我国是世界上采矿业发展最早的国家,在公元前 2 000 多年的黄帝时代就已开始应用金属,如铜器、铁器等,到了周代金属工具已普遍应用。据《周礼》记载,在周朝已建立专门的采矿部门,开采时很重视矿体形状,并使用矿产地质图来辨别矿产的分布。

　　我国四大发明之一的指南针,从司南、指南鱼算起,有 2 000 多年的历史,对矿山测量和其他工程勘测有很大的贡献。在国外,意大利都灵保存有公元前 15 世纪的金矿巷道图。公元前 13 世纪埃及也有按比例缩小的巷道图。公元前 1 世纪,希腊学者格罗·亚里山德里斯基对地下测量和定向进行了叙述。德国在矿山测量方面有很大贡献,1556 年格·阿格里柯拉出版的《采矿与冶金》一书,专门论述了开采中用罗盘测量井下巷道的一些问题。

　　2. 测量学的发展

　　这是人类长期探索的问题。早在公元前 6 世纪,古希腊的毕达哥拉斯(Pythagoras)就提出了地球形状的概念。两个世纪后,亚里士多德(Aristotle)做了进一步论证,支持这一学说。又一个世纪后,埃拉托斯特尼(Eratosthenes)用在南北两地同时观测日影的办法首次推算出地球子午圈的周长。其想法很简单,先测量地面上一段(子午线)的弧长 l,再测量该弧长所对的中心角 θ。则地球的半径 R 就可求得:

$$R=l/\theta$$

地球子午线的周长等于

$$L=2\pi R$$

这里关键在于如何求 θ。为此要同时在南北两点测量竖杆影子的长度,凭影长和杆高就可以求得两个杆子与阳光的夹角 ϕ_1 和 ϕ_2。设在同一时刻两地的阳光相互平行,则

$$\theta=\phi_2-\phi_1$$

　　在人类认识地球形状和大小的过程中,测量学获得了飞速的发展。例如:三角测量和天文测量的理论和技术、高精度经纬仪制作的技术、距离丈量的技术及有关理论、测量数据处理的理论以及误差理论等。在测量学发展的过程中很多数学家、物理学家做出了巨大的贡献,如托勒密、墨卡托等。

　　3. 测量学在军事上的作用

　　"天时,地利,人和"是打胜仗的三大要素。要有地利就要了解和利用地利。地图上详细标识着山脉、河流、道路、居民点等地形和地物,具有确定位置、辨识方向的作用。

　　地图一直在军事活动中起着重要的作用,这对于行军、布防以及了解敌情等军事活动都是十分重要的。因此,早就成为军事上不可缺少的工具,获得广泛的应用。

　　人造卫星定位技术早期用于军事部门,后逐步解密才在测绘及其他众多部门中获得应用;

海洋测量技术首先是由航海的需要而产生,但其高速发展的动力主要来自军事部门的需要……至今军事测绘部门仍在测绘领域科技前沿对重大课题进行探索和研究。传统上各国测绘部门隶属于军事部门,至今相当多国家的测绘部门仍然隶属于军事部门。随着测绘技术在各方面的应用越来越广泛,测绘科技国际间的交流日益频繁,不少国家终于建立了民用的测绘机构。

4. 测量学在国土管理中的作用

测量学的起源和土地界线的划定紧密联系。非洲尼罗河每年泛滥会把土地的界线冲刷掉,为了每年恢复土地的界线很早就采用了测量技术。早期亦称"土地测量"、"土地清丈"等。用以测定地块的边界和坐落,求算地块的面积,在农业为主的社会里,国家为了征税而开展地籍测量,同时记录业主姓名和土地用途等。

在我国,地籍测量是国家管理土地的基础。地籍测量的成果不仅用于征税,还用于管理土地的权属以保障用地的秩序,为了提高土地利用的效益、合理和节约利用十分珍贵和有限的土地。

测量学还服务于国家领土的管理。《战国策·燕策》中关于荆轲刺秦王"图穷而匕首见"的记述,表明在战国时期地图在政治上象征着国家的领土和主权。当代,在一些国家间的领土争执中,也常以对方出版的地图上对国境线的标识作为有利于己方的证据或者用测量技术为手段标定国界。

 项目小结

1. 测量学的概念、分类、任务及作用。

2. 地面点位的表示方法:①地球的形状,同学们应搞清楚几个概念:水准面、水平面、大地水准面、椭球体、铅垂线等。②平面位置表示:大地坐标(经度、纬度)、高斯平面直角坐标(x、y)和独立平面直角坐标(x、y)。③高程位置表示:绝对高程、相对高程、高差。

3. 水平面代替水准面的限度:在面积 S 为 100 km² 的范围内进行距离测量和角度测量时,可以用水平面代替水准面,不必考虑地球曲率对距离和角度的影响;但进行高程测量时,200 m 的距离由于地球曲率的影响将会产生 3 mm 的高程误差,所以高程测量时要考虑地球曲率的影响。

4. 测量工作的实质:确定点的平面位置和高程位置。确定地面点位的三要素:距离、高程、角度。

5. 测量的 3 项基本工作:高程测量、角度测量;距离测量。

6. 测量工作的原则:①"由整体到局部,先控制后碎步";②"前一步工作未作检核不进行下一步工作"

7. 测量工作的要求:①"质量第一"的观念;②严肃认真的工作态度;③保持测量成果的真实、客观和原始性;④要爱护测量仪器与工具。

 复习思考题

1. 测量学研究的对象和任务是什么?

2. 已知 $H_A = 36.735$ m,$H_B = 48.386$ m,求 h_{AB}。

3. 何谓铅垂线? 何谓大地水准面? 它们在测量中的作用是什么?

4. 如何确定点的空间位置? 测量的基本工作和基本原则是什么?

5. 已知某点 A 的高斯平面直角坐标为:$X_A = 20\ 506\ 815.213$ m,$Y_A = 39\ 498\ 351.6$ m。试说明 A 点所处 6° 投影带和 3° 投影带的带号、各带的中央于午线经度。

6. 测量学中的平面直角坐标系与数学中的平面直角坐标系有何不同?

7. 何谓水平面? 用水平面代替水准面对水平距离、水平角和高程分别有何影响?

8. 何谓绝对高程? 何谓相对高程? 何谓高差?

项目2　角度测量

项目描述

角度测量是测量的基本工作之一,常用于天文测量、大地测量、地形测量和控制测量。测量水平角的目的是为了确定地面点的平面位置,而测量竖直角的目的是为了确定地面点的高程位置。通过本项目的学习,理解水平角、竖直角的概念与作用,掌握水平角度和竖直角度的测量原理、观测方法、数据分析及处理方法,为今后学习导线测量和地形图测绘奠定基础。

拟实现的教学目标

1. 能力目标
- 能熟练操作经纬仪;
- 能用经纬仪观测水平角、竖直角,并会进行数据分析和处理;
- 能对经纬仪进行检校。

2. 知识目标
- 掌握水平角、竖直角的概念及测量原理;
- 掌握经纬仪的构造、使用及检验方法;
- 掌握水平角、竖直角的观测步骤、记录及计算方法;
- 掌握角度测量的误差来源及减弱的措施。

3. 素质目标
- 养成严谨求实的工作作风和吃苦耐劳的精神;
- 养成团队协作意识,具备一定的组织协调能力;
- 养成精益求精的工作态度,培养质量意识;
- 培养独立思考问题和解决问题的能力;
- 培养学生独立的学习能力、信息获取和处理能力;
- 养成爱护仪器设备的职业操守。

相关案例——某校园导线控制测量

1. 工作任务
测绘某校园地形图,测图比例尺为1∶500。

2. 测区概况
(1)校园面积

$$260 \times 200 = 52\ 000(\text{m}^2)$$

（2）已有控制点情况

已知 $A(x_A = 121\ 289.325\ \text{m}, y_A = 135\ 870.591\ \text{m})$、$B(x_B = 121\ 303.502\ \text{m}, y_B = 135\ 821.549\ \text{m})$。

（3）平面控制网布设形式（案例图 2.1）

图中 A、B 为已知控制点，C、D、E、F、G、I 为待测控制点。

3. 观测任务

为了获取 C、D、E、F、G、I 各点的坐标，需要观测上图中所标注的导线转折角。

4. 角度测量要求

A、D、C、E 各点用测回法观测角度；B 点用方向法观测角度。均用两个测回观测。

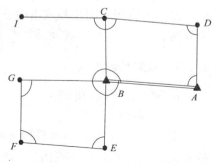

案例图 2.1 测区平面控制网布设形式

测量等级：图根测量。

5. 测量依据

依据 GB 50026—2007《工程测量规范》，要求列于案例表 2.1、2.2。

案例表 2.1 测回法角度测量技术要求

半测回归零差（″）	两半测回角度较差（″）	测回间角值之差（″）
≤20	≤30	≤24

案例表 2.2 方向观测法技术要求

等 级	仪器型号	光学测微器两次重合读数之差（″）	半测回归零差（″）	一测回内 2C 互差（″）	同一方向值各测回较差（″）
四等及以上	1″级仪器	1	6	9	6
	2″级仪器	3	8	13	9
一级及以下	2″级仪器	—	12	18	12
	6″级仪器		18	—	24

注：（1）电子经纬仪水平角观测时不受光学测微器两次重合读数之差指标的限制。

（2）当观测方向的垂直角超过±3°的范围时，该方向 2C 互差可按相邻测回同方向进行比较，其值应满足表中一测回内 2C 互差的限值。

（3）观测的方向数不多于 3 个时，可不归零。

通过上述案例可知，角度测量是导线测量的基本工作之一，经纬仪是进行角度测量的最常用的仪器，只有了解经纬仪的角度测量原理，掌握经纬仪的结构与使用，熟悉水平角和垂直角的观测方法、步骤与相关计算，掌握经纬仪检验与校正方法，才能利用经纬仪获取水平角和垂直角，以推算点位坐标、测定高差或将倾斜距离改为水平距离。本项目主要介绍角度测量的原理、测量方法及测量仪器。

典型工作任务 1 经纬仪认识

2.1.1 工作任务

通过本任务的学习，主要达到以下目标：

（1）能熟练使用经纬仪；

（2）根据不同的精度要求，选择等级不同的经纬仪。

说明：光学经纬仪是一种精密的光学测角仪器，在国民经济和国防建设中具有很重要的地位。可广泛应用于国家和城市的三、四等三角控制测量和小区域导线测量，同时也可广泛应用于铁路、公路、桥梁、建筑、水利、矿山等工程建设中。

2.1.2　相关配套知识

1. 水平角、竖直角概念

（1）水平角

定义：地面上某点到两目标方向在水平面上垂直投影的夹角。或由地面上一点出发的两方向线各自所在的竖直平面间的二面角，称为水平角，用 β 表示。如图 2.1 所示，A 点到 B、C 两目标点的方向线 AB 和 AC 在某水平面 H 上的垂直投影 $A'B'$ 和 $A'C'$ 所夹角 $\angle B'A'C'$ 即为水平角 β。

角值范围：$0° \sim 360°$。

作用：确定点的平面位置。

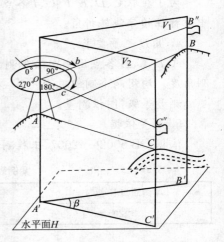

图 2.1　水平角及测量原理

水平角测量原理：假设在过拟测角的顶点 A 的铅垂线上一合适位置 O 设置一水平的、且按顺时针 $0° \sim 360°$ 分划的刻度圆盘，使刻度盘圆心正好位于过 A 点的铅垂线上，如图 2.1 所示，设 A 点到 B、C 目标方向线在水平刻度盘上的投影读数分别为 b 和 c，则水平角 $\beta = c - b$，即右目标读数减左目标读数。

仪器若能观测水平角须具备以下条件：

1）须有一刻度盘及在刻度盘上的读数指标。

2）观测水平角时，刻度盘中心应安放在过测站点的铅垂线并能使之水平。

3）为了瞄准不同方向，应具备望远镜，且能沿水平方向转动，也应能高低俯仰。

4）当望远镜高低俯仰时，其视准轴应划出一竖直面，这样才能使得在同一竖直面内高低不同的目标有相同的水平度盘读数。

5）须有一个读数设备。

（2）竖直角

定义：在同一铅垂面内，观测方向线与水平线之间的夹角，称为竖直角，用 α 表示。如图 2.2 所示，BA、BC 方向线的竖直角分别为 α_A、α_C。竖直角由水平线起算，视线在水平线之上为正，称为仰角（$\alpha_A > 0$）；反之为负，称为俯角（$\alpha_C < 0$）。

角值范围：$-90° \sim 90°$。

作用：确定高差或把斜距改化为水平距离。

天顶距：视线与铅垂线的夹角。如图 2.3 中的 Z_A、Z_B。

天顶距与竖直角的关系：$Z_A + \alpha_A = 90°$。

竖直角测量原理：如图 2.2 所示，为了观测竖直角，需要在 BA（或 BC）铅垂面内放置一个竖直度盘，也使点 B 与刻度盘中心重合，则 BA（或 BC）和铅垂面内 BA（或 BC）的水平线在竖直度盘上的读数之差即为 BA（或 BC）的竖直角 α_A、α_C。

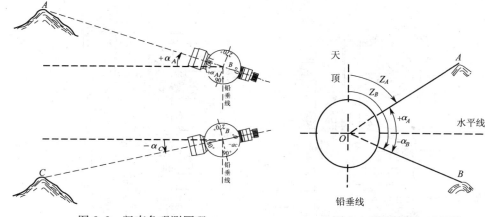

图 2.2　竖直角观测原理　　　　　　图 2.3　竖直角与天顶距

仪器若能观测竖直角须具备以下条件：

1)仪器须在铅垂面内安置一个圆盘,称为竖直度盘或竖盘；

2)竖直角也是两个方向在度盘上的读数之差,与水平角不同的是,其中一个是水平方向；

3)经纬仪设计时,一般使视线水平时的竖盘读数为 0°或 90°的倍数,这样,测量竖直角时,只要瞄准目标,读出竖盘读数并减去仪器视线水平时的竖盘读数就可以计算出视线方向的竖直角。

2. 光学经纬仪的构造与读数

(1)光学经纬仪的分类

工程上常用的经纬仪依据读数方式的不同可分为两种类型：通过光学度盘的放大来读数的,称为光学经纬仪；采用电子技术来读数的,称为电子经纬仪。

按精度分为 DJ_{01}、DJ_{02}、DJ_{07}、DJ_1、DJ_2、DJ_6、DJ_{30},其中字母 D、J 分别为"大地测量"和"经纬仪"汉语拼音的第一个字母,01、02、07、1、2、6、30 分别为该仪器一测回方向观测中误差的秒数。如 DJ_6 表示一测回方向值的中误差为±6″。

(2)DJ_6 型光学经纬仪

1)DJ_6 型光学经纬仪的构造

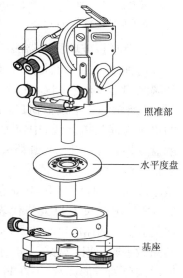

照准部

水平度盘

基座

图 2.4　光学经纬仪构成

一般将光学经纬仪分解为基座、水平度盘和照准部 3 部分,如图 2.4。图 2.5 为 DJ_6 型光学经纬仪的构造示意图。

2)DJ_6 型光学经纬仪的读数系统

①分微尺测微器读数方法

分微尺法也称带尺显微镜法,多用于 DJ_6 型仪器,读数窗口如图 2.6 所示。DJ_6 型光学经纬仪的度盘分划值为 1°。读数窗上的分微尺将度盘 1°间隔分成 60 个小格,成像后度盘的最小间隔 1°正好与分微尺 60 格的全长相等。分微尺的最小读数为 1′,可估读到 0.1 格值=0.1′=6″。

视窗内注记有"水平"(有些仪器为"Hz"或"一")字样窗口的像是水平度盘分划线及其测微尺的像；注记有"竖直"(有些仪器为"V"或"⊥")字样窗口的像是竖直度盘分划线及其测微尺的像。

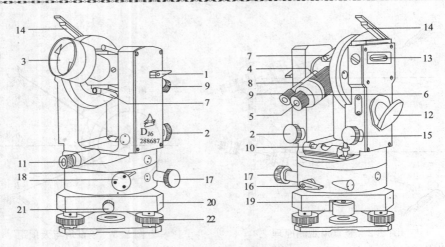

图 2.5　DJ₆型光学经纬仪构造

1—望远镜制动螺旋；2—望远镜微动螺旋；3—物镜；4—物镜调焦螺旋；5—目镜；6—目镜调焦螺旋；7—光学瞄准器；
8—度盘读数显微镜；9—度盘读数显微镜调焦螺旋；10—照准部管水准器；11—光学对中器；12—度盘照明反光镜；
13—竖盘指标管水准器；14—竖盘指标管水准器观察反射镜；15—竖盘指标管水准器微动螺旋；16—水平方向制动螺旋；
17—水平方向微动螺旋；18—水平度盘变换螺旋与保护卡；19—基座圆水准器；20—基座；21—轴套固定螺旋；22—脚螺旋

②单平板玻璃测微器法

这种测微方法也是用于 DJ₆型经纬仪。装有单平板玻璃测微器的经纬仪，在读数显微镜中能同时看到如图 2.7 所示的 3 个读数窗口，上窗为测微尺分划影像，中间的单丝为读数指标线；中窗为竖盘分划影像；下窗为水平度盘分划影像。中、下窗都夹有度盘分划线的双丝，为读数指标线。度盘分划值为 30′，测微尺上分为 30 大格。测微轮旋转一周，测微尺由 0 移到 30，度盘分划刚好移动 30′，所以测微尺上每大格代表 1′，每 5′注标注数字，每大格又分为 3 小格，每小格 20″，可以估读到 2″。读数时，转动测微手轮，使读盘某一分划精确夹在双指标线中间，先读取该分划线的读数，再在测微尺上根据单指标线读取小于 30′的分、秒数，两读数相加即得度盘读数。

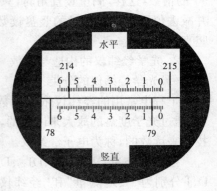

水平度盘读数214°54′42″
竖直度盘读数79°05′30″

图 2.6　分微尺读数窗口

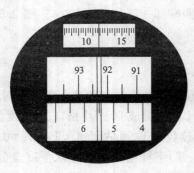

水平度盘读数5°41′50″

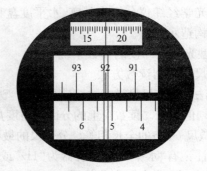

竖直度盘读数92°17′30″

图 2.7　单平板玻璃测微器读数窗口

（3）DJ₂型光学经纬仪

DJ₂型光学经纬仪同样分为基座、水平度盘和照准部 3 部分，图 2.8 所示为 DJ₂型光学经纬仪的构造示意图。下面着重介绍它与 DJ₆型光学经纬仪的不同之处。

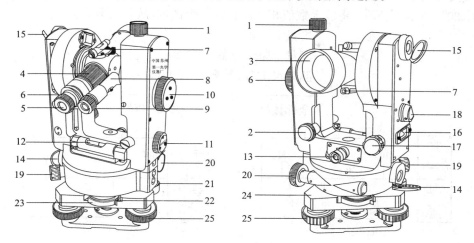

图 2.8　DJ₂型光学经纬仪构造

1—望远镜制动螺旋；2—望远镜微动螺旋；3—物镜；4—物镜调焦螺旋；5—目镜；6—目镜调焦螺旋；7—光学瞄准器；
8—度盘读数显微镜；9—度盘读数显微镜调焦螺旋；10—测微轮；11—水平度盘与竖直度盘换像手轮；
12—照准部管水准器；13—光学对中器；14—水平度盘照明镜；15—垂直度盘照明镜；16—竖盘指标管水准器进光窗口；
17—竖盘指标管水准器微动螺旋；18—竖盘指标管水准气泡观察窗；19—水平制动螺旋；20—水平微动螺旋；
21—基座圆水准器；22—水平度盘位置变换手轮；23—水平度盘位置变换手轮护盖；24—基座；25—脚螺旋

1）水平度盘变换手轮

水平度盘变换手轮的作用是变换水平度盘的初始位置。水平角观测中，根据测角需要，对起始方向观测时，可先拨开手轮的护盖，再转动该手轮，把水平度盘的读数值配置为所规定的读数。

2）换像手轮

在读数显微镜内一次只能看到水平度盘或竖直度盘的影像，若要读取水平度盘读数时，要转动换像手轮 11，使轮上指标红线呈水平状态，并打开水平度盘照明镜 14，此时显微镜呈水平度盘的影像。若打开竖直度盘照明镜 15 时，转动换像手轮，使轮上指标线竖直时，则可看到竖盘影像。

3）测微手轮

测微手轮是 DJ₂型光学经纬仪的读数装置。对于 DJ₂型经纬仪，其水平度盘（或竖直度盘）的刻划形式是把每度分划线间又等分刻成 3 格，格值等于 20′。通过光学系统，将度盘直径两端分划的影像同时反映到同一平面上，并被一横线分成正、倒像，一般正字注记为正像，倒字注记为倒像。图 2.9 所示为读数窗示意图，测微尺上刻有 600 格，其分划影像见图中小窗。当转动测微手轮使分微尺由 0 分划移动到 600 分划时，度盘正、倒对径分划影像等量相对移动一格，故测微尺上 600 格相应的角值为 10′，一格的格值等于 1″。因此，用测微尺可以直接测定 1″的读数，从而起到了测微作用。图 2.9 中的读数值为 30°20′+8′00″=30°28′00″。

具体读数方法如下：

①转动测微手轮，使度盘正、倒像分划线紧密重合；

②由靠近视场中央读出上排正像左边分划线的度数，即 30°；

③数出上排的正像 30°与下排倒像 210°之间的格数再乘以 10′，就是整十分的数值，

即 20′;

④在旁边小窗中读出小于 10′的分、秒数。

测微尺分划影像左侧的注记数字是分数,右侧的注记数字 1、2、3、4、5 是秒的十位数,即分别为 10″、20″、30″、40″、50″。将以上数值相加就得到整个读数,故其读数为:

　　　　　度盘上的度数　　　　　　30°
　　　　　度盘上整十分数　　　　　20′
　　　　　测微尺上分、秒数　　　　8′00″
　　　　　_____
　　　　　全部读数　　　　　　　　30°28′00″

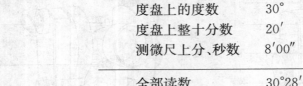
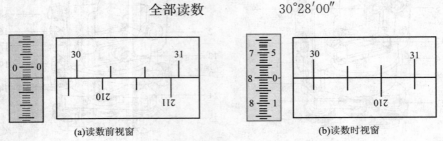

图 2.9　DJ₂ 型光学经纬仪的读数窗口

近年来,为使读数更为方便并不易出错,均采用光学数字化的方法。如图 2.10 所示,读数显微镜中有 3 个窗口:对径线窗口显示可以相向错动的一组单(或双)短线影像表示度盘对径分划线的成像(无注记),当对径线符合(上、下线对齐)时,可以读出该方向的正确读数;度盘注记窗口显示度盘读数及整 10′数;测微尺窗口显示 10′以下的分秒数,测微尺最小分划为 1″,每隔 10″有一注记,全程 0″~10″。

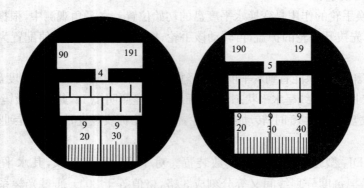

图 2.10　双平板玻璃法读数显微镜成像

读数方法:精确瞄准目标后,首先转动测微轮,使对径线符合(上、下短线对齐),依次读取度盘注记窗口中的度数、整 10′数及测微尺窗口中 10′以下的分秒细数,然后三者相加即得到整个读数。图 2.9 中所示读数为:

度盘上度数	190°	(注:度数均为 3 位数字,仅完整出现时方可读之)
度盘上整 10′数(5×10′)	50′	(该处数字为 0、1、2、3、4 或 5)
测微尺分秒细数	9′30.5″(估读到 0.1″)	

全部读数　　　　　　　　　190°59′30.5″

3. 经纬仪的使用

测量角度时,需将经纬仪安置在拟测角顶点的正上方(也称测站),在目标点上设置观测目标,然后再瞄准目标并读数。所以一个测站上经纬仪的操作步骤为:安置—瞄准—读数。

(1)经纬仪的安置

经纬仪的安置包括对中和整平。对中的目的是使仪器中心与拟测角顶点位于同一铅垂线方向上;整平的目的是使水平度盘处于水平位置,仪器竖轴处于铅垂位置。

1)安置三脚架

主要包括三脚架、基座、连接螺旋。

操作:伸开三脚架于测站点上方,将仪器置于三脚架头中央位置,一手握住仪器,另一手将三脚架中心连接螺旋旋入仪器基座中心螺孔中并固紧。安置中注意以下 3 点:

①保证三脚架架头尽可能水平,仪器中心尽可能处于测站点正上方;

②将三脚架的各螺旋适度拧紧,以防观测过程中仪器倾落;

③较大坡度处宜将三脚架的两条腿置于下坡方向。

目的:使仪器大致架设在测站点的正上方,仪器高度适中,架头水平。

2)对中

主要包括垂球对中和光学对中器对中,对中偏差如表 2.1 所示。

操作 1:利用架腿,强制对中

先放下三脚架的一条架腿,双手分别握住另两条架腿稍离地面前后左右摆动(注意架头要平),眼睛同时观察对中器的目镜,直至分划圈中心对准测站点标志为止,放下两架腿并踩实 3 个架腿。

操作 2:利用脚螺旋,强制对中

此法适合于松软地面或仪器安置比较困难的测站。

先目估三脚架中心,大致对准测站点,踩紧 3 条架腿,然后调节经纬仪的 3 个脚螺旋使对中器分划圈中心对准测站点标志。

目的:使仪器中心位于过测站点的铅垂线上。

说明

①垂球法(对中误差一般可小于 3 mm)

垂球悬挂于中心连接螺旋上,当垂球尖对准测站点标志时说明二者重合。

②光学对中器法(对中误差一般不大于 1 mm)

光学对中器(图 2.11)有的装在照准部上,有的装在基座上。当照准部水准管气泡居中时,对中器的视线经棱镜折射后的一段成铅垂方向,且应与竖轴中心线重合;当地面标志中心与光学对中器分化板十字中心重合时,说明仪器中心(水平度盘中心)已位于测站点的铅垂线上。

光学对中器的使用:

a. 旋转镜筒,目镜调焦,看清对中器分划线;

b. 拉伸镜筒,物镜调焦,看清地面测站点标志;

c. 要使对中器分划和测站标志周围同时清晰。

3)整平

主要包括圆水准器和管水准器。整平偏差如表 2.1 所示。

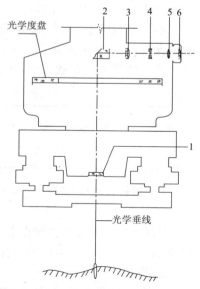

图 2.11 　光学对中器

1—仪器中心连接螺孔;2—直角校镜;

3—光学对中器物镜;4—调焦透镜;

5—分划板;6—目锐

操作

①粗平仪器。分别升降两架腿使圆水准气泡居中。

②精平仪器。先平行,使水准管与两脚螺旋的连线平行,以相反的方向旋转两脚螺旋使管水准器气泡居中(气泡移动方向恒与左手大姆指转动的方向一致);后垂直,将照准部旋转 90°,转动第 3 个脚螺旋,使气泡居中。按上述方法反复进行,直至仪器旋转到任何位置时,水准管气泡都居中为止。

目的:使水平度盘水平、竖轴铅垂。

4)精确对中,再次整平

主要包括管水准器、脚螺旋、连接螺旋、基座、垂球(或光学对中器)。

操作:如图 2.12 所示。

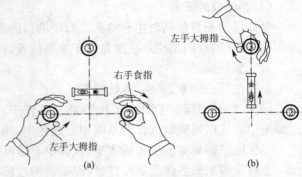

图 2.12　精平操作

①精确对中。检查对中器,若分划圈中心偏离测站点标志,则稍松中心连接螺旋,再前后左右平行移动基座,使之精确对中。

②再次精确整平。重复精确整平步骤,直至仪器既对中且管水准气泡在任何方向也居中为止。

③重复上面步骤①与②,对中、整平要相互兼顾,多次反复,方能完成。

目的:仪器安置于测站点上,其竖轴与测站点在同一铅垂线上,水平度盘水平,竖直度盘竖直。

说明:对于光学对中器,由于整平会影响到对中器的轴线位置变化,故对中、整平须交互进行,且反复几次;对于垂球对中则可先对中后粗平、精平。

整平时气泡移动方向和左手大拇指运动方向一致,管水准器与两个脚螺旋连线平行时,可用两手同时相向转动这对脚螺旋,使气泡较快居中。在反复对中、整平过程中,每次的调节量逐渐减小,故调节时要注意适度。

在一个测站上,对中、整平完毕后,测角过程中不再调节脚螺旋的位置。若发现气泡偏离超过允许值,则须废除之前该测站上的所有观测数据,重新对中、整平,重新开始观测。

当仪器进入测角状态时,注意须将复测扳手拨上或度盘变换手轮推出。

表 2.1　经纬仪安置技术要求

项目	对中偏差(mm)	整平偏差(格)	估读误差(")		目标偏心(mm)
			2″仪器	6″仪器	
限差	≤2	≤1.5	±0.1″	±6″	≤2

(2)目标设置及瞄准

1)设置目标

测角时,一般应在目标点上设置照准标志。距离较近时,直接瞄准目标点或垂球线,也可竖立测钎;距离较远时,可垂直竖立标杆或觇牌,如图 2.13 所示。

2)瞄准目标

主要包括照准部和望远镜制动螺旋、照准部和望远镜微动螺旋、物镜、物镜调焦螺旋、目镜、目镜调焦螺旋、光学瞄准器。目标偏心限差如表 2.1 所示。

操作:

①松开照准部和望远镜制动螺旋(或扳手);

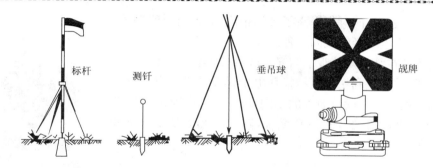

图 2.13 观测标志

②目镜对光——将望远镜瞄准远处天空,转动目镜环,直至十字丝分划最清晰;

③粗略瞄准——转动照准部,用望远镜粗瞄器瞄准目标,然后固定照准部;

④物镜对光——转动望远镜调焦环,进行望远镜调焦(对光),使望远镜十字丝及目标成像最清晰。

⑤精确瞄准——用照准部和望远镜微动螺旋精确瞄准目标。

⑥消除视差——眼睛微微上下移动,检查有无视差,若有,转动物镜、目镜对光螺旋予以消除。

观测水平角时用竖丝;观测竖直角时用中丝。需要注意的是,在精确瞄准目标时要求目标像与十字丝靠近中心部分相符合,实际操作时应根据目标像大小的不同、或用单丝切准目标,或用双丝夹中目标。目镜端的十字丝分划板刻划形式一般如图 2.14 所示。

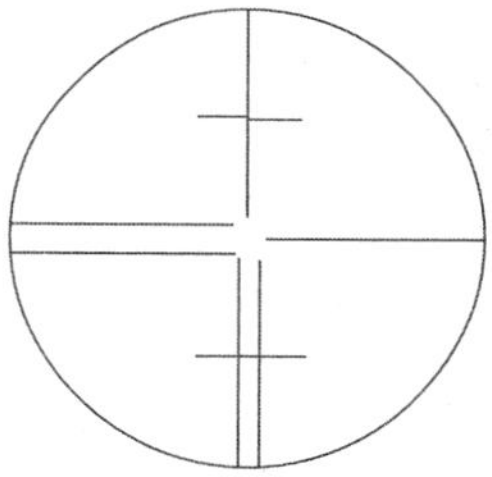

(3)读数

主要包括水平度盘、水平度盘配盘装置、竖直度盘、光路系统、读数显微镜、水平度盘变换螺旋与保护卡、测微轮、水平度盘与竖直度盘换像手轮。读数误差如表 2.1 所示。

1)调节反光镜使读数显微镜亮度适当;

2)旋转读数显微镜的目镜,使度盘的刻划或成像清晰;

3)根据仪器相应的读数规则,读取水平度盘或竖直度盘的读数。

图 2.14 十字丝分划板

实践教学 1 经纬仪认识实习

目的:熟悉经纬仪的构造、各部件的名称、作用等;掌握经纬仪的操作及读数方法。

内容:(1)熟悉经纬仪的构造;(2)经纬仪操作练习;(3)经纬仪读数练习。

要求:每位同学必须熟悉经纬仪的构造;练习经纬仪的操作要领;练习读 3~5 个读数。

说明:每位同学必须保证有 15 min 左右的课堂熟悉仪器时间,课后还要多练习经纬仪的操作。

考核:(1)说出经纬仪各部件的名称和作用;

　　　(2)独立完成经纬仪的安置操作且能准确读数;

　　　(3)实习态度考核(从是否认真积极、组员配合、仪器操作是否规范等方面考核)。

知识拓展

电子经纬仪简介

1. 电子经纬仪

电子经纬仪问世于 20 世纪 60 年代末,它为测量工作自动化创造了有利条件,显著降低了测量外业的劳动强度,同时也提高了观测精度,方便、快捷、精确。如图 2.15 所示为电子经纬仪的一种。

电子经纬仪在结构及外观上与光学经纬仪类似,主要区别在于其读数系统,前者是利用光电扫描和电子元器件进行自动读数并液晶显示。根据光电读数原理的不同,电子经纬仪又分为度盘编码法、增量法和动态法 3 种测角系统,其中动态法是一种比较好的测角系统。

图 2.15　电子经纬仪

(1)电子经纬仪动态法测角原理

如图 2.16 所示为一玻璃圆环度盘,度盘上刻有 1 024 个分划,每一分划由一对不透光和透光的黑、白条纹组成,两条分划条纹间的角距 ϕ_0 称为光栅盘的单位角度,$\phi_0 = \dfrac{360°}{1\ 024} = 21'05''.625$。

在度盘的内外缘分别有一对对径设置的活动光栏 L_R 和固定光栏 L_S,前者固定于基座,相当于光学度盘的指标;后者固定于照准部,相当于光学度盘的零分划。对径设置是为了消除度盘的偏心差(图中仅绘出其中的一个)。每对光栏的上、下侧都装有发光二极管和光电二极管,前者用于发射红外光线,后者用于接受并将透出的红外线的变化量转换成正弦波,经过整形输出方波。

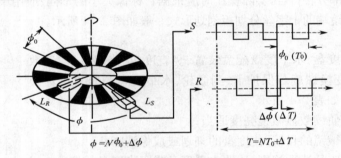

图 2.16　动态测角原理

在测角时,度盘由马达驱动绕中心轴匀速旋转,同时记取通过活动光栏和固定光栏的分划信息。若用 ϕ 表示望远镜瞄准某方向后 L_R 和 L_S 之间的角值,则:

$$\phi = N \cdot \phi_0 + \Delta\phi \qquad\qquad (2.1)$$

式中　　N——ϕ 中所包含的整条纹间隔(单位角度)数;

　　　　$\Delta\phi$——不足一个条纹间隔的零数。

1)粗测

即求出 ϕ_0 的整个数 N。马达匀速转动时,度盘上某特殊标志一经被活动光栏 L_R 和固定光栏 L_S 中的一个首先识别,脉冲计数器即开始计数,直至该标志到达另一光栏计数器停止计数。由于脉冲频率、马达转速已知,故相应于 ϕ、ϕ_0 的时间 T_I、T_0 已知。将 $\dfrac{T_i}{T_0}$ 取整即得 N。由于 L_R、L_S 识别标志的先后不同,所测角可能是 ϕ 或 $360° - \phi$,这可由角度处理器做出正确判断。

2)精测

即求出 $\Delta\phi$。当度盘上某一条纹通过 L_S 时开始计数,直至 L_R 遇到条纹分界为止。设经历时间为 ΔT,则 $\Delta\phi = \dfrac{\Delta T}{T_0} \cdot \phi_0$。实际上,度盘有 1 024 个条纹,则度盘转一周可测得 1 024 个

$\Delta\phi$,取其平均值作为最后结果。测角精度取决于精测精度。

粗测、精测信号由微处理器进行衔接处理后即得角度值,然后由液晶显示器显示或送至记录终端。动态测角系统直接测得的是时间 T、ΔT,因此,微型马达的转速必须均匀、稳定,这是十分重要的。

电子经纬仪、光电测距仪和数字记录器组合后,即成电子速测仪,即所谓的全站仪。

(2)电子经纬仪的特点

电子经纬仪与光学经纬仪相比有如下特点:

1)仅需对准目标,若仪器内置有驱动马达及 CCD 系统,还可自动搜寻目标;

2)水平度盘和竖直度盘读数同时显示,省去了估读过程;通过接口可直接将数据输入计算机,不需手工记入手簿,消除了读数、记录时的误差或人为错误;

3)采用双轴倾斜传感器来检测仪器倾斜状态,由仪器倾斜所造成的水平角和竖直角误差可通过电子系统自动补偿;

4)角度计量单位(360°六十进制、十进制,400 格度,6 400 密位)可自动换算;

5)带有输入键盘,且有若干功能键,如水平度盘读数置零或锁定,水平角左、右角转换,坡度显示等;

6)可单次测量(精度较高),也可动态跟踪目标连续测量(精度较低,用于施工放样),且可选择不同的最小角度单位。

2. 激光准直经纬仪

所谓准直是要给出一条标准直线,作为土建施工、建筑装修、机械安装、船舶建造等测量放样的基准线。利用经纬仪或水准仪的视准轴作为准直工具,称为光学准直。然而,由于视准轴在仪器外面是不可见的,工作时必须由测量人员指挥施工人员,长距离就会带来诸多不便。

激光这一新型光源弥补了上述缺陷,它是一束可见光,直观性强,作用距离远且定位精度高,施工人员可以直接看到代表准直线的光斑,其优点十分明显,给准直测量工作带来很大方便。

在经纬仪上设置激光发射装置,将发射的激光导入望远镜的视准轴而射向目标方向,这种经纬仪称为激光准直经纬仪,已日益在测量领域中得到广泛应用。

典型工作任务 2　水平角测量

2.2.1　工作任务

通过水平角观测知识的学习,主要达到以下目标:

(1)会用测回法观测水平角;

(2)会用方向法观测水平角。

说明:为了确定地面点的平面位置,需要确定某点到两目标方向线垂直投影在水平面上的夹角,即水平角,测定水平角的工作就是角度测量。测回法适用于测量两目标方向在水平面上形成的一个单角的情况,而方向法适合于 3 个及以上观测方向。

2.2.2　相关配套知识

1. 测回法观测水平角

由于望远镜可绕经纬仪横轴旋转 360°,在角度测量时,依据望远镜与竖直度盘的位置关系,望远镜位置可分为正镜和倒镜两个位置。正镜(盘左)是指观测者正对望远镜目镜时,竖直度盘位于望远镜的左侧,也称作盘左位置;倒镜(盘右)是指观测者正对望远镜目镜时,竖直度盘位于望远镜的右侧,也称作盘右位置。

一测回观测指用正镜观测上半测回、用倒镜观测下半测回,上、下半测回合称一个测回。

理论上,正、倒镜瞄准同一目标时水平度盘读数相差180°,正、倒镜观测可削弱仪器误差影响,还可检核测角精度。

(1)测回法测角观测步骤

当所测的角度只有两个方向时,通常都用测回法观测。如图2.17所示,欲测 OA、OB 两方向之间的水平角∠AOB 时,在角顶点 O 上安置仪器,在 A、B 处设立观测标志。经过对中、整平以后,即可按下述步骤观测。

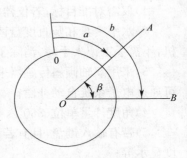

图 2.17　测回法

1)将复测扳手扳向上方。松开照准部及望远镜的制动螺旋。利用望远镜上的粗瞄器,以盘左粗略照准左方目标 A。关紧照准部及望远镜的制动螺旋,再用微动螺旋精确照准目标,同时需要注意消除视差及尽可能照准目标的下部。对于细的目标,宜用单丝照准,使单丝平分目标像;而对于粗的目标,则宜用双丝照准,使目标像平分双丝,以提高照准的精度。最后读取该方向上的读数 $a_左$。

2)松开照准部及望远镜的制动螺旋,顺时针方向转动照准部,粗略照准右方目标 B。关紧制动螺旋,用微动螺旋精确照准,并读取该方向上的水平度盘读数 $b_左$。盘左所得角值即为:$\beta_左 = b_左 - a_左$。以上称为上半测回。

3)将望远镜纵转180°,改为盘右。重新照准右方目标 B,并读取水平度盘读数 $b_右$。然后逆时针方向转动照准部,照准左方目标 A。读取水平度盘读数 $a_右$,则盘右所得角值 $\beta_右 = b_右 - a_右$。以上称为下半测回。两个半测回角值之差不超过±30″时,取盘左、盘右所得角值的平均值 $\beta = \dfrac{\beta_左 + \beta_右}{2}$ 作为一测回的角值。根据测角精度的要求,可以测多个测回而取其平均值,作为最后成果。观测结果应及时记入手簿,并进行计算,看是否满足精度要求,精度要求见表2.1。

(2)例题分析

【例2.1】 如图2.18,A、O、B 为地面上3点,欲测 OB 与 OA 两方向线在水平面投影的夹角。根据《工程测量规范》(GB 50026—2007),需观测两个测回以求取平均角值。操作过程如下。

1)安置仪器于 O 点,在地面点 A、B 上设置观测目标[如图2.18(a)所示]。

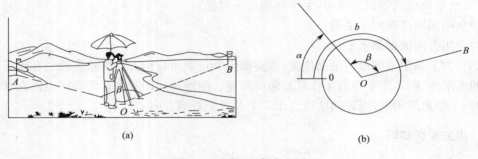

(a)　　　　　　　　　　　　　　　　(b)

图 2.18　测回法角度观测

2)第一测回观测

①以盘左位置瞄准目标 A,读取度盘读数 $a_左$(0°02′36″),记录;顺时针转动照准部瞄准目标 B,读取度盘读数 $b_左$(114°35′00″),上半测回角值 $\beta_左 = b_左 - a_左 = 114°32′24″$ 分别填入测回法观测记录手簿,见表 2.2。以上称为上半测回。

②以盘右位置瞄准目标 B,读取度盘读数 $b_右$(294°35′24″),逆时针转动照准部瞄准左侧目标 A,读取度盘读数 $a_右$(180°02′54″),下半测回角值 $\beta_右 = b_右 - a_右 = 114°32′30″$,分别填入测回法观测手簿,见表 2.2。以上称为下半测回。上、下各半测回合称一个测回。

③精度分析与计算

$\beta_左 - \beta_右 = -6″$,$\beta_左 - \beta_右 <$ 限值(30″),观测成果合格,则一测回角值为 $\beta_1 = (\beta_左 + \beta_右) \div 2 = (114°32′24″ + 114°32′30″) \div 2 = 114°32′27″$,填入测回法观测手簿,见表 2.2。

3)第二测回观测

①以盘左位置瞄准目标 A,用度盘变换器将水平度盘调至 90° 附近,并读取,即 $a_左$(90°01′24″),顺时针转动照准部瞄准目标 B,读取度盘读数 $b_左$(204°33′54″),上半测回角值 $\beta_左 = b_左 - a_左 = 114°32′30″$,分别填入测回法观测手簿,见表 2.2。

②以盘右位置瞄准目标 B,读取度盘读数 $b_右$(24°34′00″),逆时针转动照准部瞄准目标 A,读取度盘读数 $a_右$(270°01′36″),填入测回法观测手簿,下半测回角值 $\beta_右 = b_右 - a_右 = 114°32′24″$,分别填入测回法观测手簿,见表 2.2。

③精度分析与计算

$\beta_左 - \beta_右 = +6″$,因为 $\beta_左 - \beta_右 <$ 限值(30″),则第二测回角值 $\beta_2 = (\beta_左 + \beta_右) \div 2 = (114°32′30″ + 114°32′24″) \div 2 = 114°32′27″$,填入测回法观测手簿,见表 2.2。

4)平均角值

$\beta_1 - \beta_2 = 114°32′27″ - 114°32′27″ = 0″$,因为 $\beta_1 - \beta_2 <$ 限值(24″),所以取第一、第二测回所测角度的平均角值作为该角的角值,即 $\beta = (\beta_1 + \beta_2) \div 2 = (114°32′27″ + 114°32′27″) \div 2 = 114°32′27″$,填入测回法观测手簿,见表 2.2。

表 2.2　测回法观测记录

日期:2010 年 9 月 16 日　　　　仪器号:DJ$_6$-75821　　　　　观测:张　强
天气:晴　　　　　　　　　　　　地点:校园　　　　　　　　　记录:李文博

测回	测站	目标	竖盘位置	水平度盘读数	半测回角值	一测回角值	平均角值	备注
1	O	A	左	0°02′36″	114°32′24″	114°32′27″	114°32′27″	
		B		114°35′00″				
		A	右	180°02′54″	114°32′30″			
		B		294°35′24″				
2	O	A	左	90°01′24″	114°32′30″	114°32′27″		
		B		204°33′54″				
		A	右	270°01′36″	114°32′24″			
		B		24°34′00″				

(3)计算与检验

1)盘左、盘右观测既可检核观测中有无错误,也可抵消一部分仪器误差的影响,提高观测精度。

2)上、下半测回角值较差的限差应满足有关测量规范的限差规定(DJ$_6$经纬仪,一般为 30″ 或 40″),当较差小于限差,可取平均值作为一测回的角值,否则应重测。

3)若精度要求较高时,可按规范要求测多个测回,当各测回间的角值较差满足限差规定(如 DJ$_6$ 经纬仪,一般为 20″ 或 24″)时,方可取各测回的平均值作为最后结果,否则应重测。

各测回间在起始方向的盘左镜位应改变度盘位置,其变化量为 $180°/n(n$ 为总测回数),目的是消除读盘刻划不均匀而产生的误差。如例题 2.1 中的第二测回起始方向度盘的盘左镜位读数为 90° 或稍大的数值。

4)计算角值时始终为"右目标读数—左目标读数"(由于水平度盘为顺时针刻划),所谓"左"、"右"是指站在测站点面向所要测的角度方向,左手侧目标为左目标,右手侧目标为右目标。若"右—左"其差值小于 0° 时,则结果应加 360°。

2. 方向法观测水平角

当在一个测站上需要观测两个及以上角度时,宜采用方向法。它的直接观测结果是各个方向相对于起始方向的水平角值,也称为方向值。相邻方向的方向值之差就是相应的水平角值。

(1)方向法观测水平角的步骤

如图 2.19 所示,设在 O 点有 OA、OB、OC、OD 四个方向,其观测步骤如下。

1)在 O 点安置仪器,对中、整平。

2)选择一个距离适中且影像清晰的方向作为起始方向,设为 OA。

3)盘左照准 A 点,并设置水平度盘读数,使其稍大于 0°,用测微器读取两次读数。

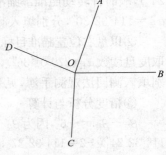

图 2.19 方向法

4)以顺时针方向依次照准 B、C、D 诸点。最后再照准 A,称为归零。在每次照准时,都用测微器读取两次读数。以上称为上半测回。

5)倒转望远镜改为盘右,以逆时针方向依次照准 A、D、C、B、A,每次照准时,也是用测微器读取两次读数。这称为下半测回,上、下两个半测回构成一个测回。

6)如需观测多个测回时,为了消减度盘刻度不匀的误差,每个测回都要改变度盘的位置,即在照准起始方向时,改变度盘的设置读数。

(2)例题分析

【例 2.2】 如图 2.19,O、A、B、C、D 为地面上 5 点,欲测 OA、OB、OC、OD 四条方向线在水平面投影间的夹角。观测、记录及计算过程如下。

1)把仪器置于 O 点,在地面点 A、B、C、D 上设置观测目标

2)第一测回观测

①以盘左位置,选择距离适中的 A 目标为起始方向(称为零方向),瞄准 A 目标,把读盘拨到 0° 稍大的位置,读取水平度盘读数,并记录,见表 2.3;由零方向 A 起始,按顺时针依次精确瞄准各点读数 $A→B→C→D→A$(所谓"全圆"),并记入表 2.3 中,若半测回归零差未超限,则可继续下半测回,否则该半测回须重测,以上为上半测回。

②纵转望远镜 180°,使仪器为盘右位置,按逆时针顺序依次精确瞄准各点读数,其顺序为 $A→D→C→B→A$。将读数记入表 2.3 中,若半测回归零差未超限,则可继续,否则该半测回须重测。以上为下半测回。

3)计算

①2C 值：2C＝[盘左读数－(盘右读数±180°)]（当"盘右读数"＞180°时，取"－"，否则，取"＋"）；若 2C 值互差不符合方向法各项限差（见表 2.3），则该半测回须重测；

②平均方向值：平均方向值＝[盘左读数＋(盘右读数±180°)]/2（以盘左读数为准）。

③归零方向值：由于各个测回中起始方向 A 有两个方向值，如表 2.3 中的(0°02′03″、0°02′09″)，则取其平均值[(0°02′03″＋0°02′09″)/2＝0°02′06″]，并将 A 目标的方向值化为 0°00′00″，则其他各方向值也相应地减去 0°02′06″，即得各方向的归零方向值。

④各测回归零后方向值之平均值：即各测回同一目标的方向值的平均值。两方向值之差即为相应水平角。

4)第二测回观测

①以盘左位置，把度盘读数拨到 90°稍大的位置，瞄准 A 目标，读取水平度盘读数（见表 2.3）；由零方向 A 起始，按顺时针依次精确瞄准各点读数 A→B→C→D→A（所谓"全圆"），并记入表 2.3 中，若半测回归零差未超限，则可继续下半测回，否则该半测回须重测。

②重复第一测回的3)。

5)计算各测回归零方向值之平均值：各测回同方向归零方向值互差若不超限差（见表 2.3），则计算各测回归零方向值之平均值，例如 B 方向平均值＝(第一测回 B 方向归零方向值 51°13′30″＋第二测回 B 方向归零方向值 51°13′25″)/2＝51°13′28″；否则，分析原因，重新观测。

6)水平角：相邻两方向值之差即为相邻两方向之间的水平角。

7)计算与检校：方向法中计算较多，在观测及计算过程中尚需检查各项计算是否准确、各项限差是否满足规范要求。以上规范依据《工程测量规范》(GB 50026—2007)。

表 2.3　方向法观测记录表

日期：2009 年 3 月 12 日　　　　　　仪器号：DJ₂-967992　　　　　　观测：张　磊
天气：晴　　　　　　　　　　　　地点：校园　　　　　　　　　　记录：李小刚

测回序数	测站	目标	水平度盘读数		2C	平均方向值	归零方向值	各测回归零方向值之平均值
			盘左	盘右				
1	O	A	0°02′06″	180°02′00″	+6″	(0°02′06″) 0°02′03″	0°00′00″	
		B	51°15′42″	231°15′30″	+12″	51°15′36″	51°13′30″	
		C	131°54′12″	311°54′00″	+12″	131°54′06″	131°52′00″	
		D	182°02′24″	2°02′24″	0″	182°02′24″	182°00′18″	
		A	0°02′12″	180°02′06″	+6″	0°02′09″		
2		A	90°03′30″	270°03′24″	+6″	(90°03′32″) 90°03′27″	0°00′00″	0°00′00″
		B	141°17′00″	321°16′54″	+6″	141°16′57″	51°13′25″	51°13′28″
		C	221°55′42″	41°55′30″	+12″	221°55′36″	131°52′04″	131°52′02″
		D	272°04′00″	92°03′54″	+6″	272°03′57″	182°00′25″	182°00′22″
		A	90°03′36″	270°03′36″	0″	90°03′36″		

注：(1)当用 DJ₂ 经纬仪进行等级测量时，每个方向需符合两次读数。

　　(2)上半测回应从上向下记录，下半测回应从下向上记录。

3. 角度观测注意事项

(1)仪器高度要与观测者的身高相适应;三角架要踩实,仪器与脚架连接要牢固,操作时不要用手扶三角架;转动照准部和望远镜前,应先松开制动螺旋,转动各种螺旋时用力要适度。

(2)仪器不受烈日直接曝晒、选择有利观测时间。

(3)精确对中和瞄准,尤其有长、短边时,测角对中要求更严格;瞄准时尽可能地用十字丝交点处的十字丝瞄准目标点底部,用单丝平分目标,或用双丝卡住目标。

(4)注意仪器的整平,观测目标间高差较大时,须注意仪器的整平。

(5)记录计算要及时、清楚,发现问题,立即重测。

(6)一测回观测过程中,不得再调整照准部水准管,若气泡偏离中央较大(>1.5格),须重新整平,重新观测。

(7)各测回在起始方向的盘左位置要配置度盘($R=180°/n,n$ 为测回总数)。

实践教学 2　测回法角度测量实习

目的:掌握测回法角度观测的步骤、数据记录及计算方法。

内容:熟悉测回法观测水平角的步骤、记录表的填写及相应的计算工作。

要求:每位同学必须熟练掌握测回法观测水平角的操作步骤、数据记录及计算方法、限差要求,要求每位学生完成三角形 3 个内角的观测任务,每个内角观测两个测回,可以反复练习,直至熟练。最好能在 10 min 内完成一个角度两个测回的观测任务。

考核:(1)独立完成测回法观测水平角的任务(10 min 内完成一个角度两个测回的观测);

(2)独立完成测回法观测水平角的相应计算,并会判断成果的精度;

(3)实习态度考核(从是否认真积极、组员配合、仪器操作、数据记录是否规范等方面考核)。

实践教学 3　方向法角度测量实习

目的:掌握方向法角度观测的步骤、数据记录及计算方法。

内容:熟悉方向法观测水平角的步骤、记录表的填写及相应的计算工作。

要求:每位同学必须熟悉方向观测法的操作步骤、计算方法、限差要求,每位学生完成一个测站 4 个方向的水平角测量任务,观测 3 个测回,并反复练习,直至熟练。

考核:(1)独立完成方向法观测水平角的任务;

(2)独立完成方向法观测水平角的相应计算,并会判断成果的精度;

(3)掌握 2C 值的计算方法、归零方向值的计算方法、角度计算方法;

(4)实习态度考核(从是否认真积极、组员配合、仪器操作、数据记录是否规范等方面考核)。

典型工作任务 3　竖直角测量

2.3.1　工作任务

通过竖直角观测知识的学习,主要达到以下目标:

(1)能根据不同经纬仪,正确选择竖直角的计算公式;

(2)会进行竖直角测量。

说明:为了计算两点之间的水平距离或者高差,需要进行竖直角测量。测量竖直角的目的是为了确定地面点的高程位置。

2.3.2　相关配套知识

1. 竖直角观测的用途

在以下场合需要进行竖直角观测,如图 2.20 所示。

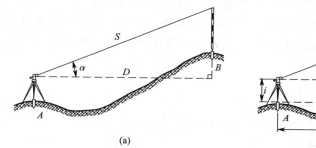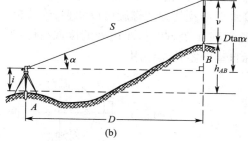

图 2.20　三角高程测量

(1)由 A、B 两点间的视线斜距 S 化为水平距离 $D=S \cdot \cos\alpha$;

(2)根据 A、B 两点间的视线斜距 S,通过测定竖直角 α、量仪器高 i、目标高 v,依下式确定 A、B 两点间的高差 h_{AB} 和 B 点的高程 H_B:

$$h_{AB}=D \cdot \tan\alpha+i-v$$
$$H_B=H_A+h_{AB}=H_A+D \cdot \tan\alpha+i-v$$

上述测量高程的方法称为三角高程测量,这种方法在视距地形测量中广泛应用。

2. 竖盘结构

与水平度盘一样,竖盘也是全圆 360°分划,不同之处在于其注字方式有顺、逆时针之分,且 0°～180°的对径线位于水平方向。这样,在正常状态下,视线水平时与竖盘刻划中心在同一铅垂线上的竖盘读数应为 90°或 270°,如图 2.21 所示。

经纬仪的竖盘固定在经纬仪横轴一端,竖盘随望远镜在竖直面内绕着横轴而旋转,其平面与横轴相垂直,当横轴水平时,竖盘位于垂直面内。度盘刻划中心与横轴旋转中心相重合。另外,在竖盘结构中还有一个位于铅垂位置的竖盘指标,用以指示竖盘在不同位置时的度盘读数。竖盘读数也是通过一系列光学组件传至读数显微镜内读取。需要指出的是,只有竖盘指标处于正确位置时,才能读得正确的竖盘读数。作为竖盘指标装置,主要有两种结构形式。

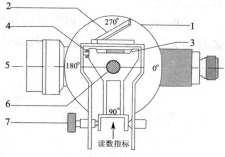

图 2.21　竖盘结构

1—竖盘;2—竖盘指标水准管反光镜;
3—竖盘指标水准管;4—竖盘指标水准管校正螺丝;
5—视准轴;6—横轴;7—竖盘指标水准管微动螺旋

(1)竖盘指标水准管装置

竖盘指标与竖盘指标水准管固连在一起,可绕横轴微动,通过调整指标水准管微动螺旋可使二者做微小转动。正常情况下,当竖盘指标水准管气泡居中时,即表示竖盘指标处于正确位置。一般地,当望远镜视线水平、指标水准管气泡居中时,竖盘指标指示的竖盘读数应该为 90°或 270°,如图 2.21 所示。

（2）竖盘指标自动补偿装置

在仪器竖盘光路中,安装一个补偿器来代替竖盘指标管水准器,当仪器竖轴偏离铅垂线的角度在一定范围内时,通过补偿器仍能读到相当于竖盘指标管水准气泡居中时的竖盘读数。竖盘指标自动归零补偿器可以显著地提高竖盘读数的速度。

竖盘指标自动归零补偿器的构造形式有多种,图 2.22 为其中的一种。它是在读数指标 A 和竖盘之间悬吊一组光学透镜,当仪器竖轴铅垂、视准轴水平时,读数指标 A 处于铅垂位置,通过补偿器读出竖盘的正确读数为 90°。当仪器竖轴稍有倾斜、视准轴仍然水平时,因无竖盘指标管水准器及其微动螺旋可以调整,读数指标 A 偏斜到 A' 处,而悬吊的透镜因重力的作用由 A' 移动到 A 处,此时,A 由处的读数指标,通过 A' 处的透镜仍能读出正确读数 90°,达到竖盘指标自动归零补偿作用。

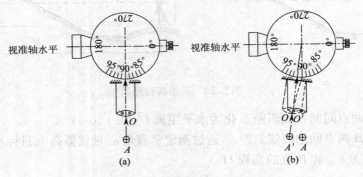

图 2.22 自动补偿器构造原理

3. 竖直角计算公式

竖直角观测与水平角一样,都是依据度盘上两个方向读数之差来实现的。而竖直角测量的不同之处在于两方向中,一个是水平线方向,而水平方向竖盘指标指示的竖盘读数是一固定值(如 90° 或 270°)。竖直角观测只需照准倾斜目标读取竖直度盘读数。根据相应公式,即可计算出竖直角 α。

竖直角的计算公式,因竖盘刻划的方式不同而异,现以顺时针注记,视线水平时盘左竖盘读数为 90° 的仪器为例,说明其计算公式(图 2.23)。

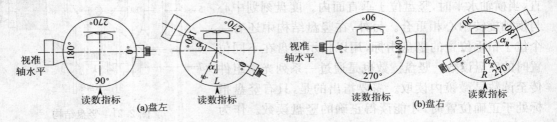

图 2.23 竖直角计算公式

盘左位置且视线水平时,竖盘读数为 90°,视线向上倾斜照准高处某点 A 得读数 L 〔图 2.23(a)〕,因仰视竖直角为正,故盘左时竖直角公式:

$$\alpha_左 = 90° - L \qquad\qquad (2.2)$$

盘右位置且视线水平时,竖盘读数为 270°,视线向上倾斜照准高处某点 A 得读数 R 〔图 2.23(b)〕,因仰视竖直角为正,故盘右时竖直角公式:

$$\alpha_右 = R - 270° \tag{2.3}$$

上、下半测回角值较差不超过规定限值时（DJ$_2$ 为 30″，DJ$_6$ 为 60″），取平均值作为一测回的竖直角值：

$$\alpha = 1/2(\alpha_左 + \alpha_右) \tag{2.4}$$

观测结果及时记入表 2.5 中，并进行有关计算。

表 2.4　竖直角观测技术要求

等级	仪器精度等级	测回数	指标差较差（″）	竖直角较差（″）
三等	2″及以上	4	≤7	≤10
四等	2″及以上	3	≤7	≤10
五等	6″	2	≤10	≤25

事实上，因为视线上仰时竖直角为正、下俯时竖直角为负，竖盘起始读数——当望远镜水平、竖盘指标水准管气泡居中时，指标所指的竖盘读数，通常为 90°或 270°，根据目标读数与始读数之差及其应有的正负号，便可判断仪器竖盘刻划方式及其计算公式。

4. 竖盘指标差

从以上介绍竖盘构造及竖直角计算中可知：竖盘指标水准管居中（或自动归零装置打开）且望远镜视线水平时，竖盘读数应为某一固定读数（如 90°或 270°）；但是实际上往往由于竖盘水准管与竖盘读数位置关系不正确或自动归零装置存在误差，使视线水平时的读数与应有读数存在一个微小的角度误差 x，称为竖盘指标差，如图 2.24 所示。因指标差的存在，使得竖直角的正确值应该为（设指标偏向注字增加的方向）：

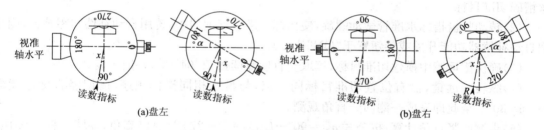

视准轴水平　读数指标　　(a)盘左　　　　　　视准轴水平　读数指标　　(b)盘右

图 2.24　竖盘存在指标差时的情况

$$\alpha = 90° - (L - x) = \alpha_左 + x \tag{2.5}$$

或

$$\alpha = (R - x) - 270° = \alpha_右 - x \tag{2.6}$$

解上两式得：

$$\alpha = \frac{1}{2}(\alpha_右 + \alpha_左) = \frac{1}{2}(R - L - 180°) \tag{2.7}$$

$$x = \frac{1}{2}(\alpha_右 - \alpha_左) = \frac{1}{2}(R + L - 360°) \tag{2.8}$$

式(2.7)和式(2.8)是按顺时针注字的竖盘推导公式，逆时针方向注字的公式可类似推出。同学们可以自己推导。

从以上公式可知：

（1）盘左、盘右（一个测回）观测取平均值的方法可自动消除指标差的影响；若 x 为正，则视线水平时的读数大于 90°或 270°；否则，情况相反。

（2）在多测回竖直角测量中，常用指标差来检验竖直角观测的质量。在观测同一目标的不同测回中或同测站的不同目标时，各指标各较差不应超过一定限值，如在经纬仪一般竖直角测量中，指标差较差应小于±25″。

5. 竖直角观测

根据竖直角的定义及计算公式可知：竖直角是倾斜视线与在同一铅垂面内的水平视线的夹角，水平视线的读数是固定的，只要读出倾斜视线的竖盘读数即可求算出竖直角值。但为了消除仪器误差的影响，同样需要用盘左、盘右观测。其具体观测步骤为：

（1）如图 2.25 所示，在测站 A 上安置仪器，对中、整平，并量取仪器高 i。

（2）以盘左照准目标 B 上与仪器同高的位置，如果是指标带水准器的仪器，必须用竖盘指标微动螺旋使水准器气泡居中，然后读取竖盘读数 L，这称为上半测回。则上半测回所测竖直角为 $\alpha_左=90°-L$。

（3）将望远镜倒转，以盘右用同样方法照准 B 目标的同一位置，使指标水准器气泡居中后，读取竖盘读数 R，这称为下半测回。则下半测回所测竖直角为 $\alpha_右=R-270°$。

图 2.25　竖直角测量

如果用带指标补偿器的仪器，在照准目标后先打开自动补偿器开关，再读取竖盘读数。根据需要可测多个测回。特别提醒：如果不测竖直角，则不要打开竖盘自动补偿器开关。

【例 2.3】（1）如图 2.25 所示，在测站 A 上安置仪器，目标 B 上安置观测目标，对中、整平，以盘左位置瞄准目标，用望远镜微动螺旋使望远镜十字丝中横丝精确切准目标。

（2）转动竖盘指标水准管微动螺旋，使指标水准管气泡居中（若用自动补偿归零装置，则应把自动补偿器功能开关或旋钮置于"ON"位置）。

（3）确认望远镜中横丝切准目标，读取竖直度盘读数 79°04′12″，并记入表 2.5 中。

（4）纵转望远镜，盘右位置切准目标同一点，与盘左相同操作顺序，读记竖直度盘读数 280°55′30″。至此即完成一测回竖直角观测。

（5）半测回竖直角计算：按公式 $a_左=90°-L$、$a_右=R-270°$ 计算竖直角，并填入表 2.5 中。

（6）指标差计算：按公式 $x=\dfrac{1}{2}(\alpha_右-\alpha_左)=\dfrac{1}{2}(R+L-360°)$ 计算竖盘指标差，$x=\dfrac{1}{2}(79°04′12″+280°55′30″-360°)$ 或 $x=\dfrac{1}{2}(10°55′30″-10°55′48″)=-09″$。

（7）平均角值：按公式 $a=\dfrac{1}{2}(a_左+a_右)$ 计算平均角值。

表 2.5　竖直角观测记录表

测站	测点	盘位	竖盘读数	半测回竖直角	指标差	平均角值	备注
A	B	左	79°04′12″	10°55′48″	−09″	10°55′39″	度盘顺时针注记
		右	280°55′30″	10°55′30″			

实践教学 4　竖直角观测实习

目的：掌握竖直角观测的步骤、数据记录及计算方法。

内容:(1)竖直角外业观测步骤;(2)竖直角观测记录表的填写;(3)竖盘指标差的计算;(4)竖直角的计算工作。

要求:每位同学必须熟练掌握竖直角观测操作步骤、计算方法、限差要求。每位学生完成两个竖直角(一个仰角、一个俯角)一个测回的观测任务,要反复练习,直至熟练。

考核:(1)能独立完成竖直角的观测;

(2)能独立完成竖直角的记录、计算工作,并会判断成果精度;

(3)会计算竖盘指标差;

(4)实习态度考核(从是否认真积极、组员配合、仪器操作是否规范等方面考核)。

典型工作任务 4　经纬仪检验与校正

2.4.1　工作任务

通过经纬仪检验与校正知识的学习,主要达到以下目标:

(1)能对经纬仪进行检验;

(2)能对经纬仪进行校正。

说明:经纬仪在使用过程中,由于受外界条件、磨损、振动等因素影响,各轴线之间的几何关系会发生变化,给角度测量带来一定误差,所以必须定期对经纬仪进行检验与校正,使仪器能正常使用。

2.4.2　相关配套知识

根据水平角和竖直角观测的原理,经纬仪的设计制造有严格的要求,如经纬仪旋转轴应铅垂、水平度盘应水平、望远镜纵向旋转时应划过一铅垂面等。如图 2.26 所示,经纬仪有 4 条主要轴线。

水准管轴(LL):通过水准管内壁圆弧中点的切线;

竖轴(VV):经纬仪在水平面内的旋转轴;

视准轴(CC):望远镜物镜中心与十字丝中心的连线;

横轴(HH):望远镜的旋转轴(又称水平轴)。

经纬仪应满足的主要条件列于表 2.6 中。

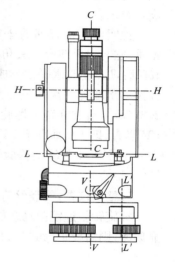

图 2.26　经纬仪主要轴线

表 2.6　经纬仪应满足的几何关系

应满足条件	目　　的	备　　注
$LL \perp VV$	当气泡居中时,LL 水平,VV 铅垂,水平度盘水平	VV 铅垂是前提
$CC \perp HH$	望远镜绕 HH 纵转时,CC 移动轨迹为一平面	否则是一圆锥面
$HH \perp VV$	LL 水平时,HH 也水平,使 CC 移动轨迹为一铅垂面	否则为一倾斜面
"｜"$\perp HH$	望远镜绕 HH 纵转时,"｜"位于上述铅垂面内;可检查目标是否倾斜或用其任意位置照准目标	"｜"指十字丝竖丝
光学对中器的视线与 VV 重合	使竖轴旋转中心(水平度盘中心)位于过测站的铅垂线上	
$x=0$	使竖盘指标位置正确	

　　1. $LL \perp VV$ 的检验与校正

　　(1)检验

　　粗平经纬仪,转动照准部使水准管平行于任意两个脚螺旋,调节脚螺旋使水准管气泡居中。旋转照准部180°,检查水准管气泡是否居中:若气泡仍居中(或≤0.5格),则 $LL \perp VV$;否则,说明二者不垂直,需校正。如图2.27所示。

图2.27　照准部水准管轴检验与校正

　　(2)校正

　　目前状态下,用校正针拨动水准管一端的校正螺丝(图2.28),使气泡回移总偏移量之半;调节与水准管平行的脚螺旋,使气泡居中;反复检校几次,直至满足要求。

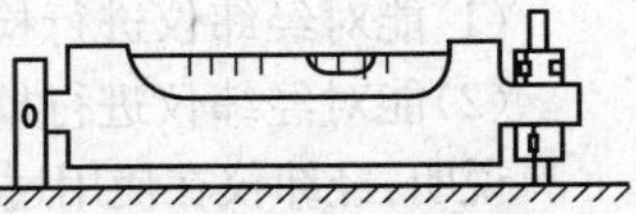

　　说明:若 LL 不垂直于 VV,则气泡居中(LL 水平)时,VV 不铅垂,它与铅垂线有一夹角 α[图2.27(a)];当绕倾斜的 VV 旋转180°后,LL 便与水平线形成 2α 的夹角[图2.27(b)],它反映为气泡的总偏移量。当用用校正针拨动水准管一端的校正螺丝使气泡回移总偏移量之半时,水准管轴已经与竖轴垂直[图2.27(c)],通过旋转脚螺旋调整气泡偏离的另一半,使 VV 竖直[图2.27(d)],此时 LL 水平,VV 竖直,即 LL 垂直于 VV。

图2.28　水准管校正装置

　　2. 竖丝 $\perp HH$ 的检验与校正

　　(1)检验

　　1)整平仪器,使竖丝清晰地照准远处点状目标,并重合在竖丝上端。

　　2)旋转望远镜微动螺旋,将目标点移向竖丝下端,检查此时竖丝是否与点目标重合,若明显偏离,则需校正(如图2.29)。

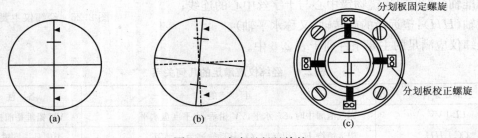

分划板固定螺旋

分划板校正螺旋

图2.29　十字丝竖丝检校

　　(2)校正

　　拧开望远镜目镜端十字丝分划板的护盖,用校正针微微旋松分划板固定螺丝;然后微微转动十字丝分划板,至竖丝与点状目标始终重合;最后拧紧分划板固定螺丝,并上好护盖。

　　说明:若竖丝 $\perp HH$,则竖丝的移动轨迹在视准轴所划过的平面内。

　　3. $CC \perp HH$ 的检校

　　(1)检验

1)选择一平坦场地,安置仪器于 A、B 中点 O,在 B 点横置一刻有毫米分划的直尺 M(垂直于 AB),如图 2.30 所示,并使 A、O、直尺约位于同一水平面。整平仪器后,先以盘左位置照准远处目标 A,保持照准部不动,纵转望远镜,于 M 尺上读得 B'。

2)以盘右位置仍照准目标 A,同法在 M 尺上读取读数 B''。

3)若 $B'=B''$,则 $CC\perp HH$;若 $B'\neq B''$,则需校正。

(2)校正

1)在盘右状态下,旋转水平微动螺旋,使十字丝竖丝瞄准 B_1,使 $B_1B''=\dfrac{1}{4}B'B''$,此时 $OB_1\perp HH'$。

2)拧开十字丝分划板护盖,用校正针微微拨动十字丝分划板左右校正螺丝[如图 2.29(c)],一松一紧,使十字丝中心对准目标 B_1 即可。

说明:在图 2.30 中,某水平面上 A、O、B 为一直线上 3 点,经纬仪盘左瞄准点 A 时,若 $CC\perp HH$,则倒镜后视线应过 B 点;若二者不垂直,则倒镜后视线为 OB'[图 2.30(a)]。设 HH' 为横轴的实际位置,视准轴(OA 方向)与横轴方向(HH')的交角为($90°-C$),C 称为视准轴误差。若有 C 存在,从图 2.30(a)中可看出倒镜后 $\angle B'OB=2C$,$2C$ 即为 2 倍的视准轴误差,这意味着盘左盘右瞄准同一点时,水平度盘读数相差 $180°\pm2C$。盘右重复上述工作时,视线瞄准 B'',B' 与 B'' 关于 OB 对称,$\angle B'OB''=4C$。

4.$HH\perp VV$ 的检验与校正

(1)检验

1)整平仪器后,盘左瞄准约 $20\sim50$ m 处墙壁目标 P(仰角$>30°$),如图 2.31 所示。

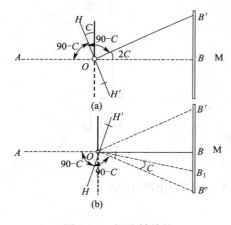

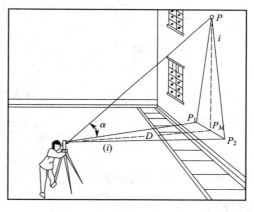

图 2.30　视准轴检校　　　　　　图 2.31　$HH\perp VV$ 的检验与校正

2)固定照准部,下俯望远镜,在墙上与仪器同高处标记十字丝交点 P_1。

3)纵转望远镜 $180°$,盘右位置同法在墙上作点 P_2。

4)如果 P_1 与 P_2 重合,则 $HH\perp VV$;否则,横轴不水平。

(2)校正

横轴不水平是由于支承横轴的两侧支架不等高引起的。由于横轴是密封的,因此横轴与支架之间的几何关系由制造装配时给予保证,测量人员只需进行此项检验;如需校正,应送仪器维修部门进行修理。

说明:当竖轴铅垂、$CC\perp HH$ 时,若 $HH\perp VV$ 不满足,则望远镜绕 HH 旋转时,CC 所划过的时一倾斜的平面,如图 2.31 所示。依据这一特点,检验时可先整平仪器,分别以盘左、盘右瞄准远处墙壁上一较高目标点 P,再将望远镜转至水平方向。这时沿视线在墙壁上作的两点 P_1、P_2 将不会重合。

5. 竖盘指标正确性检验与校正

(1)检验

用盘左、盘右分别观测两个不同目标 A、B 的竖直角,按式(2.8)分别计算出 A、B 目标的指标差值 x_A 和 x_B。再计算 x_A-x_B,若 $|x_A-x_B|\leqslant25''$,则指标差位置正确;否则,应校正。

(2)校正(带竖盘指标水准管经纬仪)

1)保持盘右位置瞄准原目标,用竖盘指标水准管微动螺旋,使竖盘读数调整到 $R-x$,这时竖直度盘指标水准管气泡不居中。

2)用校正针拨动竖盘指标水准管上、下校正螺丝,使气泡居中。

3)重复上述操作,直至满足要求为止。

6. 光学对点器的视线与竖轴重合性检验与校正

(1)检验

1)安置仪器于平坦地上,严格整平,在地面角架中央固定一张白纸,如图 2.32 所示。

2)光学对点器调焦,在纸上标记出视线的位置(光学对点器十字丝交点的位置)A。

3)将光学对点器旋转 $180°$,观察视线是否离开原来位置或偏离超限;若是,则需进行校正,在纸上标记出此时视线的位置 B,如图 2.33 所示。

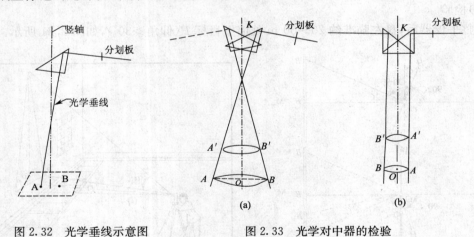

图 2.32 光学垂线示意图　　　图 2.33 光学对中器的检验

(2)校正

1)用直尺在纸上标出 AB 的连线中点 O。

2)转动对中器的校正螺丝,使对中器分划板的中心对准 O 点。

说明:若这一关系不满足,仪器整平后,光学对点器绕竖轴旋转时,视线在地面上的移动轨迹是一个圆圈,而不是一点。

7. 经纬仪检验与校正的注意事项

(1)上述各项校正,一般都需反复进行几次,直至在允许范围之内,其中视准轴的检校是主要一项。

(2)校正时,应遵循先松后紧的原则。

(3)一般地,若前一项未校正会影响到下一项的检验时,校正次序不宜颠倒。

（4）同是校正一个部位的两项，宜将重要的置于后面。

实践教学 5　经纬仪的检验与校正

目的：(1)了解经纬仪的主要轴线之间应满足的几何条件；(2)掌握光学经纬仪检验校正的基本方法。

内容：(1)水准管轴垂直于仪器竖轴的检验与校正；(2)十字丝竖丝垂直于横轴的检验与校正；(3)视准轴垂直于横轴的检验和校正；(4)横轴垂直于仪器竖轴的检验；(5)竖盘指标差的检验与校正；(6)光学对点器的视线与竖轴重合性检验。

要求：以小组为单位完成以上 6 项检验项目，只需检验，不需校正。最终以小组为单位提交检验报告。

考核：(1)能熟练指出经纬仪各轴线应处的正确状态；

　　　(2)掌握水准管轴垂直于仪器竖轴的检验原理与校正方法；

　　　(3)十字丝竖丝垂直于横轴的检验与校正；

　　　(4)视准轴垂直于横轴的检验和校正

　　　(5)横轴垂直于仪器竖轴的检验；

　　　(6)竖盘指标差的检验与校正；

　　　(7)光学对点器的视线与竖轴重合性检验。

　　　(8)实习态度考核（从是否认真积极、组员配合、仪器操作是否规范等方面考核）。

8. 水平角测量误差分析及注意事项

在角度测量中，由于多种原因会使测量的结果存在误差。研究这些误差产生的原因、性质和大小，以便设法减少其对结果的影响；同时也有助于预估影响的大小，从而判断结果的可靠性。

（1）角度测量误差来源

影响测角精度的因素有 3 类，即仪器误差、观测误差、外界条件的影响。

1）仪器误差

仪器虽经过检验及校正，但总会有残余的误差存在。仪器误差的影响，一般都是系统性的，可以在工作中通过一定的方法予以消除或减小。

主要的仪器误差有：水准管轴不垂直于竖轴、视线不垂直于横轴、横轴不垂直于竖轴、照准部偏心、光学对中器视线不与竖轴旋转中心线重合及竖盘指标差等。

①水准管轴不垂直于竖轴

这项误差影响仪器的整平，即竖轴不能严格铅垂，横轴也不水平。但安置好仪器后，它的倾斜方向是固定不变的，不能用盘左、盘右消除。如果存在这一误差，可在整平时于一个方向上使气泡居中后，再将照准部平转 $180°$，这时气泡必然偏离中央，然后用脚螺旋使气泡移回偏离值的一半，则竖轴即可铅垂。这项操作要在互相垂直的两个方向上进行，直至照准部旋转至任何位置时，气泡虽不居中，但偏移量不变为止。

②视准轴不垂直于横轴

如图 2.34 所示，如果视线与横轴垂直时的照准方向为 AO，当二者不垂直且存在一个误差角 C 时，则照准

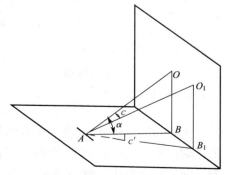

图 2.34　视准轴不垂直于横轴产生 2C

点为 O_1。如要照准 O,则照准部需旋转 C' 角,这个 C' 角就是由于这项误差在一个方向上对水平度盘读数的影响。由于 C' 是 C 在水平面上的投影,则从图 2.34 中可知:

$$C' = \frac{BB_1}{AB} \cdot \rho \qquad (2.9)$$

而

$$AB = AO\cos\alpha, \quad BB_1 = OO_1$$

所以

$$C' = \frac{OO_1}{AO\cos\alpha} \cdot \rho = \frac{C}{\cos\alpha} = C \cdot \sec\alpha \qquad (2.10)$$

由于一个角度是由两个方向构成的,则它对角度的影响为:

$$\Delta C = C'_2 - C'_1 = C(\sec\alpha_2 - \sec\alpha_1) \qquad (2.11)$$

式中　　α_1, α_2——两个方向的竖直角。

由式(2.11)可知,在一个方向上的影响与误差角 C 及竖直角 α 的正割的大小成正比;对一个角度而言,则与误差角 C 及两方向竖直角正割值之差的大小成正比;如两方向的竖直角相同,则影响为零。

因为在用盘左、盘右观测同一点时,其影响的大小相同而符号相反,所以在取盘左、盘右的平均值时,可自然抵消。

③横轴不垂直于竖轴

因为横轴不垂直于竖轴,则仪器整平后竖轴居于铅垂位置,横轴必发生倾斜。视线绕横轴旋转所形成的不是铅垂面,而是一个倾斜平面,如图 2.35 所示。过目标点 O 作一垂直于视线方向的铅垂面,O' 点位于过 O 的铅垂线上。如果存在这项误差,则仪器照准 O 点,将视线放平后,照准的不是 O' 点而是 O_1 点。如果照准 O',则需将照准部转动 ε 角。这就是在一个方向上,由于横轴不垂直竖轴,而对水平度盘读数的影响,倾斜直线 OO_1 与铅垂线之间的夹角 i 与横轴的倾角相同,从图 2.35 可知:

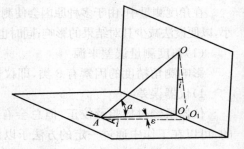

图 2.35　横轴不垂直于竖轴

$$\varepsilon = \frac{O'O_1}{AO'} \cdot \rho \qquad (2.12)$$

因

$$O'O_1 = \frac{i}{\rho} \cdot OO'$$

故

$$\varepsilon = i \cdot \frac{O'O_1}{AO'} = i \cdot \tan\alpha \qquad (2.13)$$

式中　　i——横轴的倾角;

　　　　α——视线的竖直角。

它对角度的影响为:

$$\Delta\varepsilon = \varepsilon_2 - \varepsilon_1 = i(\tan\alpha_2 - \tan\alpha_1) \qquad (2.14)$$

由式(2.14)可见,它在一个方向上对水平度盘读数的影响,与横轴的倾角及目标点竖直角的正切成正比;它对角度的影响,则与横轴的倾角及两个目标点的竖直角正切之差成正比。当两方向的竖直角相等时,其影响为零。

由于对同一目标观测时,盘左、盘右的影响大小相同而符号相反,所以取平均值可以抵消。

④照准部偏心

所谓照准部偏心，即照准部的旋转中心与水平盘的刻划中心不相重合。这项误差只有对直径一端有读数的仪器才有影响，而采用对径符合读法的仪器，可将这项误差自动消除。

如图 2.36 所示，设度盘的刻划中心为 O，而照准部的旋转中心为 O_1。当仪器的照准方向为 A 时，其度盘的正确读数应为 a。但由于偏心的存在，实际的读数为 a_1。$a_1 - a$ 即为这项误差的影响。

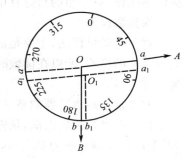

照准部偏心影响的大小及符号依偏心方向与照准方向的关系而变化。如果照准方向与偏心方向一致，其影响为零；二者互相垂直时，影响最大。在图 2.36 中，照准方向为 A 时，读数偏大；而照准方向为 B 时，则读数偏小。

当用盘左、盘右观测同一方向时，是取了对径读数，其影响值大小相等而符号相反，在取读数平均值时，可以抵消。

⑤光学对中器视线不与竖轴旋转中心线重合

图 2.36　照准部偏心示意图

这项误差是影响测站偏心，将在后边详细说明，如果对中器是附在基座上，在观测测回数的一半时，可将基座平转 180°再进行对中，以减少其影响。

⑥竖盘指标差

这项误差是影响竖直角的观测精度。如果工作时预先测出，在用半测回测角的计算时予以考虑，或者用盘左、盘右观测取其平均值，则可抵消。

2)观测误差

造成观测误差的原因有二：一是工作时不够细心；二是受人的器官及仪器性能的限制。观测误差主要有：对中误差、整平误差、目标偏心、照准误差及读数误差。对于竖直角观测，还有指标水准器的整平误差。

①对中误差

测站偏心的大小取决于仪器对中装置的状况及操作的仔细程度，它对测角精度的影响如图 2.37 所示。设 O 为地面标志点，O_1 为仪器中心，则实际测得的角 β' 为而非应测的 β，二者相差为：

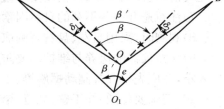

$$\Delta\beta = \beta - \beta' = \delta_1 + \delta_2 \qquad (2.15)$$

由图 2.37 中可以看出，观测方向与偏心方向越接近 90°，边长越短，偏心距 e 越大，则对测角的影响越大。所以在测角精度要求一定时，边越短，则对中精度要求越高。

图 2.37　测站偏心

②整平误差：整平误差的大小取决于水准管气泡居中的程度，整平限差为气泡偏离不超过 1.5 格。这项误差一般很小，在观测时注意精度就可以减弱这项误差。

③目标偏心

在测角时，通常都要在地面点上设置观测标志，如花杆、垂球等。造成目标偏心的原因可能是标志与地面点对得不准或者标志没有铅垂，而照准标志的上部时使视线偏移。

与测站偏心类似，偏心距越大，边长越短，则目标偏心对测角的影响越大。所以在短边测角时，尽可能用垂球作为观测标志。

④照准误差

照准误差的大小取决于人眼的分辨能力、望远镜的放大率、目标的形状及大小和操作的仔细程度。

人眼的分辨能力一般为 $60''$，设望远镜的放大率为 v，则照准时的分辨能力为 $\frac{60''}{v}$。我国统一设计的 DJ$_6$ 及 DJ$_2$ 级光学经纬仪放大率为 28 倍，所以照准时的分辨能力为 $2.14''$。照准时应仔细操作，对于粗的目标宜用双丝照准，细的目标则用单丝照准。同时应使目标清晰。

⑤读数误差

对于分微尺读法，主要是估读最小分划的误差；对于对径符合读法，主要是对径符合的误差所带来的影响，所以在读数时宜特别注意。DJ$_6$ 级仪器的读数误差最大为 $\pm 12''$，DJ$_2$ 级仪器为 $\pm(2''\sim 3'')$。

⑥竖盘指标水准器的整平误差

在读取竖盘读数以前，须先将指标水准器整平。DJ$_6$ 级仪器的指标水准器分划值一般为 $30''$，DJ$_2$ 级仪器一般为 $20''$。这项误差对竖直角的影响是主要因素，操作时宜特别注意。

3）外界条件的影响

外界条件的因素十分复杂，如天气的变化、植被的不同、地面土质松紧的差异、地形的起伏以及周围建筑物的状况等都会影响测角的精度。有风会使仪器不稳、地面土松软可使仪器下沉、强烈阳光照射会使水准管变形、视线靠近反光物体则有折光影响，这些在测角时，应注意尽量予以避免。

（2）角度测量注意事项

1）定期对经纬仪进行检校。

2）三脚架在地面上应安稳、踩实，以免下沉或打滑。

3）观测时注意整平和对中，对于短边测量更应严格对中。

4）转动照准部或望远镜时，应先松开其制动螺旋，不得硬性转动仪器。

5）目标竖立应铅直。

6）测量水平角时应用纵丝尽量照准目标的底部；测量竖直角时应用横丝瞄准指定的位置。对光要清晰，读数应正确，估读要尽量准确。注意消除视差。

7）注意避开一些不利的自然因素影响，如大风、有雾、烈日等天气不利于观测。

8）观测时，采用盘左、盘右观测取平均值。

9）注意仪器的保养与维护。要防止仪器无人看管，仪器箱上不许坐人，仪器装箱时，应原位入箱，并应先松开各制动螺旋等。

10）记录要复诵，并工整、规范、全面；计算要及时准确；观测数据应真实可靠，不得涂改、涂擦，保持数据的原始性。

11）组长应合理分工、组员之间应相互协作。

12）养成严谨求实的工作作风。

 项目小结

角度测量是确定地面点位的基本测量工作之一，因此，本项目是本课程的学习重点，为后续项目的开展提供基础。本项目由 4 个工作任务组成，工作任务 1 介绍了经纬仪的认识与使用方法，工作任务 2 到工作任务 3 介绍了经纬仪测量水平角度和竖直角度的实施与计算，工作任务 4 是经纬仪的检验与校正及角度测量误差分析。本章的学习应注意以下几个问题：

1. 角度测量的原理,经纬仪的结构及其功能,经纬仪的操作步骤

掌握水平角和竖直角的概念,掌握竖直角和水平角测量的异同点,掌握经纬仪的构造原理,能够熟练完成经纬仪的安置、瞄准与读数工作。

2. 水平角和竖直角测量

掌握测回法水平角测量,方向法水平角测量和竖直角观测的方法步骤,并掌握其相应的限差要求及计算公式。多个测回观测水平角时,测回间变换度盘$\frac{180°}{\Omega}$,Ω 为总测回数。

3. 经纬仪应满足的条件,仪器误差的检验与校正方法,测角误差的来源

为了进行水平角度和竖直角度测量,经纬仪的轴线应满足一定的关系,要掌握经纬仪的轴线及其相互关系,并能够对各轴线关系是否满足进行检验和校正;还要了解角度测量中误差产生的原因,以便消除或减弱误差的影响。

4. 严格按照规范观测和记录数据

观测水平角是选用测回法还是方向法、观测几个测回、选用哪种精度的仪器、角度计算时的各项限差等均有规定,应根据测量的目的按规范执行。记录计算要及时、清楚,发现问题,立即重测。

 复习思考题

1. 什么是水平角? 试绘图说明用经纬仪测量水平角的原理。

2. 什么是竖直角? 为什么测竖直角时可只瞄准一个目标?

3. 水平角观测时,安置仪器的高低及瞄准目标的高低不同部位对水平观测有无影响?若经纬仪架设高度不同,照准同一目标点,则该点的竖直角是否相同?

4. 何谓视差? 产生视差的原因是什么? 观测时如何消除视差?

5. 安置经纬仪时,对中和整平的目的是什么? 若用光学对中器应如何进行对中?

6. 简述电子经纬仪的主要特点。它与光学经纬仪的根本区别是什么?

7. 在测竖直角时,竖盘和指标的转动关系与测水平角时水平度盘和指标的转动关系有什么不同?

8. 试述用测回法观测水平角的步骤。有哪些限差规定?

9. 完成表 2.7 测回法测角记录的计算。

表 2.7 测回法观测记录表

测回	测站	目标	竖盘位置	水平度盘读数	半测回角值	一测回角值	平均角值	备注
1	O	A	左	0°03′24″				
		B		79°20′30″				
		A	右	180°03′36″				
		B		259°20′48″				
2	O	A	左	90°02′18″				
		B		169°19′36″				
		A	右	270°02′12″				
		B		349°19′24″				

10. 试述方向观测法适用情况、观测步骤。

11. 水平角方向观测法中的 2C 有何含义？为什么要计算 2C 并检核其互差？

12. 完成方向观测法记录表（表 2.8）的计算工作。

表 2.8　方向观测法记录表

| 测回序数 | 测站 | 目标 | 水平度盘读数 | | 2C | 平均方向值 | 归零方向值 | 各测回归零方向值之平均值 |
			盘左	盘右				
1	O	A	0°00′20″	180°00′17″				
		B	60°58′17″	240°58′15″				
		C	109°33′41″	289°33′45″				
		D	155°02′38″	335°02′40″				
		A	0°00′19″	180°00′23″				
2		A	90°01′45″	270°01′49″				
		B	150°59′45″	330°59′46″				
		C	199°35′05″	19°35′09″				
		D	245°04′06″	65°04′09″				
		A	90°01′48″	270°01′48″				

13. 完成竖直角观测记录表（表 2.9）的计算工作。

表 2.9　竖直角观测记录表

测站	测点	盘位	竖盘读数	半测回竖直角	平均角值	指标差	备注
O	A	左	81°18′42″				竖盘为全圆式顺时针注记
		右	278°41′30″				
	B	左	124°03′30″				
		右	235°56′54″				

14. 经纬仪有哪些主要轴线？轴线之间应满足什么几何条件？

15. 水平角测量误差的来源有哪些？如何提高测角精度？用正倒镜观测可以消除哪些误差？能否消除因竖轴倾斜引起的水平角测量误差？

项目 3　距离测量与直线定向

项目描述

　　距离测量是确定地面点相对位置的 3 项基本外业工作之一,就是确定空间两点在水平面上的投影长度,即水平距离。有些时候也测两点之间的斜距。

　　距离测量的方法与采用的仪器和工具有关。测量中经常采用的方法有:(1)钢尺量距,其精度约为 1/1 000 至几万分之一;(2)视距测量,其测距精度约为 1/200~1/300;(3)电磁波测距,其精度在几千分之一到几十万分之一。采用何种仪器与工具测距取决于测量工作的性质、要求和条件。

拟实现的教学目标

1. 能力目标
- 能用钢尺进行水平距离和倾斜距离测量工作;
- 会用经纬仪进行视距测量工作;
- 会用全站仪测量角度、距离、高程和坐标;
- 会根据已知直线的坐标方位角和转折角推算待测边的坐标方位角。

2. 知识目标
- 掌握直线定线的方法、钢尺量距的方法步骤、数据处理与精度分析;
- 掌握视距测量原理和方法;
- 了解光电测距原理和方法;
- 掌握全站仪测距、测角、测高程、测坐标等方法;
- 理解直线定向、方位角、象限角的概念,掌握方位角推算的原理和公式。

3. 素质目标
- 养成严谨求实的工作作风和吃苦耐劳的精神;
- 养成团队协作意识,具备一定的组织协调能力;
- 养成精益求精的工作态度,培养质量意识;
- 培养独立思考问题和解决问题的能力;
- 培养学生独立学习能力、信息获取和处理能力;
- 养成爱护仪器设备的职业操守。

相关案例——某校园导线控制测量

1. 工作任务
测绘某校园地形图,测图比例尺为 1∶500。

2. 测区概况

（1）校园面积

$$260 \times 200 = 52\ 000\ \text{m}^2。$$

（2）已有控制点情况

已知 $A(x_A = 121\ 289.325\ \text{m}, y_A = 135\ 870.591\ \text{m})$、$B(x_B = 121\ 303.502\ \text{m}, y_B = 135\ 821.549\ \text{m})$。

（3）平面控制网布设形式

见案例图 3.1。

案例图 3.1 中 A、B 为已知平面控制点，C、D、E、F、G、I 为待测平面控制点。

3. 观测任务

为了获得 C、D、E、F、G、I 各点的坐标，需要观测案例图 3.1 中各导线点之间的水平距离。

4. 距离测量要求

各导线边应往返丈量，用钢尺丈量或光电测距。

5. 测量规范

依据 GB 50026—2007《工程测量规范》，各要求

见案例表 3.1、3.2、3.3、3.4。

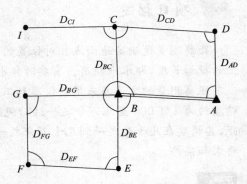

案例图 3.1　测区平面控制网

案例表 3.1　光电测距的主要技术要求

平面控制网等级	仪器型号	观测次数		总测回数	一测回读数较差（mm）	单程各测回较差（mm）	往返较差（mm）
		往	返				
三等	≤5 mm 级仪器	1	1	6	≤5	≤7	≤2(a+b×D)
	≤10 mm 级仪器			8	≤10	≤15	
四等	≤5 mm 级仪器	1	1	4	≤5	≤7	
	≤10 mm 级仪器			6	≤10	≤15	
一级	≤10 mm 级仪器	1	—	2	≤10	≤15	—
二、三级	≤10 mm 级仪器	1	—	2	≤10	≤15	

注：(1)测距的 5 mm 级仪器和 10 mm 级仪器，是指当测距长度为 1 km 时，仪器的标称精度 m_D 分别为 5 mm 和 10 mm 的电磁波测距仪器（$m_D = a + b \times D$）。

　　(2)测回是指照准目标 1 次，读数 2～4 次的过程。

　　(3)根据具体情况，边长测量可采取不同时间段测量代替往返观测。

　　(4)计算测距往返较差的限差时，a、b 分别为相应等级所使用仪器标称的固定误差和比例误差。

案例表 3.2　普通钢尺量距的主要技术要求

等级	边长量距较差相对误差	作业尺数	量距总次数	定线最大偏差（mm）	尺段高差较差	读定次数	估读值至（mm）	温度读数值至（C°）	同尺各次或同段各尺的较差（mm）
二级	1/20 000	1～2	2	50	≤10	3	0.5	0.5	≤2
三级	1/10 000	1～2	2	70	≤10	2	0.5	0.5	≤3

注：当检定钢尺时，其丈量的相对误差不应大于 1/100 000。

案例表 3.3　各等级导线测距相对中误差

等级	三等	四等	一级	二级	三级	图根
测距相对中误差	1/150 000	1/80 000	1/30 000	1/14 000	1/7 000	1/4 000

案例表 3.4　图根导线测量的主要技术要求

导线长度(m)	相对闭合差	测角中误差(″)		方位角闭合差(″)	
		一般	首级控制	一般	首级控制
$\leqslant a \times M$	$\leqslant 1/(2\,000 \times a)$	30	20	$60\sqrt{n}$	$40\sqrt{n}$

注:(1)a 为比例系数,取值宜为1,当采用1∶500、1∶1 000 比例尺测图时,其值可在 1～2 之间选用。

(2)M 为测图比例尺的分母;但对于工矿区现状图测量,不论测图比例尺大小,M 均应取值为500。

(3)隐蔽或施测困难地区导线相对闭合差可放宽,但不应大于 $1/(1\,000 \times a)$。

　　为获取导线点平面坐标与高程,需要知道相邻导线点间的距离,最常用的距离测量方法有钢尺量距、视距测量与光电测距,作业时应根据测距精度要求和设备条件来选择测距方法,在本例中,为了同时测量角度和距离,我们采用全站仪进行光电测距。

　　通过以上案例可知,距离测量也是导线测量的基本工作之一,为了开展距离测量工作,我们要掌握以上 3 种距离测量方法各自的特点及作业方法。钢尺量距以精度高、操作简单、成果可靠等优点在施工测量中应用广泛;视距测量适用于地面高低起伏大、直接测量困难的情况,但其精度较低,多适用于碎部测量;而光电测距具有经度高、测程远、作业快、不受地形限制等特点,是目前距离测量的主要形式。全站仪不仅具有光电测距功能,而且具有测角、数据存储与处理等功能,在目前工程施工和地形测绘中应用最为广泛,应作为本章学习的重点内容。

典型工作任务 1　钢尺量距

3.1.1　工作任务

　　通过钢尺量距知识的学习,主要达到以下目标:

　　(1)能用钢尺进行水平距离和倾斜距离的丈量工作;

　　(2)能用钢尺进行精密钢尺量距工作。

　　说明:钢尺又称钢卷尺,其量距的特点为精度较高、操作简便、成果可靠,在施工测量中应用广泛。但会受到地形条件的限制。

3.1.2　相关配套知识

　　1. 钢尺一般量距

　　(1)丈量工具

　　钢尺分为普通钢卷带尺和因瓦线尺两种。

　　普通钢卷带尺,尺宽 10～15 mm,长度有 20 m、30 m 和 50 m 等数种。卷放在圆形盒或金属架上,钢尺的分划有几种,有以厘米为基准分划的,适用于一般量距;有的则在尺端第一分米内刻有毫米分划;也有将整尺都刻出毫米分划的;后两种适用于精密量距。较精密的钢尺,制造时有规定的温度及拉力,如在尺端刻有"30 m、20 ℃、100 N"字样,表示在检定该钢尺时的温度为 20 ℃、拉力为 100 N、钢尺刻线的最大注记值为 30 m,通常称之为名义长度。根据尺的零点位置不同,有端点尺和刻线尺之分,如图 3.1 所示。

因瓦线尺是用镍铁合金制成的,尺线直径为 1.5 mm,长度为 24 m,尺身无分划和注记,在尺两端各连一个三棱形的分划尺,长 8 cm,其上最小分划为 1 mm。因瓦线尺全套由 4 根主尺、1 根 8 m(或 4 m)长的辅尺组成。不用时卷放在尺箱内。

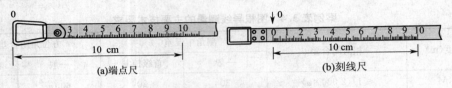

图 3.1　端点尺和刻线尺

钢尺量距的辅助工具有测钎、花杆、垂球、弹簧秤和温度计,如图 3.2 所示。

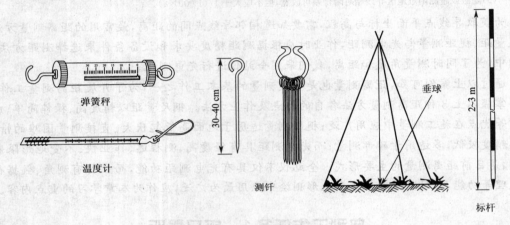

图 3.2　钢尺量距辅助工具

(2)直线定线

当距离较长时,一般要分段丈量。为了使距离丈量不偏离直线方向,要在直线方向上设立若干分段点(例如插上花杆或测钎),这种使量距分段点位于欲量两点的连线方向上的测量过程称为直线定线。直线定线有两种方法:一是目估法;二是经纬仪法。

1)目估法

如图 3.3 所示,欲测 A、B 两点之间的距离,在 A、B 两点上各设一根花杆,观测者位于 A 点之后 1~2 m 处单眼目估 AB 视线,指挥中间持花杆者左右移动花杆至直线上,并确定其位置。同法定位其他各点。此法多用于普通精度的钢尺量距。

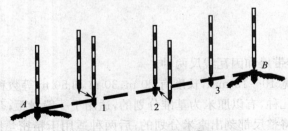

图 3.3　目估法直线定线

2)经纬仪法

在一点上架设经纬仪,用经纬仪照准另一点,固定照准部(此时,照准部不能再动),然后用经纬仪指挥并在视线上定点。此法多用于精密钢尺量距。如图 3.4 所示。

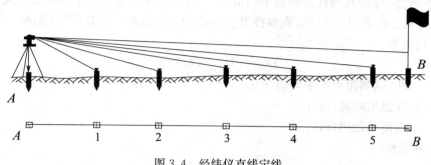

图 3.4　经纬仪直线定线

（3）距离丈量

如图 3.5 所示，A、B 为地面两点，要量取两点之间的水平距离，且量距精度要求为 1/2 000～1/3 000。

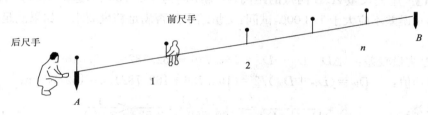

图 3.5　平坦地面上的钢尺量距方法

1）平坦地面丈量

采用往返丈量，先量整尺，后量尾尺。

①往测

a. 直线定线。若 A、B 两点长度大于整尺长，应先进行直线定线工作。

b. 后尺手持钢尺的零端位于 A 点，前尺手持尺的末端并携带一束测钎，沿 AB 方向前进，至一尺段末处停下，两人都蹲下。

c. 后尺手以手势指挥前尺手将钢尺拉在 AB 直线方向上；后尺手以尺的零点对准 A 点，两人同时将钢尺拉紧、抬平（且钢尺两端均应离开地面）、拉稳后，前尺手喊"预备"，后尺手将钢尺零点准确对准 A 点，并喊"好"，前尺手随即将测钎对准钢尺末端刻划竖直插入地面（在坚硬地面处，可用铅笔在地面划线作标记），得 1 点。这样便完成了第一尺段 $A1$ 的丈量工作。

d. 接着后尺手与前尺手共同举尺前进，后尺手走到 1 点时，即喊"停"。同法丈量第二尺段，然后后尺手拔起 1 点上的测钎。如此继续丈量下去，直至最后量出不足一整尺的余长 Δl。则 A、B 两点间的水平距离为：

$$D = nl + \Delta l \tag{3.1}$$

式中　l——整尺段的长度；

　　　n——丈量的整尺段数；

　　　Δl——零尺段长度。

②返测

为了防止丈量错误和提高精度，一般还应由 B 点量至 A 点进行返测，返测时应重新进行定线。方法与往测相同。

③距离计算

往、返距离之差$|\Delta D|$与往返距离平均值$D_均$之比,转化成分子为1的分数形式,称为相对误差,用K表示。若K小于限差,则取往返测均值$D_均$作为最后结果;否则重测。

距离平均值为:

$$D_均=(D_往+D_返)/2 \qquad\qquad (3.2)$$

式中　$D_均$——往、返测距离的平均值(m);

　　　$D_往$——往测的距离(m);

　　　$D_返$——返测的距离(m)。

往返丈量较差:

$$\Delta D=D_往-D_返 \qquad\qquad (3.3)$$

相对误差:

$$K=\frac{1}{D_均/|\Delta D|} \qquad\qquad (3.4)$$

【例 3.1】　用钢尺量A、B两点的距离,往测距离为 162.736 m,返测距离为 162.782 m,如果规定相对误差不应大于 1/3 000,试问:丈量结果是否满足精度要求? 如果满足,直线的长度应取多少?

解:往返丈量较差:　$\Delta D=D_往-D_返=162.736-162.782=-0.046$ m

距离平均值:　　$D_均=(D_往+D_返)/2=(162.736+162.782)/2=162.759$ m

相对误差:　　$K=\dfrac{1}{D_均/|\Delta D|}=\dfrac{|-0.046|}{162.759}=\dfrac{1}{3\ 532}<\dfrac{1}{3\ 000}$

由于$K<\dfrac{1}{3\ 000}$,所以测量结果满足精度要求,直线长度应取 162.759 m。

相对误差分母越大,则K值越小,精度越高;反之,精度越低。在平坦地区,钢尺量距的相对误差一般不应大于 1/3 000;在量距较困难的地区,其相对误差也不应大于 1/1 000。

2)倾斜地面距离丈量——平量法

适用于坡度不均匀地面的距离丈量。

①直线定线

同于前面,不再赘述。

②分段丈量(往返丈量)

如图 3.6 所示,丈量由A点向B点进行,甲立于A点,指挥乙将尺拉在AB方向线上。甲将尺的零端对准A点,乙将钢尺抬高,并且目估使钢尺水平,然后用垂球尖将尺段的末端投影到地面上,插上测钎,得到 1 点(若地面倾斜较大,将钢尺抬平有困难时,可将一个尺段分成几个小段来平量),即得A、1 两点间的水平距离。同法继续丈量其余各尺段。为了方便起见,返测也应由高向低丈量。

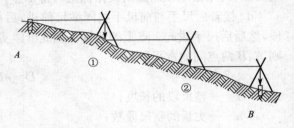

图 3.6　平量法

③计算(同平坦地面丈量)

若精度符合要求,则取往返测的平均值作为最后结果;否则重测。

3)倾斜地面量距——斜量法

适用于坡度均匀地面的距离丈量。

①直线定线

②分段丈量(往返丈量)

当地面倾斜且坡度均匀时,如图 3.7 所示,可以沿倾斜地面丈量出 A、B 两点间的斜距 L(此时,钢尺不用抬平,与地面平行即可),用经纬仪测出直线 AB 的倾斜角 α,或测量出 A、B 两点的高差 h_{AB},然后计算 AB 的水平距离 D_{AB}。

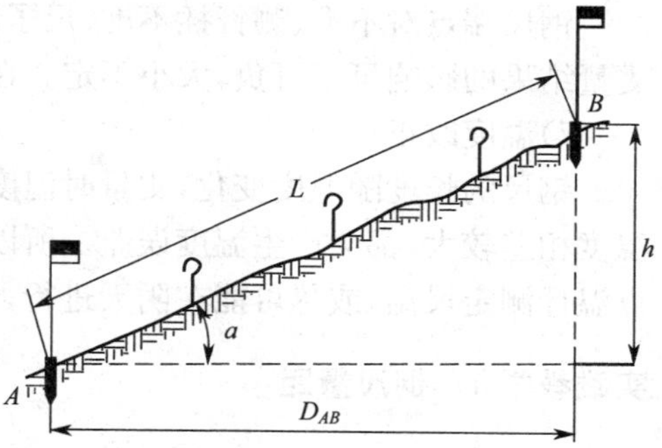

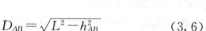

③计算

$$D_{AB} = L \times \cos a \qquad (3.5)$$

或

$$D_{AB} = \sqrt{L^2 - h_{AB}^2} \qquad (3.6)$$

图 3.7　斜量法

(4)钢尺量距的注意事项

1)距离丈量的 3 个基本要求是直、平、准,即定线应准确,钢尺要拉稳、抬平,读数要准确。

2)钢尺丈量前应分辨钢尺的零端和末端。

3)丈量时尺身要置水平,尺要拉紧,前后尺手用力应均匀。

4)钢尺在拉出和收卷时,要避免钢尺打卷,如钢尺见水,使用完毕后应擦干或晾干再卷进盒子。

5)转移尺段时,前后拉尺员应将钢尺抬高,不可拖拉摩擦。钢尺伸展开后,不能让行人车辆等从钢尺上通过。

6)尺子用过后,要用软布擦干净后上油再卷进盒子,保存。

7)要注意保护经纬仪的安全。

(5)钢尺量距的误差来源

1)尺长误差

钢尺的名义长度和实际长度不符,产生尺长误差。尺长误差是积累性的,与所量距离成正比。钢尺经过鉴定后,可知尺长误差。

2)定线误差

丈量时钢尺偏离定线方向,将使测线成为一折线,导致丈量结果偏大,这种误差称为定线误差。

3)拉力误差

钢尺有弹性,受拉会伸长。钢尺在丈量时所受拉力应与检定时拉力相同。如果拉力变化 ± 2.6 kg,尺长将改变 ± 1 mm。一般量距时,只要保持拉力均匀即可;精密量距时,必须使用弹簧秤。

4)钢尺垂曲误差

钢尺悬空丈量时中间下垂,称为垂曲,由此产生的误差为钢尺垂曲误差。垂曲误差会使量得的长度大于实际长度,故在钢尺检定时,也可按悬空情况检定,得出相应的尺长方程式。在成果整理时,按此尺长方程式进行尺长改正。

5)钢尺不水平的误差

用平量法丈量时,钢尺不水平,会使所量距离增大。对于 30 m 的钢尺,如果目估尺子水平误差为 0.5 m(倾角约 1°),由此产生的量距误差为 4 mm。因此,用平量法丈量时应尽可能使钢尺水平。

精密量距时,测出尺段两端点的高差,进行倾斜改正,可消除钢尺不水平的影响。

6)丈量误差

钢尺端点对不准、测钎插不准、尺子读数不准等引起的误差都属于丈量误差。这种误差对丈量结果的影响可正可负,大小不定。在量距时应尽量认真操作,以减小丈量误差。

7)温度改正

钢尺的长度随温度变化,丈量时温度与检定钢尺时温度不一致,或测定的空气温度与钢尺温度相差较大,都会产生温度误差。所以,精度要求较高的丈量,应进行温度改正,并尽可能用点温计测定尺温,或尽可能在阴天进行,以减小空气温度与钢尺温度的差值。

实践教学 1　钢尺量距

目的:掌握钢尺量距的一般方法(定线、丈量、记录、计算)。

内容:(1)经纬仪直线定线;(2)平坦地面钢尺量距步骤方法及计算;(3)倾斜地面钢尺量距(平量法与斜量法)步骤方法与计算。

要求:以实习小组为单位进行实习。指导老师给每个小组指定相距约 100 m 的 A、B 两点,组长合理分工,前、后尺手各一人(兼读数),一人记录、计算,一人定线。以组为单位共同完成 A、B 两点之间水平距离的丈量工作。每位同学必须熟悉钢尺量距的方法步骤,熟练完成不同地形条件下钢尺量距及相关计算工作。

考核:(1)会用经纬仪完成直线定线工作;(2)4～6 人一个小组,进行室外钢尺量距,计算　　　 K 值($K<1/3\ 000$)及平均距离;(3)实习态度考核(从是否认真积极、组员配合、仪　　　 器操作规范、测量数据符合限差等方面考核)。

2. 钢尺精密量距

(1)钢尺精密量距准备工作

首先将所使用的钢尺在钢尺鉴定部门进行鉴定,得到尺长改正数 Δl,并由钢尺鉴定部门给出该钢尺的尺长方程式:

$$l_t=l_0+\Delta l_l+\alpha(t-t_0)l_0=l_0+\Delta l_l+\Delta l_t \tag{3.7}$$

式中　l_t——钢尺在 t 温度时的实际长度;

　　　l_0——钢尺的名义长度;

　　　Δl_l——钢尺的尺长改正数;

　　　α——钢尺的线胀系数;

　　　t——丈量时的温度;

　　　t_0——鉴定时的标准温度;

　　　Δl_t——钢尺的温度改正数。

(2)钢尺精密量距的实施

当量距要求达到 1/10 000～1/25 000 的精度时需采用精密量距方法。首先用经纬仪法进行直线定线,沿丈量方向用钢尺概量,打下一系列木桩,用经纬仪在桩顶标出直线方向线及其垂直方向线,交点作为丈量各尺段距离的标志。用水准仪测出相邻两桩顶之间的高差,以便进行倾斜改正。量距时每一测段均需在尺的两端用弹簧秤施加标准拉力,并记录丈量时的温度。精密量距的实施包括以下步骤:

1)清理场地,经纬仪定线;

2)钉尺段桩;

3)测量尺段高差；

4)分段丈量。

量距前首先标定被测距离的端点位置,通过端点分别划一垂直于测线的短线作为丈量标志。丈量组一般由 5 人组成,使用检定过的基本分划为毫米的钢尺,2 人拉尺,2 人读数,1 人指挥兼记录和读取温度。丈量时,一人手拉挂在钢尺零分划端的弹簧秤,另一人拉钢尺另一端,将尺置于被测距离上,张紧尺子,待弹簧秤上指针指到该尺检定时的标准拉力时,两端的读尺员同时读数,估读至 0.5 mm。每段距离要移动钢尺位置丈量 3 次,移动量一般在 1 cm 以上,3 次量距较差一般不超过 3 mm。每次读数的同时读记温度,精确至 0.5 ℃。

5)成果整理

钢尺在使用前一般需要经过检定,可由计量单位或测绘单位检定,也可将待检钢尺与标准长度比长进行检查,并得出尺长方程式,以便计算钢尺在不同条件下的实际长度。

(3)钢尺精密量距的成果处理

精密量距的结果必须根据尺长方程式改正到标准温度、标准拉力下的实际长度,并把斜距改化成水平距离。所以,量得的长度应经过尺长、温度、倾斜改正。设用钢尺实际丈量两点的距离结果为 l,对其应进行的 3 项改正如下。

1)尺长改正

钢尺在标准拉力、标准温度下的检定长度 l' 与钢尺的名义长度 l_0 一般不相等,其差数 Δl_l 为整尺段的尺长改正数,即

$$\Delta l_l = l' - l_0$$

任一丈量长度 l 的尺长改正数为:

$$\Delta l_d = \frac{\Delta l_l}{l_0} \cdot l \tag{3.8}$$

2)温度改正

钢尺长度受温度的影响会伸缩。当量距时的温度 t 与检定钢尺时的标准温度 t_0 不一致时,需进行温度改正,其公式为:

$$\Delta l_t = \alpha(t - t_0)l_0 \tag{3.9}$$

3)倾斜改正

如图 3.8 所示,设 l 为量得的斜距,h 为距离两端点间的高差,要将 l 改算成平距 d,需加入倾斜改正 Δl_h,即

$$\Delta l_h = d - l = \sqrt{l^2 - h^2} - l = l\left[\left(1 - \frac{h^2}{l^2}\right)^{1/2} - 1\right]$$

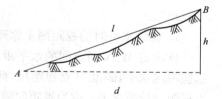

图 3.8 斜距改算平距

将 $\left(1 - \frac{h^2}{l^2}\right)^{1/2}$ 展成级数,并顾及 h 与 l 之比值很小,则有:

$$\Delta l_h = -\frac{h^2}{2l} \tag{3.10}$$

经过改正后的尺段长度即为该尺段的水平距离,即

$$d = l + \Delta l_d + \Delta l_t + \Delta l_h \tag{3.11}$$

则总长度为:

$$D = \sum d \tag{3.12}$$

注意:倾斜改正数永远为负数。

【例 3.2】 用钢尺丈量 $A—l$ 一段长度,该尺的名义长度 $l_0=30$ m,实际长度 $l=30.002\ 5$ m,鉴定时的温度 $t_0=20$ ℃,线膨胀系数为 1.25×10^{-5}/℃,丈量距离 $L=29.865$ m,丈量时的温度 $t=25$ ℃,高差 $h=0.272$ m,求该尺段的水平距离 D。

解: (1)计算尺长改正数 $\Delta l_d=\dfrac{\Delta l}{l_0}\cdot l=29.865\times(30.002\ 5-30)/30=0.002\ 5$(m)

(2)计算温度改正数 $\Delta l_t=\alpha l(t-t_0)=1.25\times10^{-5}\times(25-20)\times29.865=0.001\ 9$(m)

(3)计算倾斜改正数 $\Delta l_h=-\dfrac{h^2}{2l}=0.272^2/(2\times29.865)=-0.001\ 2$(m)

考虑以上 3 项改正值,可得出 A、l 两点之间的准确距离为:

$D=29.865+0.002\ 5+0.001\ 9-0.001\ 2=29.868\ 2$(m)

典型工作任务 2　视距测量

3.2.1　工作任务

通过视距测量知识的学习,主要达到以下目标:

(1)能用经纬仪或水准仪进行水平距离或倾斜距离测量;

(2)能用经纬仪或水准仪进行三角高程测量。

说明:测量工作在遇到地面高低起伏较大的情况时,直接测距有一定困难,可采用经纬仪视距法测量距离。这种方法可同时测定两点之间的水平距离和高差,精度虽然不如直接量距,但是其操作方便、快速、不受地形限制,被广泛应用在地形测量中。

3.2.2　相关配套知识

视距测量是利用具有视距装置的测量仪器,根据光学和三角学的原理同时测定水平距离和高差的一种方法。这种方法具有操作方便、速度快、一般不受地形限制等优点。虽然精度较低(普通视距测量仅能达到 1/100～1/300 的精度),但能满足测定碎部点位置的精度要求。所以视距测量被广泛地应用于地形图测绘中。视距测量所用的主要仪器、工具是经纬仪、水准仪与视距尺。

1. 视线水平时的视距测量原理

欲测定 M、N 两点间的水平距离 D 及高差 h,可在 A 点安置经纬仪,B 点立视距尺,设望远镜视线水平,瞄准 B 点视距尺,此时视线与视距尺垂直。求得上、下视距丝读数之差。上、下视距丝读数之差 l 称为视距间隔或尺间隔。

由图 3.9 可知,$\triangle abF\backsim\triangle FAB$,得 $\dfrac{f}{d}=\dfrac{p}{l}$,因此 $d=\dfrac{f}{p}l$。

于是 A、B 两点之间的水平距离 $D=d+\delta+f$(其中 δ 为仪器中心到物镜的距离,f 为物镜焦距,p 为上下丝之间的距离),由于($\delta+f$)与 D 相比较,可以忽略,而仪器在制造时,就规定 $\dfrac{f}{p}=100$,所以 A、B 两点之间的水平距离应为:

$$D=Kl=100l \tag{3.13}$$

由图 3.9 还可知,A、B 两点间的高差为:

$$h=i-v \tag{3.14}$$

式中　i——仪器高；

　　　　v——望远镜的中丝在尺上的读数。

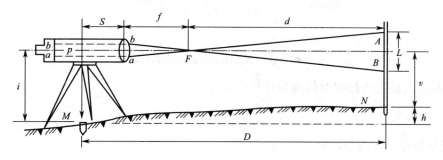

图 3.9　视线水平时的视距测量原理

2. 视线倾斜时的视距测量公式

当地面起伏较大时，必须将望远镜倾斜才能照准视距尺，如图 3.10 所示，此时的视准轴不再垂直于尺子，前面推导的公式就不适用了。若想引用前面的公式，测量时则必须将尺子置于垂直于视准轴的位置，但那是不太可能的。因此，在推导倾斜视线的视距公式时，必须加上以下两项改正。

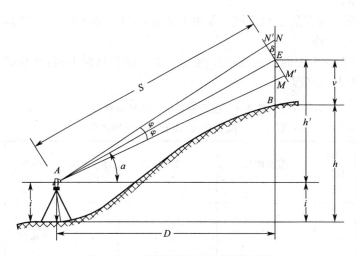

图 3.10　视线倾斜时视距测量原理

（1）视距尺不垂直于视准轴的改正

在图 3.10 中，由于视准轴不垂直于视距尺，从而不能用（3.13）式，现在我们设想有一根垂直于视准轴的理想尺子，上、下丝在该尺上的成像位置分别为 M'、N'，设 $M'N'=l'$，视准轴倾斜角为 α，由于 φ 角很小，略为 $17'$（可以推算），故可将 $\angle AN'E$ 和 $\angle AM'E$ 近似看成直角，则 $\triangle NN'E$ 和 $\triangle MM'E$ 为直角三角形，由于 $\angle NEN'=\angle MEM'=\alpha$，于是

$$l'=M'N'=M'E+EN'=ME\cos\alpha+EN\cos\alpha=(ME+EN)\cos\alpha=l\cos\alpha$$

根据（3.13）式得倾斜距离

$$S=Kl'=Kl\cos\alpha$$

（2）倾斜距离（视线长）化为水平距离的改正

由图 3.10 可知，水平距离为：

$$D = S\cos\alpha = Kl\cos^2\alpha \tag{3.15}$$

A、B 两点间的高差为：

$$h = h' + i - v$$

式中：

$$h' = S\sin\alpha = Kl\cos\alpha\sin\alpha = \frac{1}{2}Kl\sin2\alpha \tag{3.16}$$

称为初算高差。故视线倾斜时的高差计算公式为：

$$h = \frac{1}{2}Kl\sin2\alpha + i - v \tag{3.17}$$

3. 视距测量的实施与计算

（1）视距测量的实施

1）如图 3.10 所示，在 A 点安置经纬仪，量取仪器高 i，在 B 点竖立视距尺。

2）盘左（或盘右）位置，转动照准部大约瞄准视距尺上与仪器同高的位置，再用望远镜的微动螺旋使下丝对准一个整分米数（如 1.3，此举主要是为了便于计算视距间隔），再读取上丝的读数（如 1.786），则尺间隔 $l = 1.786 - 1.3 = 0.486$。再用中丝对准仪器高 i。

3）转动竖盘指标水准管微动螺旋，使竖盘指标水准管气泡居中，读取竖盘读数 L（读到分），并计算垂直角 α。

4）根据尺间隔 l、垂直角 α、仪器高 i 及中丝读数 v，计算水平距离 D 和高差 h。

（2）视距测量的计算

【**例 3.3**】 以表 3.1 中的已知数据和测点 1、2 的观测数据为例，计算 A-1、A-2 两点间的水平距离和 1、2 两点的高程。

表 3.1 视距测量记录与计算手簿

测站：A 测站高程：$+45.37$ m 仪器高：1.45 m 仪器：DJ$_6$

测点	下丝读数 上丝读数 尺间隔 l(m)	中丝 读数 v(m)	竖盘读数 L	垂直角 α	水平距离 D/m	高差 h/m	高程 H/m	备注
1	2.274 0.700 1.574	1.49	87°41′	+2°19′	157.14	+6.32	51.69	盘左 位置
2	2.490 1.600 0.890	2.04	95°18′	−5°18′	88.24	−7.60	+37.77	

解：

$$D_{A1} = Kl\cos^2\alpha = 100 \times 1.574 \text{ m} \times [\cos(2°19')]^2 = 157.14 \text{ m}$$

$$h_{A1} = \frac{1}{2}Kl\sin2\alpha + i - v$$

$$= \frac{1}{2} \times 100 \times 1.574 \text{ m} \times \sin[2 \times (2°19')] + 1.49 \text{ m} - 1.45 \text{ m} = +6.32 \text{ m}$$

$$H_1 = H_A + h_{A1} = 45.37 \text{ m} + 6.32 \text{ m} = +51.69 \text{ m}$$

D_{A2}、H_2 的计算方法同上。其实实际测量时,在读完视距后,应用望远镜微动螺旋将十字丝中丝对准仪器高 i,再符合竖盘指标水准管气泡,再读竖盘、水平盘读数。

4. 视距测量的误差来源

(1)视距读数误差

读取视距尺间隔的误差是视距测量误差的主要来源,因为视距尺间隔乘以常数,其误差也随之扩大 100 倍。因此,读数时应注意消除视差,认真读取视距尺间隔。另外,对于一定的仪器来讲,应尽可能缩短视距长度。

(2)垂直角测定误差

主要包括中丝瞄准误差、竖盘读数误差和指标差的影响。若观测时只用一个盘位,不能通过盘左、盘右消除指标差的影响,应对指标差进行仔细校检。

(3)标尺倾斜误差

标尺立不直,前后倾斜时将给视距测量带来较大误差,其影响随着尺子倾斜度和地面坡度的增加而增加。因此标尺必须严格铅直(尺上应有水准器),特别是在山区作业时。

(4)大气折光误差

由于视线通过的大气密度不同而产生垂直折光差,而且视线越接近地面垂直折光差的影响也越大,因此观测时应使视线离开地面至少 1 m 以上(上丝读数不得小于 0.3 m)。

(5)视距乘常数 K 的误差

由于仪器制造及外界温度变化等因素,使视距常数 K 值往往不等于 100。因此,应对常数 K 严格测定,K 值应在 100±0.1 之内;否则应加于改正,或采取实测值。

5. 视距测量注意事项

(1)为减少垂直折光的影响,观测时应尽可能使视线离地面 0.3 m 以上。

(2)作业时,要将视距尺竖直,并尽量采用带有水准器的视距尺。

(3)要严格测定视距常数,其值应在 100±0.1 之内,否则应加以改正。

(4)视距尺一般应是厘米刻划的整体尺。如果使用塔尺应注意检查各节尺的接头是否准确。

(5)要在成像稳定的情况下进行观测。

实践教学 2　视距测量

目的:掌握视距测量的观测方法;学会用计算器进行视距计算。

内容:(1)视距测量的仪器准备;(2)视距测量外业观测;(3)视距测量内业计算;(4)视距测量注意事项。

要求:以小组为单位实习。每位同学必须熟悉经纬仪视距测量的观测步骤,练习 3～5 个倾斜视距测量观测,并计算其水平距离和高差。

考核:(1)能在他人协助下完成视距测量任务;(2)独立完成视距测量的操作与计算工作;(3)实习态度考核(从是否认真积极、组员配合,仪器操作是否规范,计算公式是否正确等方面考核)。

典型工作任务 3　光电测距

3.3.1　工作任务

通过光电测距知识的学习,主要达到以下目标:

(1)能用全站仪进行水平距离、倾斜距离测量;

(2)能用全站仪进行高程测量。

说明:光电测距主要指以光波为载体,传输测距信号来测量距离。与传统测量方法相比,具有精度高、测程远、作业快、不受地形条件限制等优点,是目前距离测量的主要方法。

3.3.2 相关配套知识

1. 测距仪分类

光电测距仪有多种分类方法,下面按光源和测程分类介绍。

(1)按光源分类

1)红外光源:采用砷化镓发光二极管发出不可见的红外光,目前工程测量中所使用的短程测距仪都采用此光源。

2)激光光源:采用固体激光器、气体激光器或半导体激光器发出的方向性强、亮度高、相干性好的激光做光源,一般用于中远程测距仪上。

(2)按测程分类

1)短程光电测距仪:测程小于 3 km,用于工程测量。

2)中程光电测距仪:测程为 3~15 km,通常用于一般等级控制测量。

3)远程光电测距仪:测程大于 15 km,通常用于国家三角网及特级导线。

(3)按测距精度分类

光电测距仪精度,可按 1 km 测距中误差(即 $m_D = A + B \times D$,当 $D = 1$ km 时)划分为 3 级。Ⅰ级:$m_D \leqslant 5$ mm;Ⅱ级:5 mm$< m_D \leqslant 10$ mm;Ⅲ级:10 mm$< m_D \leqslant 20$ mm。在 $m_D = A + B \times D$ 式中:

A——仪器标称精度中的固定误差,mm;

B——仪器标称精度中的比例误差系数,mm/km;

D——测距边长度,km。

目前测量中多采用中短程红外测距仪。国内外生产多种型号的光电测距仪,如常州大地测距仪厂生产的 D3000、南方测绘仪器公司的 ND3000 系列红外光电测距仪等。

2. 光电测距原理

如图 3.11 所示,欲测 A、B 两点的距离,在 A 点安置测距仪,在 B 点安置反光镜。由测距仪在 A 点发出的测距电磁波信号至反光镜经反射回到仪器。如果电磁波信号往返所需时间为 t,设信号的传播速度为 c,则 A、B 之间的距离为:

$$D = \frac{1}{2}c \cdot t \tag{3.18}$$

式中　c——电磁波信号在大气中的传播速度,其值约为 3×10^8 m/s。

由此可见,测出信号往返 A、B 所需时间即可测量出 A、B 两点的距离。

由式(3.18)可以看出,测量距离的精度主要取决于测量时间的精度。在电子测距中,测量时间一般采用两种方法:(1)直接测定时间,如电子脉冲法;(2)通过测量电磁波信号往返传播所产生的相位移来间接的测定时间,如相位法。对于第一种方法,若要求测距误差 $\Delta D \leqslant 10$ m,则要求时间 t 的测定误差 $\Delta t \leqslant \frac{2}{3} \times 10^{-10}$ s。要达到这样的精度是非常困难的,如用脉冲法,其测定时间的精度也只能达到 10^{-8},这对于精密测距是非常不够的。因此,对于精密测距,一般不采用直接测量时间的方法,而采用间接测量时间的方法,即相位法。

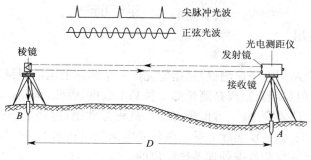

图 3.11　光电测距基本原理

图 3.12 为测距仪发出经调制的按正弦波变化的调制信号的往返传播情况。信号的周期为 T,一个周期信号的相位变化为 2π,信号往返所产生的相位移为:

$$\phi = 2\pi f \cdot t \qquad (3.19)$$

则

$$t = \frac{\phi}{2\pi f} \qquad (3.20)$$

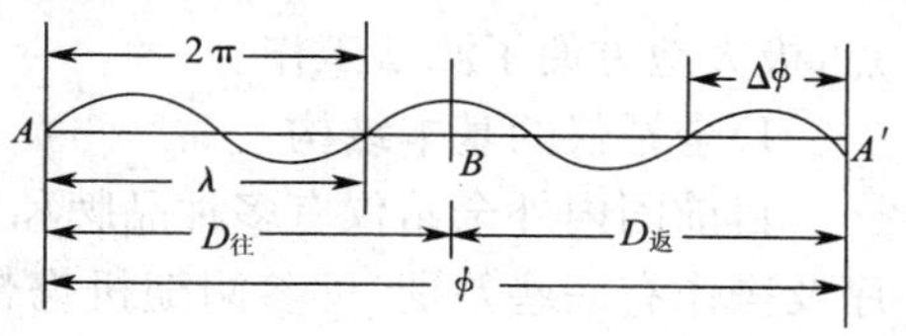

图 3.12　相位法测距

故

$$D = \frac{1}{2}c \cdot t = \frac{1}{2}c \cdot \frac{\phi}{2\pi f} = \frac{1}{2} \cdot \frac{c}{f} \cdot \frac{\phi}{2\pi} \qquad (3.21)$$

式中　f——调制信号的频率;

　　　　t——调制信号往返传播的时间;

　　　　c——调制信号在大气中的传播速度。

信号往返所产生的相位移为:

$$\phi = N \cdot 2\pi + \Delta\phi = 2\pi(N + \frac{\Delta\phi}{2\pi}) \qquad (3.22)$$

式中:N 为相位移的整周期数,$\Delta\phi$ 为不足 1 周期的尾数。将其代入(3.21)式,得:

$$D = \frac{1}{2} \cdot \frac{c}{f} \cdot (N + \frac{\Delta\phi}{2\pi}) = \frac{\lambda}{2} \cdot (N + \Delta N) \qquad (3.23)$$

式中 $\lambda = \frac{c}{f}$,为调制正弦波信号的波长;$\Delta N = \frac{\Delta\phi}{2\pi}$。令 $\frac{\lambda}{2} = u$,上式可写成:

$$D = u(N + \Delta N) \qquad (3.24)$$

式(3.24)可以理解为用一把测尺长度为 u 的"光尺"量距,N 为整尺段数,ΔN 为不足一整尺段的尾数;但仪器用于测量相位的装置(称相位计)只能测量出尺段尾数 ΔN,而不能测量整周数 N。例如当测尺长度为 $u=10$ m 时,要测量距离为 835.486 m,测量出的距离只能为 5.486 m,即此时只能测量小于 10 m 的距离。为此,要增大测程就要增大测尺长度,但测相器的测相误差和测尺长度成正比,由测相误差所引起的测距误差约为测尺长度的 1/1 000,增大测尺长度会使测距误差增大。因此为了兼顾测程和精度,仪器中采用不同测尺长度的测尺,即"粗测尺(长度较大的尺)"和"精测尺(长度较小的尺)"同时测距,然后将粗测结果和精测结果组合得最后结果,这样,既保证了测程,又保证了精度。例如测量距离时采用 $u_1=10$ m 测尺和 $u_2=1\ 000$ m 测尺,测量结果如下

	精测结果	5.486
	粗测结果	835.4
	仪器显示	835.486

3. 全站仪及其使用

(1)全站仪简介

全站仪(全称为全站型电子速测仪)是指能完成一个测站上全部测量工作的仪器。在野外测量中,水平角、竖直角和倾斜距离是测量的 3 种基本数据,因此,全站仪必须具备采集这些数据的基本功能。此外,还需要坐标、方位角、高差、高程等数据,这些数据经仪器内部的微处理器处理得到。由此看来,全站仪实际上是一种将光电测距仪和电子经纬仪合为一体的仪器,是由光电测距仪、电子经纬仪和数据处理系统组成的。

全站仪实现了观测结果完全信息化,观测信息处理自动化、实时化,并可实现观测数据的野外实时存储以及内业输出等。和以往的单一的电子测角和电子测距相比,全站仪的以上特点,极大地方便了测量工作。

1)全站仪的基本结构

目前国内外全站仪有多种品牌和型号。需要指出的是,不同型号的仪器,其功能、观测程序及操作有一些差别,可参阅随机携带的使用说明书。现以南方测绘公司生产的 WinCE 为例说明全站仪的构造(图 3.13)、功能和使用。

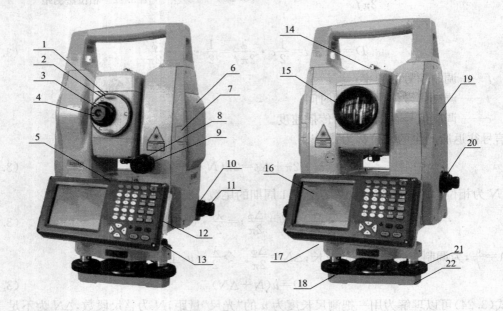

图 3.13　WinCE 全站仪

1—望远镜调焦螺旋;2—望远镜把手;3—目镜调焦螺旋;4—目镜;5—管水准器;6—电池;

7—电池锁紧杆;8—垂直制动螺旋;9—垂直微动螺旋;10—水平制动螺旋;11—水平微动螺旋;

12—USB 接口;13—比针插孔;14—相瞄准器;15—物镜;16—显示屏;17—圆水准器;

18—基座锁定钮;19—仪器中心标志;20—光学对中器;21—脚螺旋;22—底板

2)键盘及按键

如图 3.14 和表 3.2 所示。

图 3.14　WinCE 全站仪键盘

表 3.2　全站仪按键名称及功能

按键	按键名称	功　能	按键	按键名称	功　能
POWER	电源键	控制电源的开/关	Func	Func 键	执行软件定义的具体功能
F1～F4	软键功能	参见所显示的信息	S.P	空格键	输入空格
0～9	数字键	输入数字,用于欲置数值	·	输入面板键	显示输入面板
A～/	字母键	输入字母	◆	光标键	上下左右移动光标
Tab	Tab 键光标	右移或下移一个字段	α	字母切换键	切换到字母输入模式
B.S	后退键	输入数字或字母时,光标向左删除一位	★	星键	用于仪器若干常用功能的操作
Ctrl	Ctrl 键	同 PC 上 Ctrl 键功能	ESC	退出键	退回到前一个显示屏或前一个模式
Shift	Shift 键	同 PC 上 Shift 键功能	ENT	回车键	数据输入结束并认可时按此键
Alt	Alt 键	同 PC 上 Alt 键功能			

3)基本测量功能

在 WinCE 桌面上双击图标"",进入 Win 全站仪功能主菜单,如图 3.15 所示。

单击"基本测量",进入基本测量功能。屏幕显示如图 3.16 所示。

图 3.15　全站仪功能主菜单

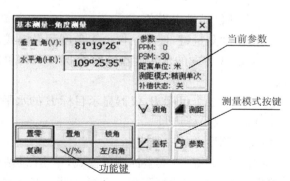

图 3.16　基本测量功能

各功能键说明:功能键显示在屏幕底部,并随测量模式的不同而改变。表 3.3 列出各测量模式下的功能键。

表 3.3 功能键及其说明

模式	显示	软键	功 能
☒ 测角	置零	1	水平角置零
	置角	2	预置一个水平角
	锁角	3	水平角锁定
	复测	4	水平角重复测量
	V%	5	垂直角/百分度的转换
	左/右角	6	水平角左角/右角的转换
☒ 测距	模式	1	设置单次精测/N 次精测/连续精测/跟踪测量模式
	m/f	2	距离单位米/国际英尺/美国英尺的转换
	放样	3	放样测量模式
	悬高	4	启动悬高测量功能
	对边	5	启动对边测量功能
	线高	6	启动线高测量功能
☒ 坐标	模式	1	设置单次精测/N 次精测/连续精测/跟踪测量模式
	设站	2	预置仪器测站点坐标
	后视	3	预置后视点坐标
	设置	4	预置仪器高度和目标高度
	导线	5	启动导线测量功能
	偏心	6	启动偏心测量(角度偏心/距离偏心/圆柱偏心/屏幕偏心)功能

(2)全站仪测量距离

1)在全站仪面板上按[☆]键进入星键模式。或在全站仪功能主菜单中点击"系统设置"，输入大气改正值或气温、气压值及棱镜常数。

2)照准棱镜中心。单击[测距]键进入距离测量模式。

3)单击[模式]键进入测距模式设置功能。测距模式有精测单次/精测 N 次/精测连续/跟踪测量。

4)显示测量结果。

(3)全站仪测量水平角

1)按角度测量键，使全站仪处于角度测量模式，照准第一个目标 A。

2)设置 A 方向的水平度盘读数为 $0°00'00''$，单击[置零]键，在弹出的对话框选择[OK]键确认。

3)照准第二个目标 B，仪器显示目标 B 的水平角和垂直角。

(4)全站仪坐标测量

1)设定测站点的三维坐标。

单击[坐标]键，进入坐标测量模式，单击[设站]键，输入测站点坐标，输入完一项，单击[确定]或按[ENT]键将光标移到下一输入项。所有输入完毕，单击[确定]或按[ENT]键返回坐标测量屏幕。

2)设定后视点的坐标或设定后视方向的水平度盘读数为其方位角。

3)单击[后视]键，进入后视点设置功能，输入后视点坐标(方法同上)，输入完毕，单击[确定]，照准后视点，单击[是]。系统设置好后视方位角，并返回坐标测量屏幕。屏幕中显示刚设置的后视方位角。

4)设置大气改正值或气温、气压值，设置棱镜常数。方法同距离测量。

5)量仪器高、棱镜高并输入全站仪。

单击[设置]键，进入仪器高、目标高设置功能。输入仪器高和目标高，输入完一项，单击[确定]或按[ENT]键将光标移到下一输入项。所有输入完毕，单击[确定]或按[ENT]键返回坐标测量屏幕。

6)照准目标棱镜，按坐标测量键，全站仪开始测距并计算显示测点的三维坐标。

实践教学 3　全站仪认识与使用

目的:熟悉全站仪的构造、各部件的名称、作用等;掌握全站仪的基本操作方法。

内容:(1)了解全站仪的构造;(2)熟悉全站仪的操作界面及作用;(3)掌握全站仪的距离测量和角度测量方法。

要求:每位同学必须熟悉全站仪的构造,练习全站仪的操作要领,练习全站仪的测角和测距。

考核:(1)说出全站仪各部件的名称和作用;

(2)独立完成全站仪的安置操作;

(3)会用全站仪进行距离测量及相关参数设置;

(4)会用全站仪测量竖直角和水平角;

(5)会用全站仪进行三维坐标测量工作;

(6)实习态度考核(从是否认真积极、组员配合、仪器操作是否规范等方面考核)。

知识拓展

棱镜常数和大气改正值的设定

1. 棱镜常数改正值(PSM)

测距头发射的调制光波到达反射棱镜后,传播速度比空气中小,所以,显示的测量距离值也比实际距离长,由此引起的距离偏差,即为棱镜光学偏差。不同棱镜的常数不一致,较常见棱镜常数为－30 mm 与 0 mm。

2. 大气改正值(PPM)

测量距离时,距离值会受测量时大气条件的影响。为了顾及大气条件的影响,距离测量时须使用气象改正参数修正测量成果。

温度(t):仪器周围的空气温度

气压(P):仪器周围的大气压

PPM 值:计算并显示气象改正值

大气改正的计算:

大气改正值是由大气温度、大气压力、海拔、空气湿度推算出来的。改正值与空气中的气压或温度有关。计算方式如下(计算单位:m):

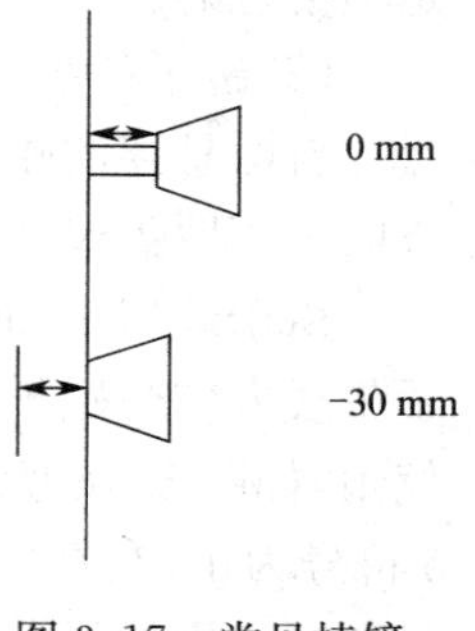

0 mm

－30 mm

图 3.17　常见棱镜常数的判定

$$PPM=273.8-\frac{0.290\ 0P(hPa)}{1+0.003\ 66t(℃)} \tag{3.25}$$

WinCE 系列全站仪标准气象条件(即仪器气象改正值为 0 时的气象条件):

气压:1 013 hPa

温度:20 ℃

改正时输入测量时的气温(TEMP)、气压(PRESS),或经计算后,输入 PPM 的值即可。

典型工作任务 4　确定直线方向

3.4.1　工作任务

通过直线定向知识的学习,主要达到以下目标:

(1)根据已知边的方位角和相关的转折角,能推算待测边的方位角;

(2)能用罗盘仪进行待测边的方位角测量或象限角测量。

说明:要唯一确定一点在平面上的位置,如果只知道该点与一已知点的水平距离是无法确定的,还必须知道该直线与标准方向之间的水平夹角。直线与标准方向之间的水平夹角有方位角和象限角。

3.4.2　相关配套知识

地面两点的相对位置,不仅与两点之间的距离有关,还与两点连成的直线方向有关。确定某直线与标准方向之间水平夹角的测量过程称为直线定向,即确定直线和某一参照方向的关系。

1. 标准方向

标准方向应有明确的定义,并在一定区域的每一点上能够唯一确定。在测量中经常采用的标准方向有 3 种,即真子午线方向、磁子午线方向和坐标纵轴方向。

(1)真子午线方向

过地球某点及地球的自然南、北极的方向线为该点的真子午线,通过该点真子午线的切线方向称为该点的真子午线方向,它指出地面上某点的真北和真南方向。真子午线方向是用天文测量方法或用陀螺经纬仪来测定的。

由于地球上各点的真子午线都收敛于两极,所以地面上不同经度的两点,其真子午线方向是不平行的。

(2)磁子午线方向

自由悬浮的磁针静止时,磁针北极所指的方向是磁子午线方向,又称磁北方向。磁子午线方向可用罗盘仪来测定。

由于地球南、北极与地磁场南、北极不重合,故地面上某点的真子午线方向与磁子午线方向也不重合,它们之间的夹角为 δ,称为磁偏角,如图 3.18 所示。若磁子午线北端在真子午线以东为东偏,其 δ 符号为正;在真子午线以西为西偏,其 δ 符号为负。磁偏角 δ 的符号和大小因地而异,在我国,磁偏角 δ 的变化约在 $+6°$(西北地区)～ $-10°$(东北地区)之间。

(3)坐标纵轴方向

由于地面上任何一点的真子午线方向和磁子午线方向都不平

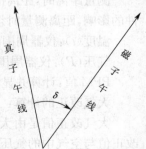

图 3.18　磁偏角

行,因此给直线方向的计算带来不便。采用坐标纵轴作为标准方向,在同一坐标系中任何点的坐标纵轴方向都是平行的,这给使用上带来极大方便。所谓坐标纵线就是在高斯-克吕格投影中的直角坐标系统,按经差 6°(3°)分带单独投影,故各带坐标也成独立系统。在投影带中,以中央经线为纵轴(x),即坐标纵轴。一般采用坐标纵轴作为标准方向,称坐标纵线,又称坐标北方向。

子午线收敛角是地球椭球体面上一点的真子午线与位于此点所在的投影带的中央子午线之间的夹角,即在高斯平面上的真子午线与坐标纵线的夹角,通常用 γ 表示。此角有正、负之分:以真子午线北方向为准,当坐标纵轴线北端位于以东时称东偏,其角值为正;位于以西时称西偏,其角值为负。某地面点此角的大小与此点相对于中央子午线的经差 ΔL 和此点的纬度 B 有关,其角值可用近似计算公式 $\gamma = AL \cdot \sin B$ 计算。

前已述及,我国采用高斯平面直角坐标系,在每个 6°带 或 3°带 内都以该带的中央于午线作为坐标纵轴。如采用假定坐标系,则用假定的坐标纵轴(x 轴)。如图 3.19 所示。

2. 直线方向的表示方法

直线与标准方向之间的关系可以用方位角和象限角来表示。

(1)方位角

1)定义

从标准方向的北端量起,沿着顺时针方向量到该直线的水平角称为直线的方位角,如图 3.20所示,方位角的取值范围为 0°~360°。

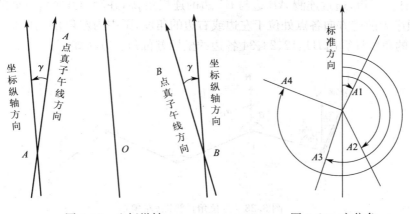

图 3.19　坐标纵轴　　　　　　　图 3.20　方位角

当标准方向为真子午线时,方位角称真方位角,用 $A_\text{真}$ 来表示;当标准方向为磁子午线时,方位角称磁方位角,用 $A_\text{磁}$ 表示。真方位角和磁方位角的关系为:

$$A_\text{真} = A_\text{磁} + \delta \tag{3.26}$$

在平面直角坐标系中,当标准方向为坐标纵轴时,称坐标方位角,用 α 表示,如图 3.21 所示。真方位角和坐标方位角的关系为:

$$A_\text{真} = \alpha + \gamma \tag{3.27}$$

2)正、反方位角

若规定直线一端量得的方位角为正方位角,则直线另一端量得的方位角为反方位角,正反方位角是不相等的。对于真方位角,其正、反真方位角的关系为:

$$A_{12} = A_{21} + \gamma \pm 180° \tag{3.28}$$

式中 γ——直线两端点的子午线收敛角。

对于坐标方位角,由于在同一坐标系内坐标纵轴方向都是平行的,如图 3.22 所示,正、反坐标方位角的关系为:

$$a_{12}=a_{21}\pm180° \tag{3.29}$$

可以证明:正、反坐标方位角的关系为:$\alpha_{反}=\alpha_{正}\pm180°$。当 $\alpha_{正}<180°$时,前式用"+"号;当 $\alpha_{正}>180°$时,前式用"−"号。

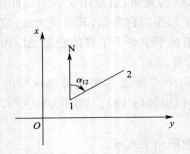 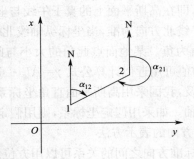

图 3.21 坐标方位角定义　　　　　　图 3.22 正、反坐标方位角

3)坐标方位角的传递

测量工作中一般不是直接测定每条边的方位角,而是通过与已知方向的连测,推算出各边的坐标方位角。如图 3.23 所示,A、B 为已知坐标的点,则 AB 边的坐标方位角 α_{AB} 可以通过 A、B 的坐标计算求得,通过连测 AB 边与 $B1$ 边的连接角 β_B,并测出其余各点处的左角或右角(指以编号顺序为前进方向各点处位于左边或右边的角度,图中为左角)β_B、β_1、β_2、β_3,即可利用 α_{AB} 和已测出的角度计算出 $B1$、12、23、34 各边的坐标方位角。方法如下。

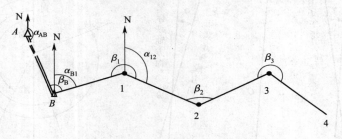

图 3.23 方位角推算图(左角)

由图 3.23 可以看出:

$$\alpha_{B1}=\alpha_{AB}\pm180°+\beta_B$$

则由方位角的概念可知:

$$\alpha_{12}=\alpha_{A1}+180°+\beta_1$$
$$\alpha_{23}=\alpha_{12}+180°+\beta_2$$
$$\alpha_{34}=\alpha_{23}+180°+\beta_3$$

由此可得左转折角时方位角推算的一般公式:

$$\alpha_{i,i+1}=\alpha_{i-1,i}+180°+\beta_{左} \tag{3.30}$$

可以证明,当所测的转折角为右角时,如图 3.24 所示,方位角的推算公式为:

$$\alpha_{i,i+1}=\alpha_{i-1,i}+180°-\beta_{右} \tag{3.31}$$

综上所述,直线方位角的推算公式为:

$$\alpha_{i,i+1}=\alpha_{i-1,i}+180°\pm\beta \qquad (3.32)$$

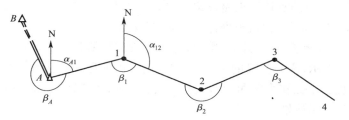

图 3.24　方位角推算图(右角)

由以上推导可知,终边的坐标方位角的推算公式为:

$$\alpha_{终}=\alpha_{始}+n\times180°\pm\sum\beta \qquad (3.33)$$

说明:式(3.32)、(3.33)中,转折角为左角时用加号,转折角为右角时用减号;计算结果大于 360°时减 360°,出现负数时加 360°。

(2)象限角

直线与标准方向的南端或北端所夹的锐角称为象限角,象限角由标准方向的指北端或指南端开始向东或向西计量,其取值范围为 0°～90°,以角值前加上直线所指的象限名称来表示,例如北东 41°,如图 3.25所示,象限角与坐标方位角的互换关系如表 3.4所示。

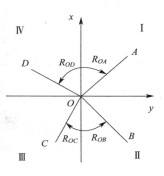

图 3.25　象限角定义

表 3.4　象限角与坐标方位角之间的关系

直线所在象限	已知象限角,求方位角	已知方位角,求象限角
I	$\alpha=R$	$R=\alpha$
II	$\alpha=180°-R$	$R=180°-\alpha$
III	$\alpha=180°+R$	$R=\alpha-180°$
IV	$\alpha=360°-R$	$R=360°-\alpha$

3. 磁方位角的测定

测定直线磁方位角所使用的仪器为罗盘仪,罗盘仪俗称指南针。罗盘仪构造简单,使用方便,一般用于低精度的测量工作,也是也旅游探险必不可少的设备。

(1)罗盘仪的构造

罗盘仪主要由磁针、刻度盘和瞄准设备构成,如图 3.26(a)所示。

1)磁针

磁针是长菱形或长条形的人造磁铁,中央作小帽状并镶有坚硬玛瑙,支承在度盘中心钢质的顶针上,可以灵活转动。罗盘仪上还有一小杠杆,罗盘仪不使用时,可旋紧杠杆一端的小螺旋使磁针离开顶针,以减少磨损。由于我国处在北半球,为使磁针保持水平,在南针上加了细铜丝。

2)刻度盘

刻度盘一般有 2°或 1°的划分,每隔 10°有一注记,如图 3.26(b)所示,分下和上两圈,下圈为象限式刻度盘,象限式刻度盘的 S、N 两端均记作 0°,E 和 W 处均记作 90°,即刻度盘上分成 0°～90°的 4 个象限,是用来观测直线的象限角。而上圈是方位式刻度盘,在 0°和 180°处分别标注 N 和 S(表示北和南);90°和 270°处分别标注 E 和 W(表示东和西)以北方向(N)为 0°,逆时针刻划一圈,每隔 10°一记,直至 360°。

必须注意:方位角刻度盘为逆时针方向标注。两种刻度盘所标注的东、西方向与实地相反,其目的是为了测量时能直接读出磁方位角和磁象限角,因测量时磁针相对不动,移动的却是罗盘底盘。当底盘向东移,相当于磁针向西偏,故刻度盘逆时针方向标记(东西方向与实地相反)所测得读数即为所求。在具体工作中,为区别所读数值是方位角或象限角,可按下述方法区分:如图 3.27 所示,AB 直线的方位角,在方位角刻度盘上读作 235°,记作 SW235°或 235°;在象限角刻度盘上读作南偏西 55°,记作 S55°W。如果二者均在第一象限内,例如 50°,那么后者记作 N50°E 以示区别。

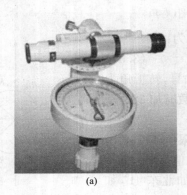

图 3.26　罗盘仪构造

3)瞄准器

包括接目和接物觇板、反光镜中的细丝及其下方的透明小孔,是用来瞄准测量的地形点(即地物和地貌特征点)。如图 3.26(a)所示。

4)水准器

如图 3.26(b)所示,罗盘仪上通常有圆形和管形两个水准器,圆形者固定在底盘上,管状者固定在测斜器上,当气泡居中时,分别表示罗盘底盘和罗盘含长边的面处于水平状态,但如果测斜器是摆动式的悬锥,则没有管状水准器。

(2)罗盘仪的使用方法

应用罗盘仪测定直线的磁方位角时,先将罗盘仪安置在直线的一个端点 B 上,调平罗盘仪后,放下磁针,瞄准直线的另一端点 A,待磁针静止后,即可在度盘上读数,所得读数为该直线的磁方位角。使用罗盘仪时,若指物觇标位于 N°,则用磁针北端读数。由于两点之间的方位是相互的,所以使用罗盘仪时要机动灵活。如图 3.27 所示,BA 边的磁方位角为 $\alpha_{AB}=235°$,AB 边的象限角为 SW55°。

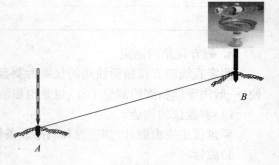

图 3.27　罗盘仪测定磁方位角

项目小结

距离测量是测量的基本工作之一,通过本项目的学习要掌握以下几个知识点。

1. 钢尺量距

钢尺量距的工具为钢尺,辅助工具有标杆、测钎、垂球、温度计等。当丈量距离的精度要求不高时,可采用一般方法,先直线定线,然后分段进行丈量,把各分段的长度相加即得整个线段的长度;当丈量距离精度要求较高时,可采用精密钢尺量距方法,在所测的距离中入尺长改正、温度改正和倾斜改正数。为了防止测量误差和检核量距的精度,一般采用往返丈量,如果丈量相对误差符合精度要求,则取往返测的平均值作为最终测量结果,否则应重测。

2. 视距测量

视距测量多用于地形图的碎部测量,在线段的两端分别安置经纬仪和测距尺,首先量取仪器高度,读取上、中、下三丝的读数和竖盘读数,计算视距间隔和竖直角,利用视距测量的公式计算两点间的距离与高差。

3. 光电测距

光电测距是目前距离测量的主要方法,以光波为载体,根据测量信号来测量距离。特点是精度高、测程远、作业快、不受地形限制。

4. 全站仪及其使用

全站仪是一种可以同时进行角度(水平角、竖直角)测量、距离(斜距、平距、高差)测量和数据处理,由机械、光学、电子元件组合而成的测量仪器。全站仪自动化程度高、功能多、精度好,通过配置适当的接口,可使野外采集的测量数据直接进入计算机进行数据处理或进入自动化绘图系统。本项目要求熟悉全站仪的构造,掌握全站仪测量角度、距离、坐标的基本功能。

5. 直线定向

直线定向的目的是确定空间任意直线与标准方向之间的水平夹角,以便确定直线在空间的位置。测量中的标准方向有真子午线、磁子午线、坐标纵线。直线方向的表示方法有两种:方位角和象限角。方位角又分正方位角和反方位角,其之间的关系为:$a_{21} = a_{12} \pm 180°$。

方位角的推算公式:$\alpha_{i,i+1} = \alpha_{i-1,i} + 180° \pm \beta$。

罗盘仪的构造与使用。

 # 复习思考题

1. 钢尺量距时,为什么要进行直线定线? 直线定线有哪几种方法?

2. 怎样衡量距离丈量的精度? 设丈量了 AB、CD 两段距离,AB 的往测长度为 246.68 m,返测长度为 246.61 m;CD 的往测长度为 435.88 m,返测长度为 435.98 m。问哪一段的量距精度较高?

3. 简述平坦地面钢尺量距的步骤。

4. 简述在倾斜地面采用钢尺量距可采用哪些方法? 分别阐述其实用的情况及量距的步骤?

5. 钢尺 A、B 两点之间的距离,往测距离为 189.78 m,返测距离为 189.74 m,请计算 A、B 两点间的距离及相对误差。

6. 钢尺量距精度受到那些误差的影响? 在量距过程中应注意些什么问题?

7. 阐述视距测量的步骤。

8. 下表为视距测量记录表,完成以下计算工作。

测站:A　　　　测站高程:+50 m　　　　仪器高:1.55 m　　　　仪器:DJ₆

测点	下丝读数 上丝读数 尺间隔 l(m)	中丝读数 v(m)	竖盘读数 L	垂直角 α	水平距离 D(m)	高差 h(m)	高程 H(m)	备注
1	1.768 0.900	1.334	84°32′					盘左位置
2	2.690 1.400	2.045	95°18′					

9. 试述光电测距仪的基本原理。

10. 全站仪的基本功能有哪些,请简述用全站仪完成距离测量、角度测量、坐标测量的步骤。

11. 确定直线的方向时采用的标准方向有哪几种?

12. 直线的方向可用什么来表示?解释方位角和象限角的概念。

13. 磁偏角与子午线收敛角的定义是什么?其正负号如何确定?

14. 坐标方位角的定义是什么?用它来确定直线的方向有什么优点?

15. 不考虑子午线收敛角的影响,计算下表中的空白部分。

方位角和象限角的换算

直线	正方位角	反方位角	正象限角	反象限角
AB				南西 24°30′
AC			南东 54°20′	
AD		60°18′		
AE	330°28′			

16. 已知 A 点的磁偏角为 $-5°15′$,过 A 点的真子午线与中央子午线的收敛角 $\gamma=+2′$直线 AC 的坐标方位角 $a_{AC}=110°16′$,求 AC 的真方位角与磁方位角,并绘图说明。

17. 下图中,已知 $a_{12}=65°$,β_2 及 β_3 的角值均标注于图上,试求 2-3 边的正坐标方位角及 3-4 边的反坐标方位角。

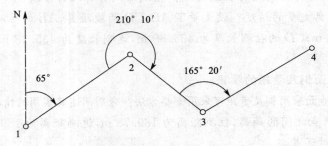

第 17 题图

项目 4 高程测量

 **项目描述**

    高程测量是测量的基本工作之一,是确定地面点高低位置的方法。通过本项目的学习,理解高程测量的概念;掌握高程测量的原理、方法步骤、数据分析及处理方法。能进行一般工程高程控制网的建立和观测,对后续学习导线测量奠定基础。

 拟实现的教学目标

1. 能力目标
- 能进行高程控制网的布设;
- 能从事普通水准测量工作;
- 能从事三、四等精密水准测量工作;
- 能从事三角高程测量工作;
- 能在他人协助下完成水准仪的检验工作。

2. 知识目标
- 了解高程测量的概念、方法;
- 掌握水准测量的基本原理;
- 掌握水准测量外业观测、记录、计算方法及内业成果计算;
- 掌握三角高程测量原理和方法。

3. 素质目标
- 养成严谨求实的工作作风和吃苦耐劳的精神;
- 养成团队协作意识,具备一定的组织协调能力;
- 养成精益求精的工作态度,培养质量意识;
- 培养独立思考问题和解决问题的能力;
- 培养学生独立学习能力、信息获取和处理能力;
- 养成爱护仪器设备的职业操守。

 相关案例——某校园导线控制测量

1. 工作任务

测绘某校园地形图,测图比例尺为 1 ：500。

2. 测区概况

(1)校园面积

$260 \times 200 = 52\ 000\ m^2$。

（2）已有控制点情况

已知 BM_{32} 为已知高程控制点，在校园外，距离测区的 A 点约 1 km。其高程为 $H_{32} = 508.928\ m$。

（3）高程控制网布设形式

见案例图4.1。

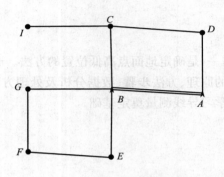

案例图 4.1　高程控制网

案例图 4.1 中 BM_{32} 为已知高程控制点，A、B、C、D、E、F、G、I 为待测高程控制点。

3. 观测任务

（1）首先在 BM_{32}、A 两点之间进行往返水准测量（按四等水准测量的规范要求施测），以求得 A 点的高程。

（2）依据 A 点的高程，依图根水准测量的规范要求，测量 B、C、D、E、F、G、I 各点的高程。

4. 高程测量要求

首先在 BM_{32} 和 A 点之间用往返水准测量方法测出 A 点的高程；之后以 A 点为已知点，在 A-B-C-D 和 B-E-F-G 之间进行闭合水准测量，测出 B、C、D、E、F、G 各点的高程；再在 C-I 之间进行往返水准测量，观测 I 点的高程。

测量等级：四等水准测量、图根水准测量。

5. 测量依据

依据 GB 50026—2007《工程测量规范》，各要求见案例表 4.1 和 4.2。

案例表 4.1　水准观测的主要技术要求

等级	水准仪型号	视线长度（m）	前后视较差（m）	前后视累积差（m）	视线离地面最低高度（m）	基、辅分划或黑、红面读数较差（mm）	基、辅分划或黑、红面所测高差较差（mm）
二等	DS_1	50	1	3	0.5	0.5	0.7
三等	DS_1	100	3	6	0.3	1.0	1.5
	DS_3	75				2.0	3.0
四等	DS_3	100	5	10	0.2	3.0	5.0
五等	DS_3	100	近似相等	—	—	—	—

注：（1）二等水准视线长度小于 20 m 时，其视线高度不应低于 0.3 m。

（2）三、四等水准采用变动仪器高度观测单面水准尺时，所测两次高差较差，应与黑面、红面所测高差之差的要求相同。

（3）数字水准仪观测，不受基、辅分划或黑、红面读数较差指标的限制，但测站两次观测的高差较差，应满足表中相应等级基、辅分划或黑、红面所测高差较差的限值。

案例表 4.2　图根水准测量的主要技术要求

每 km 高差全中误差(mm)	附合路线长度(km)	水准仪型号	视线长度(m)	观测次数		往返较差、附合或环线闭合差(mm)	
				附合或闭合环线	支水准路线	平地	山地
20	≤5	DS₃ 或 DS₁₀	≤100	往一次	往返各一次	$40\sqrt{L}$	$12\sqrt{n}$

注:(1)L 为往返测段、附合或环线水准路线长度(km),n 为测站数。
　　(2)图根水准测量也可以用 DS₃ 型水准仪观测。

典型工作任务 1　普通水准测量

4.1.1　工作任务

通过普通水准测量知识的学习,主要达到以下目标:
(1)能根据工程实际情况,选择和建立合适的水准测量路线;
(2)能用普通水准测量进行高程测量工作。
说明:普通水准测量是高程测量的基本方法。它区别于精密水准测量,主要采用精度较低的仪器,测算程序也比较简单,广泛用于国家等级的水准网加密、独立建立测图和一般工程施工的高程控制网,以及用于线路水准和平面水准的测量工作。要完成普通水准测量的任务,首先必须了解普通水准测量的目的和任务,其次要掌握高程控制网的形式和要求,为建立高程控制网奠定基础。

4.1.2　相关配套知识

1. 高程测量概念和方法
(1)概念
高程测量是指为获得地面点的高低位置而进行的测量工作,即求出地面上一点到指定水准面的铅垂距离。
(2)方法
1)水准测量
水准测量是直接获得地面点高程的基本方法,是最精密的高程测量方法。主要用于建立国家或地区的高程控制网。
2)三角高程测量
三角高程测量是间接获得地面点高程的基本方法,测量精度次于水准测量。主要用于传算大地点高程或山区等复杂地形高程控制网的建立。
3)GPS 高程测量
GPS 高程测量是间接获得地面点高程的方法之一,测量精度受地形、植被、信号的影响。
4)气压高程测量
气压高程测量是根据大气压力随高度变化的规律,用气压计测定两点的气压差,再推算地面点高程的方法。气压高程测量也是间接获得地面点高程的方法之一,精度低于水准测量、三角高程测量,主要用于丘陵地和山区的勘测工作。
2. 水准点
(1)概念
具有统一高程的水泥标石称为水准点,水准点也称高程控制点。水准点是沿水准路线每隔一定距离布设的高程控制点,分永久性水准点和临时性水准点,国家级高程水准点属永久性水准点,普通高程水准点有永久性水准点和临时性水准点。具有国家统一高程的水泥标石,称为国家级水准点。

水准点的英文书写:benchmark,简记为 BM,如 1 号水准点记为 BM_1、A 水准点记为 BM_A 等。

(2)标记

水准点是高程控制网的基准点,在地面上合适位置埋设水泥标石以确定水准点的位置。

1)永久性水准点

国家等级永久性水准点分为 4 个等级,即一、二、三、四等水准点。一般用钢筋混凝土或石料制成标石,在标石顶部嵌有不锈钢的半球形标志,其埋设形式如图 4.1(a)所示。有些永久性水准点的金属标志也可镶嵌在稳定的墙角上,称为墙上水准点,如图 4.1(b)所示。建筑工地上的永久性水准点,一般用混凝土制成,顶部嵌入半球形金属作为标志,如图 4.1(c)所示。

2)临时性水准点

临时性水准点可用地面上突出的坚硬岩石或用大木桩打入地下,桩顶钉以半球状铁钉作为水准点的标志,如图 4.1(d)所示。

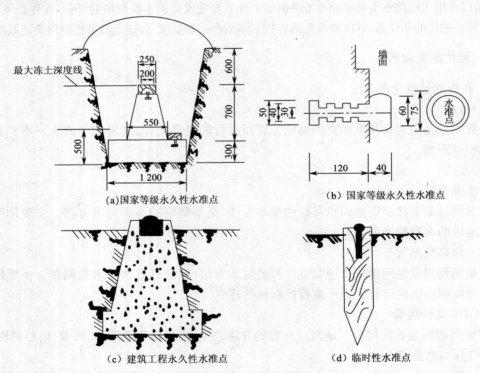

(a)国家等级永久性水准点　　　　　　(b)国家等级永久性水准点

(c)建筑工程永久性水准点　　　　　　(d)临时性水准点

图 4.1　水准点标记

3)点之记

水准点埋设后,应绘出水准点点位略图,并标注水准点与周围固定建筑物(张氏住宅)或重要地物(电线杆)或相邻水准点之间的距离和方位资料,称为点之记,以便于日后寻找和使用,如图 4.2 所示。

3. 水准测量原理

水准测量基本原理是利用水准仪提供的"水平视线"，分别获得已知点和待求点的尺读数 a 和 b，进而得到已知点和待求点间的高差 h_{AB}，最终由已知点的高程 H_A 推算出待求点的高程 H_B。

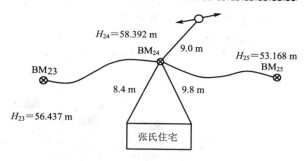

图 4.2　水准点"点之记"

如图 4.3 所示，地面上有 A、B 两点，设已知 A 点的高程为 H_A，现依据 A 点的高程 H_A 测定 B 点的高程 H_B。首先在 A、B 两点上各铅直树立一根具有刻划的尺子——水准尺，并在 A、B 两点之中央位置安置一台能提供水平视线的仪器——水准仪，利用水准仪提供的水平视线分别获得 A、B 两点水准尺上的读数为 a、b，则 A、B 两点间的高差 h_{AB} 为：

$$h_{AB}=a-b \tag{4.1}$$

B 点的高程为：

$$H_B=H_A+h_{AB}=H_A+(a-b) \tag{4.2}$$

上式还可以写为：

$$H_B=H_A+h_{AB}=(H_A+a)-b \tag{4.3}$$

式(4.2)为高差法计算公式，适合于水准测量；而式(4.3)为视线高法计算公式，适合于纵、横断面测量。

设水准测量是由 A 向 B 进行的，由于 A 是已知点，则 A 点为后视点，A 点尺上的读数 a 称为后视读数；B 点为待求点，则 B 点为前视点，B 点尺上的读数 b 称为前视读数。因此，高差等于后视读数减去前视读数。如果 $a>b$，则高差 h_{AB} 为正，表示 B 点高于 A 点；如果 $a<b$，则高差 h_{AB} 为负，表示 B 点低于 A 点。

由上述可知：水准测量的基本原理是利用水准仪提供一条水平视线，借助水准尺来测定两点间的高差，从而由已知点的高程推算出待求点的高程。

说明：当测区面积较小时，可将大地水准面看做水平面；否则，应当曲面看待。

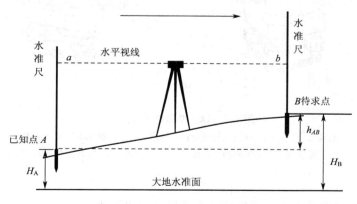

图 4.3　水准测量原理

但当 A、B 两点相距较远且两点之间的高差较大时，应在 A、B 两点之间分段测量。如图 4.4所示。

4. 水准仪、水准尺及尺垫

（1）水准仪

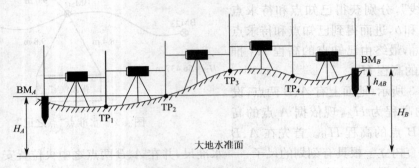

图 4.4　分段水准测量

1）水准仪的分类

水准仪按结构分为微倾水准仪、自动安平水准仪、激光水准仪和数字水准仪（又称电子水准仪），按精度分为精密水准仪和普通水准仪。国产水准仪按其精度分，有 DS_{05}、DS_1、DS_3 及 DS_{10} 等几种型号，D、S 分别为"大地测量"和"水准仪"的汉语拼音第一个字母，05、1、3 和 10 表示水准仪精度等级，即仪器本身每千米往返测所得高差中数的中误差为 0.5 mm、1 mm、3 mm 和 10 mm。DS_{05}、DS_1 为精密水准仪，DS_3、DS_{10} 为普通水准仪。普通水准测量常使用 DS_3 型水准仪，因此，本节重点介绍 DS_3 型水准仪的构造和使用。

2）DS_3 型微倾式水准仪的构造

DS_3 型微倾式水准仪主要由望远镜、水准器及基座 3 部分组成，其外观和具体组成如图 4.5 所示。

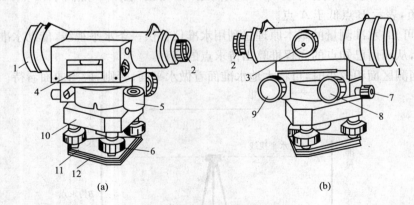

(a)　　　　　　　　　　(b)

图 4.5　DS_3 型微倾式水准仪

1—物镜；2—目镜；3—物镜对光螺旋；4—管水准器；5—圆水准器；6—脚螺旋；
7—制动螺旋；8—微动螺旋；9—微倾螺旋；10—轴座；11—三角压板；12—底板

①望远镜

望远镜是用来精确瞄准远处目标并对水准尺进行读数的装置。DS_3 型水准仪望远镜的构造如图 4.6 所示，主要由物镜、目镜、对光透镜和十字丝分划板组成。

a. 十字丝分划板

十字分划板上刻有两条互相垂直的长线（图 4.6 中的 7），称为十字丝。竖直的一条称为竖丝,中间横的一条称为中丝(也称横丝),是为了瞄准目标和读数用的。在中丝的上、下还有对称的两根短横丝,用来测量距离,称视距丝(亦分别称为上丝和下丝)。

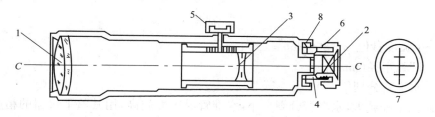

图 4.6　望远镜的构造

1—物镜;2—目镜;3—对光透镜;4—十字丝分划板;5—物镜对光螺旋;

6—目镜对光螺旋;7—十字丝放大镜;8—分划板座止头螺钉

b. 物镜和目镜

物镜和目镜多采用复合透镜组,望远镜成像原理如图 4.7 所示。目标 AB 经过物镜成像后形成一个倒立而缩小的实像 ab,移动对光透镜,不同距离的目标均能清晰地成像在十字丝平面上,再通过目镜的作用,便可看清同时放大了的十字丝和目标影像 $a'b'$。

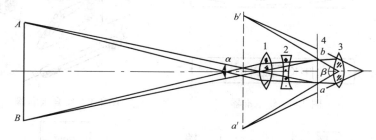

图 4.7　望远镜成像原理

1—物镜;2—对光透镜;3—目镜;4—十字丝平面

c. 视准轴

十字丝交点与物镜光心的连线称为视准轴(图 4.6 中的 CC)。视准轴的延长线即为视线,水准测量就是在视准轴水平时,用十字丝的中丝在水准尺上截取读数的。

d. 对光透镜

对光透镜采用凹透镜,其作用是将目标所成的像进行移动,使其落在十字丝分划板上。观测者从目镜端可看到目标清晰的影像。

②水准器

水准器是用来整平仪器的一种装置,可用它来指示视准轴是否水平,仪器的竖轴是否竖直。水准器有管水准器和圆水准器两种。

a. 管水准器

管水准器(亦称水准管)用于精确整平仪器,如图 4.8 所示。它是用玻璃管制成的,其纵剖面方向的内壁研磨成一定半径的圆弧形,管内装入酒精和乙醚的混合液,加热融封,冷却后留有一个气泡,由于气泡较轻,它恒处于管内最高位置。

水准管上一般刻有间隔为 2 mm 的分划线,分划线的中点 0 称为水准管零点,通过零点与圆弧相切的纵向切线 LL 称为水准管轴。当水准管气泡中心与水准管零点重合时,称气泡居中,这时水准管轴处于水平位置。如果水准管轴平行于视准轴,且水准管气泡居中时,视准轴

也处于水平位置,水准仪视线即为水平视线。水准管上 2 mm 圆弧所对的圆心角 τ,称为水准管的分划值,即

$$\tau = \frac{2}{R}\rho \tag{4.4}$$

式中　ρ——1 弧度秒值,$\rho = 206\ 265''$;

　　　R——圆弧半径(mm);

　　　τ——水准管分划值($''$)。

显然,圆弧半径越大,水准管分划越小,水准管灵敏度越高,用其整平仪器的精度也越高。DS$_3$ 型水准仪的水准管分划值为 $20''$,记作 $20''/2$ mm。

目前生产的微倾式水准仪,都在水准管上方装有一组符合棱镜装置,如图 4.9 所示。通过符合棱镜的反射作用,使气泡两端的半个影像成像在望远镜目镜左侧的水准管气泡观察窗中。如果气泡两端的半个影像吻合时,就表示气泡居中,如图 4.10(c)所示;如果气泡两端的半个影像错开,则表示气泡不居中,如图 4.10(a)、(b)所示。这种装有符合棱镜组的水准管,称为符合水准器。

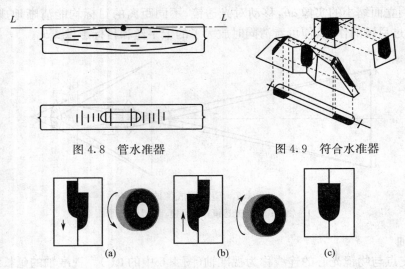

图 4.8　管水准器　　　　　　　　图 4.9　符合水准器

图 4.10　符合水准器观测窗影像调平方法
(a)右手大拇指向下转动微倾螺旋;(b)右手大拇指向上转动微倾螺旋;(c)精平状态

b. 圆水准器

圆水准器装在水准仪基座上,用于粗略整平,如图 4.11 所示。圆水准器是一个玻璃圆盒,顶面为球面,球面的正中刻有圆圈,其圆心称为圆水准器的零点。过零点的球面法线 $L'L'$,称为圆水准器轴。当圆水准气泡居中时,该轴处于铅垂位置。当气泡中心偏离零点 2 mm 时竖轴所倾斜的角值,称为圆水准器的分划值,一般为 $8' \sim 10'$,精度较低。

③基座

基座的作用是支承仪器的上部,并通过连接螺旋与三脚架连接,主要由轴座、脚螺旋、底板和三脚压板组成,如图 4.5 所示。转动脚螺旋,可使圆水准气泡居中。

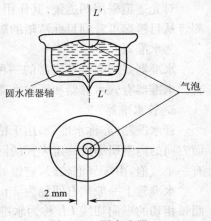

图 4.11　圆水准器

3)自动安平水准仪简介

自动安平水准仪(automatic level)是指在一定的竖轴倾斜范围内,利用补偿器自动获取视线水平时水准标尺读数的水准仪。自动安平水准仪是用自动安平补偿器代替管状水准器,在仪器微倾时补偿器受重力作用而相对于望远镜筒移动,使视线水平时标尺上的正确读数通过补偿器后仍旧落在水平十字丝上。自动安平的补偿可通过悬吊卜字丝,在物镜至十字丝的光路中安置一个补偿器,和在常规水准仪的物镜前安装单独的补偿附件等3个途径实现。用此类水准仪观测时,当圆水准器气泡居中仪器放平之后,不需再经手工调整即可读得视线水平时的读数,可简化操作手续、提高作业速度,以减少外界条件变化所引起的观测误差。

自动安平水准仪与微倾式水准仪的区别在于:自动安平水准仪没有水准管和微倾螺旋,而是在望远镜的光学系统中装置了自动补偿器。

①视线自动安平原理

如图 4.12 所示,当圆水准器气泡居中后,视准轴仍存在一个微小倾角。在望远镜的光路上放置一补偿器,使通过物镜光心的水平光线经过补偿器后偏转一个 β 角,仍能通过十字丝交点,这样十字丝交点上读出的水准尺读数,即为视线水平时应改读出的水准尺读数。

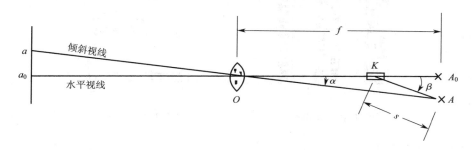

图 4.12　视线自动安平原理

由于无需精平,所以不仅可以缩短水准测量的观测时间,而且对于施工场地地面的微小振动、松软土地的仪器下沉以及大风吹刮等原因引起的视线微小倾斜,能迅速自动安干仪器,从而提高了水准测量的观测精度。

②自动安平水准仪的使用

使用自动安平水准仪时,首先将圆水准器气泡居中,然后瞄准水准尺,等待 2~4 s 后,即可进行读数。有的自动安平水准仪配有补偿器检查按钮,每次读数前按一下该按钮,确认补偿器能正常作用再读数。

(2)水准尺

水准尺是进行水准测量时与水准仪配合使用的标尺,用干燥的优质木材、铝合金或硬塑料等材料制成,要求尺长稳定、分划准确并不容易变形。为了判定立尺是否竖直,尺上还装有水准器。常用的水准尺有塔尺和双面尺两种。

1)双面水准尺

如图 4.13(a)所示,尺长为 3 m,两根为一对。尺的双面均有刻划,一面为黑白相间,称为黑面尺(也称主尺);另一面为红白相间,称为红面尺(也称辅尺)。两面的刻划均 1 cm 或 5 mm,在分米处注有数字。两根尺的黑面尺底为 0,而红面尺底一根从 4.687 m 开始,另一根从 4.787 m 开始。在视线高度不变的情况下,同一根水准尺的红面和黑面读数之差等于常数 4.687 m 或 4.787 m,这个常数称为尺常数,用 K 来表示。此可以检核读数是否正确。

2)塔尺

如图 4.13(b)所示,是一种逐节缩小的组合尺,其长度为 2~5 m,由 2 节、3 节或 5 节连接在一起。尺的底部为零点,尺面上黑白格相间,每格宽度为 1 cm,有的为 0.5 cm,在米和分米处有数字注记。

(3)尺垫

尺垫用于转点处,由生铁铸成,如图 4.14 所示。一般为三角形板座,其下方有 3 个脚,可以踏入土中。尺垫上方有一突起的半球体,水准尺立在半球体的顶面。

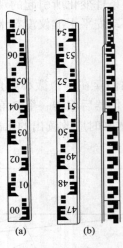

图 4.13　水准尺

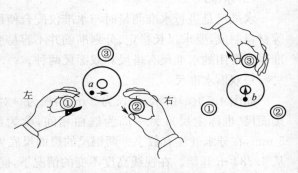

图 4.14　尺垫

5. 水准仪基本操作

自动安平水准仪的操作分为四大步骤,即:安置——粗平——瞄准——读数。

DS₃ 型微倾式水准仪的基本操作步骤分为以下 6 步:

安置——粗平——瞄准——精平——读数——检核。

下面介绍 DS₃ 型微倾式水准仪的操作方法。

(1)安置

在合适位置,先将三脚架打开,高度调至适宜,使三脚架架面大致水平,并踩实脚架;之后打开仪器箱,取出水准仪,并用中心连接螺旋将水准仪固定在三脚架上。若地面倾斜,则三脚架架腿应两长一短,长架腿放置于低处,并使三脚架架面水平即可。

(2)粗平

粗平是粗略整平仪器,通过调节脚螺旋使圆水准器气泡居中,从而使仪器的竖轴大致铅垂,视准轴大致处于水平。具体操作步骤如下。

①如图 4.15 所示,用两手按箭头所指的方向相对转动脚螺旋 1 和 2,使气泡沿着 1、2 连线方向由 a 移至 b。

②用左手按箭头所指方向转动脚螺旋 3,使气泡由 b 移至中心。整平时,气泡移动的方向与

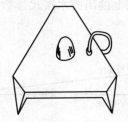

图 4.15　圆水准器整平

左手大拇指旋转脚螺旋时的移动方向一致,与右手大拇指旋转脚螺旋时的移动方向相反。

（3）瞄准

①目镜调焦

松开制动螺旋,将望远镜转向明亮的背景,转动目镜对光螺旋,使十字丝成像清晰。

②初步瞄准

通过望远镜筒上方的照门和准星瞄准水准尺,旋紧制动螺旋。

③物镜调焦

转动物镜对光螺旋,使水准尺的成像清晰。

④精确瞄准

转动微动螺旋,使十字丝的竖丝瞄准水准尺边缘或中央,如图 4.16 所示。

⑤视差及消除方法

眼睛在目镜端上下移动,有时可看见十字丝的中丝与水准尺影像之间相对移动,这种现象称为视差。产生视差的原因是水准尺的尺像与十字丝平面不重合,如图 4.17(a)所示。视差的存在将影响读数的正确性,应予以消除。消除视差的方法是仔细地转动物镜对光螺旋,直至尺像与十字丝平面重合,如图 4.17(b)所示。

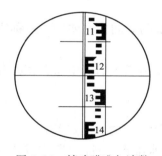

图 4.16　精确瞄准与读数

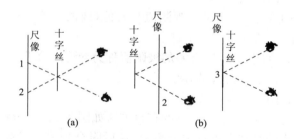

图 4.17　视差现象
(a)存在视差;(b)没有视差

（4）精平

精确整平简称精平。眼睛观察水准气泡观察窗内的气泡影像,用手缓慢地转动微倾螺旋,使气泡两端的影像严密吻合,此时视线即为水平视线。微倾螺旋的转动方向与左侧半气泡影像的移动方向一致,如图 4.10(b)所示。

（5）读数

符合水准器气泡居中后,应立即读出十字丝中丝在水准尺上的读数。读数时应从小数向大数读,如果望远镜是倒像,则读尺时应从上向下读数,直接读取米、分米和厘米,并估读出毫米,共 4 位数。分米注记上的红点数为整米数,不要漏读。如图 4.16 中的尺读数为1.260 m。

（6）检核

读数结束后,应检查符合水准器气泡影像是否居中;若不居中,应再次精平,重新读数。

说明:如果采用自动安平水准仪,则(4)、(6)两步可以省略。

实践教学 1　水准仪认识实习

目的:熟悉水准仪的构造、各部件的名称、作用等;掌握水准仪的操作方法及水准尺的读数方法。

内容：(1)熟悉水准仪的构造；(2)水准仪操作练习；(3)水准尺读数练习。

要求：每位同学必须熟悉水准仪的构造，练习水准仪的操作要领，练习读 3～5 个数。

考核：

(1)说出水准仪各部件的名称和作用；

(2)用水准仪观测两点的高差(一站)；

(3)实习态度考核(从是否认真积极、组员配合、仪器操作是否规范等方面考核)。

6. 水准测量外业观测

(1)水准路线

水准路线是水准测量设站观测的路径。测量前应根据要求布置并选定水准点的位置，埋好水准点标石或在地面上做好记号，拟定水准测量进行的路线。相邻两水准点间的路线称为测段。在水准测量中，为了保证水准测量成果能达到一定的精度要求，必须对水准测量进行成果检核。检核方法是将水准路线布设成某种形式，利用水准路线布设形式的条件，检核所测成果的正确性。在普通工程测量中，水准路线的布设形式有 4 种：附合水准路线[图 4.18(a)]、闭合水准路线[图 4.18(b)]、支线水准路线[图 4.18(c)]和水准网[图 4.18(d)、(e)]。

闭合差：观测量的观测值与真值(或两次测得同一观测量的观测值之差)之差，称为闭合差，用 f_h 表示。

允许闭合差：闭合差的极限值称为允许闭合差。一般用 2 倍或 3 倍的中误差作为允许闭合差，用 $f_{h允}$ 或 $f_{h限}$ 表示。

1)附合水准路线

定义：附合水准路线的布设方法如图 4.18(a)所示，从已知高程的水准点 BM_A 出发，沿待定高程的水准点进行水准测量，最后附合到另一已知高程的水准点 BM_B 上所构成的水准路线，称为附合水准路线。

附合水准路线成果检核依据：从理论上讲，附合水准路线各测段高差代数和应等于两个已知高程的水准点之间的高差，即

$$\sum h = H_B - H_A$$

由于实测中存在误差，使得实测的各测段高差代数和与其理论值并不相等，二者的差值称为高差闭合差，用 f_h 表示，即

$$f_h = \sum h - (H_终 - H_起) \tag{4.5}$$

式中 $H_终$——终点高程；

$H_起$——起点高程。

2)闭合水准路线

定义：闭合水准路线的布设方法如图 4.18(b)所示，从已知高程的水准点 BM_A 出发，沿各待定高程的水准点进行水准测量，最后又回到原出发点 BM_A 的环形路线，称为闭合水准路线。

闭合水准路线成果检核依据：从理论上讲，闭合水准路线各测段高差代数和应等于零，即

$$\sum h = 0$$

如果不等于零，则高差闭合差为：

$$fh = \sum h \tag{4.6}$$

3）支线水准路线

定义：支线水准路线的布设方法如图 4.18(c)所示，从已知高程的水准点 BM_A 出发，沿待定高程的水准点进行水准测量，这种既不闭合又不附合的水准路线称为支线水准路线。支线水准路线要进行往返测量。

支水准路线成果检核依据：从理论上讲，支线水准路线往测高差与返测高差的代数和应等于零，即

$$\sum h_{往}+\sum h_{返}=0$$

如果不等于零，则高差闭合差为：

$$fh=\sum h_{往}+\sum h_{返} \tag{4.7}$$

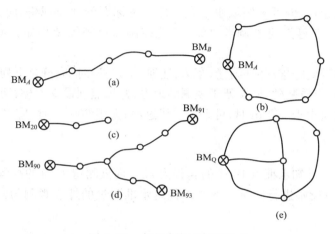

图 4.18　水准路线的布设形式

4）水准网

定义：在工程施工范围内，一系列按统一规范布设的由已知和未知的水准点所构成的网图，称为水准网（又称高程控制网）。水准网为经济建设、国防建设、科学研究和土木工程施工提供地面点的高程位置，也为地形图测绘提供高程控制网，如图 4.18(d)、(e)所示。

水准网成果检核依据将在测量平差中介绍，这里不再赘述（参考测量平差教材）。

在不同等级的各种水准路线形式的水准测量中，都规定了高差闭合差的限差值，即高差闭合差的容许值，一般用 $f_{h容}$ 表示。高差闭合差均不应超过容许值，否则即认为观测结果不符合要求。

普通水准测量闭合差限差值规范为：

平地：

$$f_{h容}=\pm 40\sqrt{L}\ (mm) \tag{4.8}$$

山区：

$$f_{h容}=\pm 12\sqrt{n}\ (mm) \tag{4.9}$$

式中　L——水准路线的总长（以 km 为单位）；

　　　n——总测站数。

为了保证水准测量成果的正确可靠，除了成果检核以外，还有其他的检核方法，如计算检核和测站检核。在每一段测段结束后，必须进行计算检核。

（2）水准测量施测步骤

当已知高程的水准点距欲测定高程点较远或高差较大时，就需要在两点间加设若干个立尺点（图4.4），分段设站，连续进行观测。加设的这些立尺点，只起传递高程的作用，故称之为转点，用 TP 表示。转点上既有前视读数，又有后视读数。

1）实地踏勘、选点、埋石（标记）

①高程控制点间的距离，一般地区应为 1～3 km，工业厂区、城镇建筑区宜小于 1 km。一个测区及周围至少应有 3 个高程控制点。

②应将点位选在质地坚硬、密实、稳固的地方或稳定的建筑物上，且便于寻找、保存和引测；当采用数字水准仪作业时，水准路线还应避开电磁场的干扰。

③宜采用水准标石，也可采用墙水准点。标志及标石的埋设规格，应按测量规范标准执行；埋设完成后，二、三等点应绘制点之记，其他控制点可视需要而定。必要时还应设置指示桩。

④当水准线路需要跨越江河（湖塘、宽沟、洼地、山谷等）时，应符合下列规定：水准、场地应选在跨越距离较短、土质坚硬、密实便于观测的地方；标尺点须设立木桩；两岸测站和立尺应对称布设。当跨越距离小于 200 m 时，可采用单线过河；大于 200 m 时，应采用双线过河并组成四边形闭合环。

2）外业观测

如图 4.19 所示，已知水准点 BM_A 的高程为 H_A，现欲测定 B 点的高程 H_B，由于 A、B 两点相距较远，需分段设站进行测量。本文以往返水准测量的外业观测为例，其具体施测步骤如下。

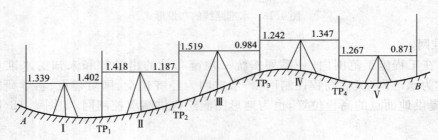

图 4.19　水准测量的施测

①观测与记录

a. 在 BM_A 点附近一合适位置找一点 TP_1（安放尺垫），分别在 BM_A、TP_1 两点上树立水准尺。BM_A 点称为后视点，TP_1 点称为前视点。

b. 在 BM_A 点和 TP_1 两点大致中央位置 I 处安置水准仪，调整 3 个脚螺旋，使圆水准器气泡居中。

c. 瞄准后视尺，消除视差，转动微倾螺旋，使水准管气泡严格居中，读取中横丝在尺上的读数 $a_1 = 1.339$ m，记入表 4.1 中 BM_A 的后视读数一栏。

d. 瞄准前视尺，消除视差，转动微倾螺旋，使水准管气泡严格居中，读取前视读数 $b_1 = 1.402$ m，记入表 4.1 中 TP_1 的前视读数一栏。计算该站观测高差 $h_1 = a_1 - b_1 = -0.063$ m，记入表 4.1 中对应的高差一栏（注意：高差按"+"、"−"分到记录）。

e. 在 TP_1 点附近再找一点 TP_2，将 BM_A 点水准尺移至转点 TP_2 上，转点 TP_1 上的水准尺不动,水准仪移至 TP$_1$ 和 TP$_2$ 两点大致中间位置 Ⅱ 处,按上述相同的操作方法进行第二站的观测。并将观测数据一一记录,见表 4.1。如此依次操作,直至终点 BM$_B$ 为止。

表 4.1 普通水准测量观测手薄

日期:2010-04-09　　　　　仪器:DS$_3$　　　　　　　　　　观测:李涛

天气:晴　　　　　　　　地点:校园外　　　　　　　　　记录:杨艳

站点	水准尺读数(m)		高差(m)		高程(m)	备注
	后视读数	前视读数	+	—		
1	2	3	4		5	6
BM$_A$	1.339				51.903	
TP$_1$	1.418	1.402		0.063		
TP$_2$	1.519	1.187	0.231			
TP$_3$	1.242	0.984	0.535			
TP$_4$	1.267	1.347		0.105		已知 A 点高程
BM$_B$		0.871	0.396		52.897	
$\sum$	6.785	5.791	$\sum h = +0.994$		$H_B - H_A = +0.994$	
	$\sum a - \sum b = +0.994$					

②计算与计算检核

a. 计算

每一测站都可测得前、后视两点的高差,即

$$h_1 = a_1 - b_1$$
$$h_2 = a_2 - b_2$$
$$\cdots$$
$$h_5 = a_5 - b_5$$

将上述各式相加得:

$$h_{AB} = \sum h = \sum a - \sum b \qquad (4.10)$$

上式为水准测量表格计算原理。则 BM$_B$ 点高程为:

$$H_B = H_A + h_{AB} = H_A + \sum h$$

b. 计算检核

为了保证记录表中数据正确,应对记录表中计算的高差和高程进行检核,即后视读数总和减前视读数总和、高差总和、BM$_B$ 点高程与 BM$_A$ 点高程之差这 3 个数字应相等;否则,计算有错。例如在表 4.1 中,$\sum a - \sum b = 6.785$ m $- 5.791$ m $= +0.994$ m,$\sum h = +0.994$ m,$h_{AB} = H_B - H_A = 52.897$ m $- 51.903$ m $= +0.994$ m。

以上观测称为往测。为了保证观测精度,还需在 BM$_A$、BM$_B$ 两点之间进行返测,即由 BM$_B$ 以同样方法测至 BM$_A$;但往、返测不能沿同一水准路线,即返测时应重新选择转点位置。

返测的观测、记录、计算方法同往测,见表 4.2。

表 4.2　普通水准测量观测手簿

日期:2010-04-09　　　　　　仪器:DS₃　　　　　　　　　　　　观测:李涛

天气:　晴　　　　　　　　地点:校园外　　　　　　　　　　　记录:杨艳

测点	后视读数(m)	前视读数(m)	高差(m)	高程(m)	备注
MA$_A$	1.339			51.903	H_A=51.903 m
TP$_1$	1.418	1.402	−0.063		D_{AB}=810 m
TP$_2$	1.519	1.187	+0.231		
TP$_3$	1.242	0.984	+0.535		
TP$_4$	1.267	1.347	−0.105		
MA$_B$		0.871	+0.396	52.905	
Σ	6.785	5.791	+0.994		
$h_{往}$	+0.994				
MA$_B$	0.902				
TP$_1$	1.375	1.298	−0.396		
TP$_2$	1.014	1.275	+0.100		
TP$_3$	1.217	1.553	−0.539		
TP$_4$	1.433	1.452	−0.235		
MA$_A$		1.373	+0.060		
Σ	5.941	6.951	−1.010		
$H_{返}$	−1.010				
辅助计算	$f_h = h_{往} + h_{返} = +0.994 - 1.010 = -0.016 = -16\text{(mm)}$ $f_{h容} = \pm40\sqrt{L} = \pm40\sqrt{0.81} = \pm36\text{(mm)}$　　　　$f_h < f_{h容}$　　　观测合格 则平均高差　$h = \frac{1}{2}(h_{往} - h_{返}) = \frac{1}{2}(+0.994 + 1.010) = +1.002\text{(m)}$ B 点高程为:$H_B = H_A + h_{均} = 51.903 + 1.002 = 52.905\text{(m)}$　(即采用高程) 将 B 点高程填入表中 B 点对应的高程一栏				

③水准测量的测站检核

如上所述,BM$_B$ 点的高程是根据 BM$_A$ 点的已知高程和转点之间的高差计算出来的。如果其中间测错任何一个高差,则 BM$_B$ 点的高程就不正确。因此,对每一站的高差,为了保证其正确性,必须进行检核,这种检核称为测站检核。测站检核通常采用变动仪器高法或双面尺法。

a. 变动仪器高法

此法是在同一个测站上用两次不同的仪器高度,测得两次高差进行检核,即测得第一次高差后,改变仪器高度(大于 10 cm),再测一次高差,两次所测高差之差不超过容许值(例如普通水准测量容许值为±6 mm),则认为符合要求,取其平均值作为该测站最后结果;否则须重测。

b. 双面尺法

此法是仪器的高度不变,而分别对双面水准尺的黑面和红面进行观测。这样可以利用前、后视的黑面和红面读数,分别算出两个高差。在理论上这两个高差应相差 100 mm(同为一对双面尺的尺常数分别为 4.687 m 和 4.787 m),如果高差不超过规定的容许值(例如普通水准测量容许值为±6 mm)，取其平均值作为该测站最后结果；否则须重测。

　　7. 水准测量的成果计算

　　水准测量外业工作结束后，首先要检查外业观测手簿，计算相邻各点间高差。即对外业观测手簿进行计算检核，经检查无误后，才能按水准路线布设形式进行成果计算。

　　(1)附合水准路线的成果计算

　　【例 4.1】　图 4.20 是一附合水准路线普通水准测量示意图，BM_A、BM_B 为已知高程的水准点，1、2、3 为待定高程的水准点，h_1、h_2、h_3 和 h_4 为各测段观测高差，n_1、n_2、n_3 和 n_4 为各测段测站数，L_1、L_2、L_3 和 L_4 为各测段水准路线长度。现已知 $H_A = 65.376$ m，$H_B = 68.623$ m，各测段站数、长度及高差均注于图 4.20 中，试计算 1、2、3 各点平差后的高程(表 4.3)。

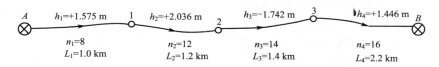

图 4.20　附合水准路线外业观测示意图

表 4.3　附合水准路线成果计算表

点号	距离(m)	测站数	实测高差(m)	改正数(mm)	改正后高差(m)	高程(m)	备注
1	2	3	4	5	6	7	8
BM_A						65.376	
	1.0	8	+1.575	−12	+1.563		
1						66.939	
	1.2	12	+2.036	−14	+2.036		
2						68.961	已知：
	1.4	14	−1.742	−16	−1.758		$H_A = 65.376$ m，
3						67.203	$H_B = 68.623$ m
	2.2	16	+1.446	−26	+1.420		
BM_B						68.623	
Σ	5.8	50	+3.315	−68	+3.247		
辅助计算			$f_h = \Sigma h - (H_B - H_A) = +3.315 - (68.623 - 65.376) = +0.068 = +68$ mm				
		$f_{h容} = ±40\sqrt{L} = ±40\sqrt{5.8} = ±96$ mm　　　　$f_h < f_{h容}$　　　　观测合格					

　　解：

　　1)填写观测数据和已知数据

　　依次将图 4.20 中点号、测段水准路线长度、测站数、观测高差及已知水准点 BM_A、BM_B 的高程填入附合水准路线成果计算表中相关各栏内，如表 4.3 所示。

　　2)计算高差闭合差

　　用式(4.5)计算附合水准路线高差闭合差。

　　　　$f_h = \sum h - (H_终 - H_起) = 3.315$ m $- (68.623$ m $- 65.376$ m$) = +0.068$ m $= 68$ mm

　　根据附合水准路线的测站数及路线长度求出每千米测站数，以便确定采用平地或山地高差闭合差容许值的计算公式。在本例中，

　　　　　　　　$\sum n / \sum L = 50/5.8 = 8.6$(站/km)$< 16$(站/km)

故高差闭合差容许值采用平地容许值计算公式。由式(4.8)知，普通水准测量平地高差闭合差

容许值的计算公式为：

$$f_{h容}=\pm40\sqrt{L}=\pm40\sqrt{5.8}=\pm96\ mm$$

因 $f_h<f_{h容}$，说明观测成果精度符合要求。虽然观测精度符合规范要求，但实际还存在有68 mm的高差闭合差，此时应对高差闭合差进行调整。如果 $f_h>f_{h容}$，说明观测成果不符合测量规范要求，必须重新测量。

3）调整高差闭合差

高差闭合差调整的原则和方法是将高差闭合差反号按与测站数或测段长度成正比例的原则进行分配，即得各测段高差改正数为：

$$v_i=-\frac{n_i}{\sum n}f_h \quad 或 \quad v_i=-\frac{L_i}{\sum L}f_h \tag{4.11}$$

式中　v_i——第 i 测段的高差改正数(mm)；

$\sum n$、$\sum L$——水准路线总测站数与总长度；

n_i、L_i——第 i 测段的测站数与测段长度。

本例中，各测段改正数为：

$$v_1=-(f_h/\sum L)\times L_i=-(68\ mm/5.8\ km)\times1.0\ km=-12\ mm$$
$$v_2=-(f_h/\sum L)\times L_i=-(68\ mm/5.8\ km)\times1.2\ km=-14\ mm$$
$$v_3=-(f_h/\sum L)\times L_i=-(68\ mm/5.8\ km)\times1.4\ km=-16\ mm$$
$$v_4=-(f_h/\sum L)\times L_i=-(68\ mm/5.8\ km)\times2.2\ km=-26\ mm$$

计算检核：各测段改正数的总和应与高差闭合差的大小相等、符号相反，即：$\sum v_i=-f_h$。如果绝对值不等，则说明计算有误，应重新计算。

将各测段高差改正数填入表4.3中相应的栏内。

4）计算各测段改正后高差

各测段改正后高差等于各测段观测高差加上相应的改正数，便得到改正后的高差值。

本例中，各测段改正后高差为：

$$h_{1改}=+1.575\ m+(-0.012\ m)=0.563\ m$$
$$h_{2改}=+2.036\ m+(-0.014\ m)=2.022\ m$$
$$h_{3改}=-1.742\ m+(-0.016\ m)=-1.758\ m$$
$$h_{4改}=+1.446\ m+(-0.026\ m)=+1.420\ m$$

计算检核　　$\sum v_i=-68\ mm$　　　$-f_h=-(68\ mm)=-68\ mm$

将各测段改正后高差填入表4.3中相应的栏内。

5）计算待定点改正后高程

根据已知水准点 BM$_A$ 的高程和各测段改正后高差，即 $H_i=H_{i-1}+h_{改}$，可依次推算出各待定点改正后的高程，最后推算出的 BM$_B$ 点的高程应与已知 BM$_B$ 的点高程相等，以此作为计算检核；否则重新计算。将推算出各待定点改正后的高程填入表4.3中相应的栏内。

（2）闭合水准路线成果计算

闭合水准路线成果计算步骤与附合水准路线成果计算步骤相同，只是高差闭合差的计算公式不一样，这里不再赘述。下面给出一个例子，同学们可以模拟练习。

【例4.2】　图4.21是一闭合水准路线普通水准测量示意图，BM$_A$ 为已知高程的水准点，1、2、3、4为待定高程的水准点，h_1、h_2、h_3、h_4 和 h_5 为各测段观测高差，n_1、n_2、n_3、n_4 和 n_5 为各测段测站数，L_1、L_2、L_3、L_4 和 L_5 为各测段水准路线长度。现已知 $H_A = 123.931$ m，各测段长度及高差均注于图 4.21 中，求 1、2、3、4 各点平差后的高程。

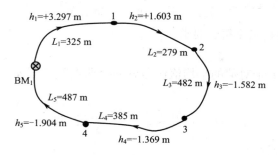

图 4.21　闭合水准路线外业观测示意图

解：

按照附合水准路线的成果计算步骤，依据闭合水准路线的图形条件进行计算，其计算结果见表 4.4。

表 4.4　闭合水准路线成果计算表

点号	距离（m）	实测高差（m）	改正数（mm）	改正后高差（m）	高程（m）	备注
1	2	4	5	6	7	8
BM_A					123.931	
	0.325	+3.297	−8	+3.289		
1					127.220	
	0.279	+1.603	−6	+1.597		
2					128.817	
	0.482	−1.582	−11	−1.593		已知 $H_A =$
3					127.224	123.931 m
	0.385	−1.369	−9	−1.378		
4					125.846	
	0.487	−1.904	−11	−1.915		
BM_A					123.931	
Σ	1.959	0.045	−45	0	与已知点高程相等	
辅助计算	$f_h = +3.297 + 1.603 − 1.582 − 1.369 − 1.904 = +0.045 = +45$ mm $f_{h容} = \pm 40\sqrt{L} = \pm 40\sqrt{1.959} = \pm 47$ mm　　　$f_h < f_{h容}$　　　观测合格					

（3）支水准路线的成果计算

【例 4.3】　图 4.22 是一支线水准路线普通水准测量外业观测示意图，BM_A 为已知高程的水准点，其高程 H_A 为 45.276 m，1 点为待定高程的水准点，$\sum h_{往} = +2.532$ m，$\sum h_{返} = −2.520$ m，往、返测的测站数共 16 站，求 1 点平差后的高程。

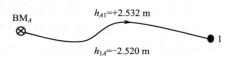

图 4.22　支线水准路线外业观测略图

解：

1）计算高差闭合

$$f_h = \sum h_{往} + \sum h_{返} = 2.532 − 2.520 = +0.012 \text{ m} = +12 \text{ mm}$$

2)计算高差容许闭合差

测站数 $n=16 \div 2=8$ 站

$$f_{h容}=\pm 12 \sqrt{8}=\pm 34 \text{ mm}$$

因 $f_h < f_{h容}$，故观测精确度符合要求。

3)计算改正后高差

取往测和返测的高差绝对值的平均值作为 A 和 l 两点间的高差，其符号和往测高差符号相同，即

$$h_{均}=(\pm)\frac{|h_{往}|+|h_{返}|}{2}=+2.526 \text{ m}$$

4)计算待定点平差后高程

$$H_1=45.276 \text{ m}+2.526 \text{ m}=47.802 \text{ m}$$

以上计算均可在往返水准测量观测手簿中进行(见表 4.2 中的辅助计算一栏)。

实践教学 2　水准测量方法实习

目的：掌握水准测量的外业观测、记录、计算及成果计算方法。

内容：往返水准路线观测(闭合水准路线观测)

确定两点 BM_A、BM_B，其中 BM_A 为已知高程点，且 $H_A=532.719 \text{ m}$，BM_B 为待求高程点，且距离 BM_A 约 $600 \sim 1\,000 \text{ m}$，单程测站数 $5 \sim 7$ 站。任务是依据 BM_A 点的已知高程测定 BM_B 点的高程。

或选一闭合水准路线，路线长度与往返水准路线长度相当，测站数相当，这样才能保证学生的熟练程度。

要求：每位学生在 BM_A、BM_B 两点之间至少进行 3 次往、返观测，直至观测成果合格。

要求：一个测站观测时间不超过 5 min，操作规范、记录工整、计算正确、精度合格。

考核：从出勤，实习态度，相互协作，操作是否规范，记录、计算是否规范工整，实习成果精度等方面进行综合考核，并给出成绩。

8. 微倾式水准仪的检验与校正

在长期测量过程中，由于迁站或长途运输中的颠簸、振动，都会使仪器各轴系之间正确的几何关系受到破坏，从而给观测结果带来一定的影响，严重者会使观测结果误差超限，影响正常的测量工作。因此，每隔一定时间要对水准仪进行检验和校正，以保证仪器符合观测要求，保证观测成果的精度。

(1)水准仪应满足的正确几何条件

根据水准测量的原理，水准仪必须能提供一条水平视线，它才能正确地测出两点之间的高差。为此，水准仪在结构上应满足如图 4.23 所示的条件：

1)圆水准器轴应平行于仪器的竖轴($L'L'//VV$)；

2)十字丝的横丝应垂直于仪器的竖轴(横丝$\perp VV$)；

3)水准管轴应平行于视准轴($LL//CC$)。

水准仪应满足上述几何条件，这些条件在水准

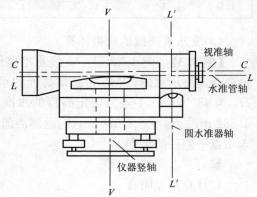

图 4.23　水准仪主要轴线

仪出厂时经检验都是满足的,但由于仪器在长期使用和运输过程中受到振动等因素的影响,使各轴线之间的关系发生变化,若不及时检验校正,将会影响测量成果的精度。

（2）水准仪的检验与校正

1）圆水准器轴平行于仪器竖轴的检验与校正

①目的

使圆水准器轴平行于仪器竖轴,圆水准器气泡居中时,竖轴位于铅垂位置。

②检验方法

旋转脚螺旋使圆水准器气泡居中,然后将仪器绕竖轴旋转180°,如果气泡居仍然中,则表示该几何条件满足;如果气泡偏出分划圈外,则需要校正。

校正原理:设圆水准器轴与竖轴 VV 不平行,当将圆水准器气泡调平时,圆水准轴处于铅垂位置,而竖轴必将倾斜,并与铅垂线的夹角为 α［图 4.25(a)］,那么将望远镜旋转180°后,这时圆水准器轴从竖轴右侧旋转至竖轴左侧,并与铅垂线的夹角为 2α［图 4.25(b)］,显然,圆水准器气泡不再居中,气泡中心偏离零点的弧长与倾斜角 2α 相对应,说明圆水准轴不平行于仪器的竖轴,需要校正。

③校正方法

在180°的位置进行校正。按照上述原理,校正分两步进行:一是用脚螺旋使气泡向中央方向移动偏离量的一半［图 4.25(c)］,此时竖轴处于铅垂位置;二是先稍松开圆水准器下方中间的固定螺丝(图 4.24)然后拨动圆水准器的 3 个校正螺丝使气泡居中［图 4.25(d)］,此时圆水准器轴处于铅垂位置,校正完毕。由于一次拨动不易使圆水准器校正得很完善,所以需重复上述的检验和校正,直至望远镜旋转到任何位置气泡都能居中为止。最后应注意旋紧固定螺丝。

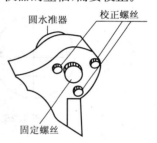

图 4.24　圆水准器的校正

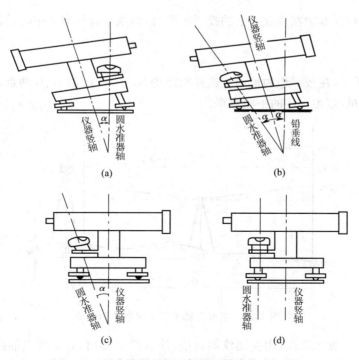

(a)　　　　　　　　　(b)

(c)　　　　　　　　　(d)

图 4.25　圆水准器平行于仪器竖轴的检验与校正

2)十字丝中丝垂直于仪器竖轴的检验与校正

①目的

使十字丝的横丝垂直于竖轴,这样,当仪器粗略整平后,横丝基本水平,用横丝上任意位置所得读数均相同。

②检验方法

安置水准仪,使圆水准器的气泡居中后,先用十字丝交点瞄准远处某一明显的点状目标 P,然后固定制动螺旋,转动微动螺旋,如果目标点 P 不离开中丝,则表示中丝垂直于仪器的竖轴(图 4.26);否则需要校正。

③校正方法

松开十字丝分划板座上的固定螺钉,转动十字丝分划板座,使中丝一端对准目标点 P,再将固定螺钉拧紧(图 4.27)。此项校正也需反复进行。

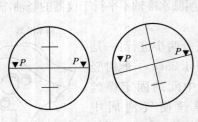

图 4.26 十字丝的检验

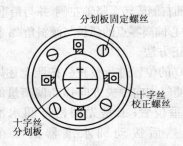

图 4.27 十字丝的校正

3)水准管轴平行于视准轴的检验与校正

①目的

使水准管轴和视准轴在垂直面上的投影相平行,当水准管气泡居中时,视准轴就处于水平位置。

②检验方法

如图 4.28 所示,在较平坦的地面上选择相距约 80~100 m 的 A、B 两点,打下木桩或放置尺垫。用皮尺丈量,定出 AB 的中间点 C。

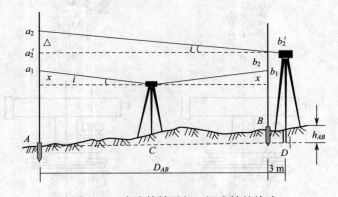

图 4.28 水准管轴平行于视准轴的检验

a. 在 C 点处安置水准仪,用变动仪器高法,连续两次测出 A、B 两点的高差,若两次测定的高差之差小于 ± 6 mm,则取这两次测量高差的平均值作为 A、B 两点之间的正确高差 h_{AB},

由于仪器至 A、B 两点的距离相等，视准轴与水准管轴不平行所产生的前、后视读数误差 x 相等，故高差 h_{AB} 不受视准轴误差的影响。

b. 将仪器迁至离 B 点大约 3 m 左右的 D 点处，粗平、精平后读得 B 点尺上的读数为 b_2，因水准仪离 B 点很近，两轴不平行引起的读数误差 x 可忽略不计，即近似认为 b_2 是正确读数。然后，瞄准 A 点水准尺，读出中丝的读数 a_2，此时可根据 b_2 和高差 h_{AB} 算出 A 点尺上视线水平时的正确读数应为 $a_2' = b_2 + h_{AB}$，如果 a_2' 与 a_2 相等，表示两轴平行。否则存在角度 i，其值为：

$$i = \frac{a_2' - a_2}{D_{AB}} \times \rho \tag{4.12}$$

式中　D_{AB}——A、B 两点间的水平距离（m）；

　　　i——视准轴与水准管轴的夹角（″）；

　　　ρ——1 弧度对应的秒值，$\rho = 206\ 265''$。

对于 DS_3 型水准仪来说，i 值不得大于 $20''$；如果超限，则需要校正。

③校正方法

在 D 位置校正。瞄准 A 点水准尺，转动微倾螺旋，使十字丝的中丝对准 A 点尺上的正确读数 a_2'，此时视准轴处于水平位置，而水准管气泡不居中。用校正针先拨松水准管一端左、右校正螺钉，如图 4.29 所示，再拨动上、下两个校正螺钉，使偏离的气泡重新居中，最后要将校正螺钉旋紧。此项校正工作需反复进行，直至达到要求为止。

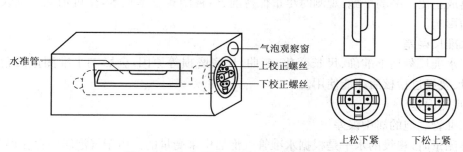

图 4.29　水准管轴不平行于视准轴的校正

9. 自动安平水准仪的检验和校正

自动安平水准仪应满足的条件是：

1）圆水准器轴平行仪器的竖轴。

2）十字丝横丝垂直竖轴。

以上两项的检验校正方法与微倾式水准仪的检校方法完全相同。

3）水准仪在补偿范围内，应能起到补偿作用。

在离水准仪约 50 m 处竖立水准尺，仪器安置成图 4.30 所示的位置，即使其中两个脚螺旋的连线垂直于仪器到水准尺连线的方向。用圆水准器整平仪器，读取水准尺上读数。旋转视线方向上的第三个脚螺旋，让气泡中心偏离圆水准器零点少许，使竖轴向前稍倾斜，读取水准尺上读数。然后再次旋转这个脚螺旋，使气泡中心向相反方向偏离零点并读数。重新整平仪器，用位于垂直于视线方向的两个脚螺旋，先后使仪器向左、右两侧倾斜，分别在气泡中心稍偏离零点后读数。如果仪器竖轴向前、后、左、右倾斜时所得读数与仪器整平时所得读数之差不超过 2 mm，则可认为补偿器工作正常；否则应检查原因或送工厂修理。

检验时圆水准器气泡偏离的大小,应根据补偿器的工作范围及圆水准器的分划值来决定。例如补偿工作范围为 $\pm 5'$,圆水准器的分划值为 $8'/2\ mm$,则气泡偏离零点不应超过 $5/8 \times 2 = 1.2\ mm$。补偿器工作范围和圆水准器的分划值在仪器说明书中均可查到。

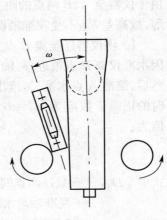

4)视准轴经过补偿后应与水平线一致。

若视准轴经补偿后不能与水平线一致,则也构成 i 角,产生读数误差。这种误差的检验方法与微倾式水准仪 i 角的检验方法相同,但校正时应校正十字丝。拨十字丝的校正螺丝(图4.26),使 A 点的读数从 a_2 改变到 a_2',使之得出水平视线的读数。对于 DS₃ 型自动安平水准仪也应使 i 角不大于 $20''$。

图 4.30 自动安平水准仪
补偿器的检验

10. 普通水准测量的误差来源、减弱的措施及注意事项

水准测量误差来源包括仪器误差、观测误差、外界条件的影响误差 3 方面。在水准测量作业中,应根据产生误差的原因采取相应措施,尽量减弱或消除误差的影响。

(1)仪器误差

1)水准管轴与视准轴不平行产生的误差

水准管轴与视准轴不平行,虽然经过校正,但仍然可存在少量的残余误差。这种误差的影响与距离成正比。减弱措施:观测时尽量保持前、后视距离基本相等,便可消除此项误差对测量结果的影响。

2)水准尺误差

由于水准尺刻划不准确、尺长变化、弯曲、尺底磨损等原因,会影响水准测量的精度。因此,水准尺要经过检核后才能使用。

(2)观测误差

1)水准管气泡的居中误差

水准测量时,视线的水平是根据水准管气泡居中来衡量的。由于气泡居中存在误差,致使视线偏离水平位置,从而带来读数误差。减弱措施:每次读数时,都要使水准管气泡严格居中。

2)估读水准尺的误差

水准尺估读毫米数的误差大小与望远镜的放大倍率和视线长度有关。在测量工作中,应遵循不同等级的水准测量对望远镜放大倍率和最大视线长度的规定,以保证估读精度。减弱措施:熟练掌握水准尺的读数方法和技巧,提高读数精度。

3)视差的影响误差

当存在视差时,由于十字丝平面与水准尺影像不重合,若眼睛的高低位置不同,便读出不同的读数,从而产生读数误差。减弱措施:观测时要仔细调焦,严格消除视差。

4)水准尺倾斜的影响误差

水准尺倾斜,将使尺上读数增大,从而带来误差。如水准尺倾斜 $3°30'$,在水准尺上 1 m 处读数时,将产生 2 mm 的误差。减弱措施:水准尺必须扶直。

(3)外界条件的影响误差

1)水准仪下沉误差

由于水准仪下沉,使视线降低,从而引起高差误差。减弱措施:采用往返观测的方法,可减弱其影响[图4.31(a)]。

2)尺垫下沉误差

如果在转点发生尺垫下沉,将使下一站的后视读数增加,也将引起高差的误差。减弱措施:采用往返观测的方法,取结果的中数,可减弱其影响[图4.31(b)]。

为了防止水准仪和尺垫下沉,测站和转点应选在土质实处,并踩实三脚架和尺垫,使其稳定。

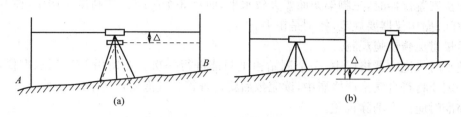

图4.31 水准仪及水准尺下沉的误差

3)地球曲率及大气折光的影响

①地球曲率的影响

理论上,水准测量应根据水准面来求出两点的高差(图4.32),但视准轴是一直线,因此使读数中含有由地球曲率引起的误差 $c = \dfrac{D^2}{2R}$。减弱措施:观测时,保持前、后视距基本相等。

②大气折光的影响

事实上,水平视线经过密度不同的空气层折射,一般情况下形成一向下弯曲的曲线,它与水平线所得读数之差,就是大气折光引起的误差。试验得出,在一般大气情况下,大气折光误差是地球曲率误差的 $\dfrac{1}{7}$,即 $r = \dfrac{1}{7}c$,地球曲率和大气折光的影响是同时存在的,其综合影响为 $f = c - r = \dfrac{6}{7}c = 0.43\dfrac{D^2}{R}$。减弱措施:观测时,尽量保持前、后视距基本相等,或视线高于地面0.3 m以上。

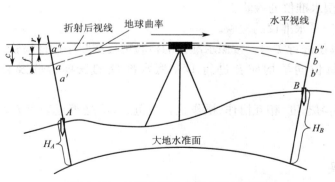

图4.32 地球曲率及大气折光的影响

但是离地面越近,大气折光变化越复杂,在同一测站的前视和后视距离上就可能不同,所以即使保持前、后视距相等,大气折光误差也不能完全消除。限制视线的长度可大大减小这种误差,使视线离地面尽可能高些也可减弱大气折光变化的影响。精度要求较高的水准测量观测时还应选择良好的观测时间,一般认为在日出后或日落前2 h为好。

4）温度的影响误差

温度的变化不仅会引起大气折光的变化，而且当烈日照射水准管时，由于水准管本身和管内液体温度的升高，气泡向着温度高的方向移动，从而影响了水准管轴的水平，产生了气泡居中误差。减弱措施：测量中应随时注意为仪器打伞遮阳；强阳光下避免观测。

（4）注意事项

1）定期检校仪器，特别是 i 角误差，要求经常检验。

2）初步安置仪器时，三脚架架面要大致水平，而且 3 个脚螺旋的高度应居中，使升和降都有一定空间；操作仪器要规范，特别是粗平。

3）尽量避免骑镜腿观测。

4）整平时气泡应严格居中，一个测站粗平只能进行一次。若使用 DS₃ 型水准仪，每次读数之前一定要将符合气泡严格居中，读完数后要检查符合气泡是否居中。

5）瞄准时应注意消除视差。

6）前、后视距应基本相等，以消除 i 角误差、地球曲率及大气垂直折光造成的影响。

7）观测时应使用尺垫。

8）记录要复诵，计算应及时，一个测站的相关计算没完成时，不能迁站。

9）记录应规范、工整，观测数据不能誊抄、涂擦，应按要求进行改正。

10）观测者始终兼保护仪器安全的责任，不得擅自离开仪器。

11）仪器迁站时应将镜腿倾斜 45° 斜抱着走，不能跑。

12）水准尺由专人负责，不能斜靠在树上或周围建筑物上，以免摔坏。

13）仪器箱不能当凳子坐，以免损坏仪器箱。

14）强阳光下观测应打伞保护仪器。

15）组员应积极配合，相互协作，共同完成任务。

16）外业观测时应注意人身、仪器的安全。

实践教学 3　DS₃ 型水准仪及自动安平水准仪的检验

目的：掌握水准仪的检验方法。

内容：（1）DS₃ 型水准仪的检验。

　　　（2）自动安平水准仪的检验。

要求：一组为单位进行实习。按照水准仪的检验项目按顺序进行检验。

考核：标准为每位同学均应会进行 DS₃ 型水准仪的三项检验及自动安平水准仪的检验。

考核项目：从实习态度、相互协作、操作是否规范、方法是否正确等方面进行综合考核，并给出成绩。

🔑 知识拓展

气压高程测量与国家水准网简介

1. 气压高程测量

根据大气压力随高程而变化的规律，用气压计进行高程测量的一种方法。在气压高程测量中，大气压力从前常以水银柱高度（毫米）表示。温度为 0 ℃时，在纬度 45° 处的平均海面上大气平均压力约为 760 毫米水银柱(毫米水银柱即 mmHg,1 mmHg＝133.322 Pa),每升高约 11 m 大气压力减少 1 mm 水银柱。一般气压计读数精度可达 0.1 mm 水银柱,约相当 1 m 的高差。由于大气压力受气象变化的影响较大,因此气压高程测量比水准测量和三角高程测量的精度都低,主要用于低精度的高程测量。但它的优点是在观测时点与点之间不需要通视,使用方便、经济和迅速。最常用的仪器为空盒气压计和水银气压计。前者便于携带,一般用于野外作业;后者常用于固定测站或用以检验前者。

2. 国家水准网(Nationa Lleveling Network)

(1)国家水准网的概念

在全国领土范围内,由一系列按国家统一规范布设并测定其高程的水准点所构成的网,叫国家水准网,又称国家高程控制网。为国家经济建设、国防建设和科学研究提供地面点高程,也为天文大地网、地形图测绘提供高程控制。

国家水准网采用由高级到低级,分几个等级布设,逐级控制、加密。国家水准网分一、二、三、四等,其精度逐级降低,即一等水准网精度最高,二等次于一等,三等次于二等,四等次于三等。各等级的水准路线构成闭合环线。一等和二等水准路线是高程控制网的基础,沿地质构造稳定、坡度平缓的交通路线布设,用精密水准测量方法施测。一等和二等水准路线定期重复测量,用以研究地壳垂直运动。为了计算观测高差的有关改正,沿一等和二等水准路线还要实施重力测量。三等和四等水准路线加密一等和二等水准网,直接为地形图测绘提供高程控制。

国家一、二等水准测量统称为精密水准测量。它们是采用最精密的仪器施测的,并在作业过程中采取周密的措施,以消减各种误差来源的影响。此外,为了校核测量结果和估计测量精度,精密水准测量必须实施往测和返测,而且规定一、二等水准测量由往返测之差计算的每公里高差平均值的中误差,其值分别不大于 0.5 mm 和 1.0 mm。

(2)国家水准网的布设

国家水准网中水准点的高程,由几个等级的水准测量来测定,其施测精度逐级降低,由高级控制低级。一等和二等水准路线需要定期进行重复测量,以检查水准点的高程变化和研究地壳垂直运动。此外,一等和二等水准路线还要实施重力测量,供改正水准测量数据之用。中国国家水准网中水准点的高程是由一、二、三、四等水准测量测定的。一等水准测量路线沿地质构造稳定和坡度平缓的交通线布满全国,构成网状,全长约 93 000 km;网中共包括 100 个闭合环,根据地区情况和实际需要,闭合环周长在 1 000~1 500 km 之间。在一等水准环内布设的二等水准网,是国家高程控制的全面基础。二等水准路线将一等水准环划分为较小的环,其周长一般在 500~750 km 之间。三等和四等水准测量直接提供地形测量和各项工程建设所必须的高程控制点。先用三等水准测量路线将二等环分为若干个更小的环,再用四等水准测量路线进一步加密。

(3)国家水准网的作用

国家水准网在经济建设、国防建设和有关科学研究中,有着多方面的用途。国家大地网中地面点的三维坐标需要用大地经度、大地纬度和大地高程表示。地形测图需要海拔高程,这些高程由具有一定精度和密度的水准网来提供。国家的许多基本建设,如铁路和公路的修建、城市基本建设、河流的治理和农田水利建设等,都必须由国家水准网提供高程数据。在科学研究中,重复水准测量可以用于监测地壳垂直运动以及城市和工矿地区的地面沉降;为地球动态的研究、地震预报的探索和环境控制提供数据;由国家水准网和各验潮站联测的结果,可以研究海面倾斜。

典型工作任务 2　三等和四等水准测量

4.2.1　工作任务

通过三等和四等水准测量知识的学习,主要能够承担以下工作任务:

(1)能根据工程实际情况,选择和建立合适的水准测量路线;

(2)能从事三等和四等水准测量工作。

说明:三四等水准测量是较精密的高程测量方法。它不同于一二等水准测量,在观测方法和精度要求上也区别于普通水准测量,广泛用于对国家一二等水准网的加密、或为了测图、变形监测等任务建立的独立高程控制网。三四等水准测量大多作为测区高程控制测量的首级控制。

控制测量除了要完成平面控制测量外,还要进行高程控制测量。小区域地形测图或施工测量中,多采用三、四等水准测量作为高程控制测量的首级控制。

4.2.2　相关配套知识

1. 精密水准测量的概念

精密水准测量必须用带测微器的精密水准仪和膨胀系数小的因瓦水准标尺,以提高读数精度、削弱温度变化对测量结果的影响。仪器至标尺的距离约在 35～60 m,且距前后标尺的距离基本相等,同时采用完善的观测程序,以削减水准仪残余的微小倾斜带来的影响和大气折光影响。另外,由于不同高程的水准面不平行,沿不同路线测得的两点间高差将有差异,所以在整理水准测量成果时,须按所采用的正常高系统加以必要的改正,以求得正确的高程。我国国家水准测量依精度不同分为一、二、三、四等。一等和二等水准测量称为"精密水准测量",是国家高程控制的全面基础,可为研究地壳形变等提供数据。一般由国家测绘机构测定。三等和四等水准测量直接为地形测图和各种工程建设提供所必需的高程控制。本项目重点介绍三等和四等水准测量。

三等和四等水准测量是指在小地区范围内,为满足测图和施工的需要,采取一定的方法和作业程序,完成测区首级高程网的建立和加密工作。

三等和四等水准测量除用于国家高程控制网的加密外,还用于建立小区域首级高程控制网,以及建筑施工区内工程测量和变形测量的基本控制。三等和四等水准点的高程应从附近的一等和二等水准点引测。

三等和四等水准测量的组织形式与普通水准测量大致相同,均需事前拟定水准路线、选点、埋石和观测等工作程序。与普通水准测量的显著区别是:三等和四等水准测量必须使用双面尺法观测和记录,其观测顺序有着严格的要求,相应的记录、计算及精度指标也有区别。

2. 三等和四等水准测量外业施测方法

(1)三等和四等水准测量技术要求

1)高程系统:三等和四等水准测量起算点的高程一般引自国家一等和二等水准点,若测区附近没有国家水准点,也可建立独立的水准网,这样起算点的高程应采用假定高程。

2)布设形式:如果是作为测区的首级控制,一般布设成闭合环线;如果进行加密,则多采用附合水准路线或支水准路线。三等和四等水准路线一般沿公路、铁路或管线等坡度较小、便于施测的路线布设。

3)点位的埋设:其点位应选在地基稳固,能长久保存标志和便于观测的地点,水准点的间距一般为 1~1.5 km,山岭重丘区可根据需要适当加密,一个测区一般至少埋设三个以上的水准点。

4)国家测绘局制定的三等和四等水准测量水准测量的技术规范见表 4.5。

表 4.5　三等和四等水准测量技术要求

技术项目	等级分类	
	三等	四等
仪器与水准尺	DS₃ 水准仪	DS₃ 水准仪
	双面水准尺	双面水准尺
测站观测程序	后—前—前—后	后—后—前—前
视线最低高度	三丝能读数	三丝能读数
最大视线长度	75 m	100 m
前后视距差	$\leqslant \pm 2.0$ m	$\leqslant \pm 3.0$ m
视距读数法	三丝读数(下—上)	直读视距
K+黑—红	$\leqslant \pm 2.0$ mm	$\leqslant \pm 3.0$ mm
黑红面高差之差	$\leqslant \pm 3.0$ mm	$\leqslant \pm 5.0$ mm
前后视距累积差	$\leqslant \pm 6$ m	$\leqslant \pm 10$ m
路线总长度	$\leqslant 200$ km	$\leqslant 80$ km
高差闭合差	$\leqslant \pm 12\sqrt{L}$ mm	$\leqslant \pm 20\sqrt{L}$ mm

注:表中 L 的单位为 km。

下面着重介绍四等水准测量的观测、记录及计算原理。

(2)三等和四等水准测量的观测、记录

1)四等水准测量:最大视线长度不超过 100 m。每一测站上,按下列观测顺序进行观测:

①观测顺序为后——后——前——前;

②瞄准后视水准尺的黑面,读上、下、中三丝的读数,分别记入表 4.6 中的(1)、(2)、(3)栏内;

③继续瞄准后视水准尺的红面,读取中丝的读数,记入表 4.6 中(4)栏内;

④瞄准前视水准尺的黑面,读中、上、下三丝的读数,分别记入表 4.6 中的(5)、(6)、(7)栏内;

⑤继续瞄准前视尺的红面,读取中丝的读数,记入表 4.6 中(8)栏内;

至此,四等水准测量的外业观测与记录结束。

2)三等水准测量:最大视线长度不超过 75 m。每一站上,按下列观测顺序进行观测:

①观测顺序为后——前——前——后;

②瞄准后视水准尺的黑面,读上、下、中三丝的读数,记录(同于四等水准测量);

③瞄准前视水准尺的黑面,读上、下、中三丝的读数,记录(同于四等水准测量);

④瞄准前视水准尺的红面,读中丝的读数,记录(同于四等水准测量);

⑤瞄准前视水准尺的红面,读中丝的读数,记录(同于四等水准测量)。

3）至此，三等水准测量的外业观测与记录结束。

（3）三等和四等水准测量观测手簿的计算

为便于及时发现观测错误或超限，一般要求在每一测站上均达到观测、记录、计算同步进行，绝对不允许等全部测完后再进行计算。三等和四等水准测量的内业计算相同。以下以四等水准测量的表格计算为例，测站上的计算分以下三部分内容。

表 4.6　四等水准测量记录手薄

测站编号	后尺	上丝	前尺	上丝	方向及尺号	标尺读数 (mm)		K＋黑－红	高差中数(m)	备注
		下丝		下丝		黑 面	红 面			
	后视(mm)		前视(mm)							
	视距差 d		Σ							
	(1)		(5)		后	(3)	(4)	(9)		
	(2)		(6)		前	(7)	(8)	(10)		
	(15)		(16)		后－前	(11)	(12)	(13)	(14)	
	(17)		(18)							
1	1 526		0901		后No12	1 311	6 098	0		
	1 095		0 471		前No13	0 686	5 373	0		
	43.1		43.0		后－前	＋0 625	＋0 725	0	＋0.625 0	
	＋0.1		＋0.1							
2	1 912		0 670		后No13	1 654	6 341	0		
	1 396		0 152		前No12	0 411	5 197	＋1		
	51.6		51.8		后－前	＋1 243	＋1 144	－1	＋1.243 5	
	－0.2		－0.1							
3	0 989		1 813		后No13	0 798	5 586	－1		Ⅱ郑汉 8 No12 标尺 K 为 4 787； No13 标尺 K 为 4 687
	0 607		1 433		前No13	1 623	6 310	0		
	38.2		38.0		后－前	－082 5	－072 4	－1	－0.824 5	
	＋0.2		＋0.1							
4	1 791		0 658		后No13	1 608	6 296	－1		
	1 425		0 290		前No12	0 474	5 261	0		
	36.6		36.8		后－前	＋1 134	＋1 035	－1	＋1.134 5	
	－0.2		－0.1							
每页校核	Σ15＝169.5 －）Σ16＝169.6 ＝(18)＝－0.1 总视距Σ15＋Σ16＝339.1				Σ[(3)＋(8)]＝27.512 －)Σ[(4)＋(7)]＝27.515 (13)＝－3			Σ[(11)＋(12)]＝＋4.357 ＝2Σ14＝4.357		

视距计算：

$$
\begin{cases}
后视距离(15)＝[(1)－(2)]\times100 \\
前视距离(16)＝[(5)－(6)]\times100 \\
后视距离与前视距离之差(17)＝(15)－(16) \\
前后视距累积差(18)＝本站(17)＋前站(18)
\end{cases}
\qquad (4.13)
$$

高差计算：

$$\left\{\begin{array}{l}前视标尺黑红面读数之差(9)=(3)+K-(4)\\后视标尺黑红面读数之差(10)=(7)+K-(8)\\两标尺的黑面中丝读数之差(即高差11)=(3)-(7)\\两标尺红面观测高差(12)=(4)-(8)\\黑面高差与红面高差之差(13)=(11)-[(12)\pm100]\end{array}\right. \quad (4.14)$$

注：高差中数计算，当上述计算合乎限差要求时，可计算高差中数，且

$$高差中数(14)=\frac{1}{2}[(11)+(12)\pm100] \quad (4.15)$$

检核计算：

Ⅰ：测站检核公式

$$(13)=(10)-(9)=(11)-[(12)\pm100] \quad (4.16)$$

公式(4.16)是检核同一测站黑、红面高差是否相等，若不相等时，以表 4.5 中相应的限差要求为标准。若超出限差范围，本站必须重新测量。若满足限差要求，可以迁站。特别注意在确认能否迁站前，前视标尺及尺垫决不允许移动。

Ⅱ：每页观测成果的检核

在一些教材中强调这一检核，如上表底部"每页校核"部分。其实，作为检核，主要是校核计算过程中有无错误、笔误等，校核应使用不同的计算途径进行，各自独立，以便发现问题。

(4)关于四等水准测量的工作间歇

由于四等水准测量路线一般较长，在中途休息或收工时，最好能在水准点（事前预埋标石）上结束观测。如确实不能时，则应选择两个突出、稳固的地面点，作为间歇前的最后一站来观测。间歇结束后，应先在两间歇点上放置标尺，并进行检测。若间歇前、后两间歇点之间的高差较差不超过 5 mm，则认为间歇点位置没有变动，此时可以从前视间歇点开始继续观测；若高差较差超过 5 mm，则应退回该段的水准点处重新进行观测。

3. 三等和四等水准测量的成果计算

以四等水准测量成果计算为例。完成四等水准测量外业工作后，即可转入内业成果计算。由于四等水准测量是由某个一等和二等水准点开始，结束于另一高级水准点的，故实测总高差与两高级点的高差往往不符。这就需要按一定规则调整高差闭合差。其成果计算步骤如下：

(1)检查外业手薄并绘制水准路线略图

计算前，应首先进行外业手薄的检查。内容包括记录是否正确、注记是否齐全、计算是否有误等。检查无误后，便可绘制水准路线略图如图 4.33 所示。

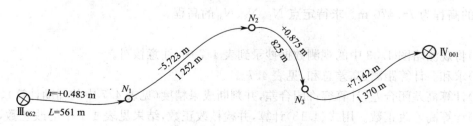

图 4.33　四等水准测量外业观测略图

从观测手薄中逐个摘录各测段的观测高差 h_i，特别需要说明的是：凡观测方向与推算方向相同时，其观测高差的符号（正负号）不变。凡观测方向与推算方向相反时，其观测高差的符号（正负号）改变（即正变负，负变正）。同时还要摘录各测段的距离 L_i 或测站数 n_i（当采用测站数调整高差闭合差时），明确起、终点的高程 $H_起$、$H_终$ 等，一并标注在略图中。

（2）高差闭合差的计算及调整

1）高差闭合差的计算

高差闭合差通常用 f_h 表示，以附合水准路线为例

$$f_h = \sum h_i - (H_终 - H_起)$$
$$\sum h_i = h_1 + h_2 + \cdots + h_n$$

2）高差闭合差允许值的计算

高差闭合差是衡量观测值质量的精度指标，必须有一个限度规定，如果超出这一限度，应查明原因，返工重测。

四等水准测量高差闭合差的允许值为

$$f_{h容} = \pm 20\sqrt{L} \tag{4.17}$$

式中，L 为水准路线的长度，km。

3）高差闭合差的调整

若高差闭合差在允许范围内，可将闭合差按与各段的距离（L_i）成正比且反号分配于各测段的高差之中。若各测段的高差改正数为 v_i，则

$$v_i = \frac{-f_h}{\sum L} L_i \tag{4.18}$$

注意：用上式计算时，改正数凑整至毫米，余数强行分配到长测段中。

4）改正后高差的计算

各测段观测高差值加上相应的改正数，即可得到改正后高差 $h_{i改}$

$$h_{i改} = h_i + v_i \tag{4.19}$$

5）待定点平差后高程的计算

沿推算方向，由起点的高程 $H_起$ 开始，逐个加上相应测段改正后的高差 $H_改$，即可逐一得出待定点平差后的高程 H_i。即

$$H_i = H_{i-1} + h_{i改} \tag{4.20}$$

以上计算可在表格中完成，直观、清晰。

4. 算例

【例 4.4】 某四等附合水准路线观测结果见图 4.33，起始点 III_{062} 的高程为 73.702 m，终点 IV_{001} 的高程为 76.470 m。求待定点 N_1、N_2、N_3 的高程。

解：

（1）将观测略图 4.33 中的观测数据抄录到表 4.7 中，注意核对。

（2）求和。计算距离、高差总和，见表 4.7。

（3）计算高差闭合差，计算容许闭合差，并判断成果精度（见表 4.7 中的辅助计算）。

（4）计算高差改正数。用式（4.18）计算，并检核改正数，结果见表 4.7 中的改正数，即 $v_i = -f_h$；否则应人为进行调整。

（5）计算改正后高差。用式（4.19）计算，结果见表 4.7 中的改正后高差。

（6）计算改正后高程。用式（4.20）计算，结果见表 4.7 中的高差。

表 4.7　四等水准路线测量成果计算表

点号	距离（km）	平均高差（m）	改正数（mm）	改正后高差（m）	高程（m）
1	2	3	4	5	6
III$_{062}$					73.702
	0.561	+0.483	−1	+0.482	
N$_1$					74.184
	1.252	−5.723	−3	−5.726	
N$_2$					68.458
	0.825	+0.875	−2	+0.873	
N$_3$					69.331
	1.370	+7.142	−3	+7.139	
IV$_{001}$					76.470
Σ	4.008	+2.777	−9	+2.768	
辅助计算	$f_h = \sum h_i - (H_{终} - H_{起}) = +0.009 \text{ m} = +9 \text{ mm}$ $f_{h容} = \pm 20\sqrt{L} = \pm 20\sqrt{4.008} = \pm 40 \text{ mm}$　因为 $f_h < f_{h容}$，所以观测成果合格				

注：三等水准路线成果计算方法相同，只是取位和精度指标不同而已。

5. 三等和四等水准测量的误差来源、减弱措施及注意事项

三等和四等水准测量的误差、减弱措施及注意事项基本同于普通水准测量。只是在视线长度、前后视距差、前后视距累积差、黑、红读数差、及黑红面所测高差之差等方面有更高要求，同时观测时采用"后、后、前、前"或"后、前、前、后，"的观测顺序，具体应按照三、四等水准测量的规范要求去做。这里不再赘述。

实践教学 4　四等水准测量实习

目的：掌握四等水准测量的外业观测和内业数据处理。

内容：四等水准测量

要求：一组为单位进行实习。水准路线长度约 1 km。

考核：从观测成果精度、实习态度、相互协作、操作是否规范等方面进行综合考核，并给出成绩。

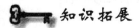 知识拓展

精密水准测量简介

1. 高程系统

测量中的高程系统有（1）大地高（H_g）；（2）正常高（H_r）；（3）正高（h_g）。

（1）大地高系统

大地高系统是以参考椭球面为基准面的高程系统。某点的大地高是该点到通过该点的参考椭球的法线与参考椭球面的交点间的距离。大地高也称为椭球高，大地高一般用符号 H 表示。大地高是一个纯几何量，不具有物理意义，同一个点，在不同的基准下，具有不同的大

地高。

（2）正高系统

正高系统是以大地水准面为基准面的高程系统。某点的正高是该点到通过该点的铅垂线与大地水准面的交点之间的距离，正高用符号 h_g 表示。

（3）正常高系统

正常高系统是以似大地水准面为基准的高程系统。某点的正常高是该点到通过该点的铅垂线与似大地水准面的交点之间的距离，正常高用 H_r 表示。

2. 高程系统之间的转换关系

$$H_r = H - r \qquad H_g = H - h_g$$

以上可参考控制测量学或大地测量学参考书。

精密水准测量是每千米水准测量高差中数的偶然中误差（$M_\triangle$）不超过 1 mm 的水准测量。一般指国家二等或二等以上的水准测量。

3. 精密水准测量

水准测量又名"几何水准测量"，是用水准仪和水准尺测定地面上两点间高差的方法。在地面两点间安置水准仪，观测竖立在两点上的水准标尺，按尺上读数推算两点间的高差。通常由水准原点或任一已知高程点出发，沿选定的水准路线逐站测定各点的高程。由于不同高程的水准面不平行，沿不同路线测得的两点间高差将有差异，所以在整理国家水准测量成果时，须按所采用的正常高系统加以必要的改正，以求得正确的高程。我国国家水准测量依精度不同分为一、二、三、四等。一、二等水准测量称为"精密水准测量"，是国家高程控制的全面基础，可为研究地壳形变等提供数据。三等和四等水准测量直接为地形测图和各种工程建设提供所必需的高程控制。

水准测量首先是选定水准路线和埋设水准标石。水准路线应选在坡度小的交通线上，水准点位置应选在能保证标石稳定，长期保存并便于观测的地点。中国国家水准点上的标石分为基岩水准标石、基本水准标石和普通水准标石 3 种。基岩水准标石埋设在一等水准路线上，大约每隔 500 km 一座，作为研究地壳垂直运动的依据。基本水准标石埋设在一等和二等水准路线上，每隔 60 km 左右一座，用于长期保存水准测量成果和研究地壳垂直运动。普通水准标石埋设在各等水准路线上，每隔 2～6 km 一座，直接为地形测图和各种工程建设提供高程控制。

精密水准测量必须用带测微器的精密水准仪和膨胀系数小的因瓦水准标尺，以提高读数精度、削弱温度变化对测量结果的影响。仪器至标尺的距离约在 35～60 m，且距前后标尺的距离基本相等，同时采用完善的观测程序，以削减水准仪残余的微小倾斜带来的影响和大气折光影响。

水准测量结果须按所采用的高程系统加入必要的改正，以求出精确的高程（这些内容将在控制测量课程中详细讲解）。

下面以二等水准测量为例来说明精密水准测量的实施。

（1）精密水准测量作业的一般规定

前面分析了有关水准测量的各项主要误差的来源及其影响。根据各种误差的性质及其影响规律，规范中对精密水准测量的实施作出了各种相应的规定，目的在于尽可能消除或减弱各种误差对观测成果的影响。

1）观测前 30 min，应将仪器置于露天阴影处，使仪器与外界气温趋于一致；观测时应用测伞遮蔽阳光;迁站时应罩以仪器罩。

2)仪器距前、后视水准标尺的距离应尽量相等,其差应小于规定的限值:二等水准测量中规定,一测站前、后视距差应小于 1.0 m,前、后视距累积差应小于 3 m。这样,可以消除或削弱与距离有关的各种误差对观测高差的影响,如 i 角误差和垂直折光等影响。

3)对气泡式水准仪,观测前应测出倾斜螺旋的置平零点,并作标记,随着气温变化,应随时调整置平零点的位置。对于自动安平水准仪的圆水准器,须严格置平。

4)同一测站上观测时,不得两次调焦;转动仪器的倾斜螺旋和测微螺旋,其最后旋转方向均应为旋进,以避免倾斜螺旋和测微器隙动差对观测成果的影响。

5)在两相邻测站上,应按奇、偶数测站的观测程序进行观测,对于往测奇数测站按"后前前后"、偶数测站按"前后后前"的观测程序在相邻测站上交替进行。返测时,奇数测站与偶数测站的观测程序与往测时相反,即奇数测站由前视开始,偶数测站由后视开始。这样的观测程序可以消除或减弱与时间成比例均匀变化的误差对观测高差的影响,如 i 角的变化和仪器的垂直位移等影响。

6)在连续各测站上安置水准仪时,应使其中两脚螺旋与水准路线方向平行,而第三脚螺旋轮换置于路线方向的左侧与右侧。

7)每一测段的往测与返测,其测站数均应为偶数,由往测转向返测时,两水准标尺应互换位置,并应重新整置仪器。在水准路线上每一测段仪器测站安排成偶数,可以削减两水准标尺零点不等差等误差对观测高差的影响。

8)每一测段的水准测量路线应进行往测和返测,这样,可以消除或减弱性质相同、正负号也相同的误差影响,如水准标尺垂直位移的误差影响。

9)一个测段的水准测量路线的往测和返测应在不同的气象条件下进行,如分别在上午和下午观测。

10)使用补偿式自动安平水准仪观测的操作程序与水准器水准仪相同。观测前对圆水准器应严格检验与校正,观测时应严格使圆水准器气泡居中。

11)水准测量的观测工作间歇时,最好能结束在固定的水准点上,否则,应选择两个坚稳可靠、光滑突出、便于放置水准标尺的固定点,作为间歇点加以标记,间歇后,应对两个间歇点的高差进行检测,检测结果如符合限差要求(对于二等水准测量,规定检测间歇点高差之差应≤1.0 mm),就可以从间歇点起测。若仅能选定一个固定点作为间歇点,则在间歇后应仔细检视,确认没有发生任何位移,方可由间歇点起测。

(2)精密水准测量观测

1)测站观测程序

往测时,奇数测站照准水准标尺分划的顺序为:

后视标尺的基本分划;

前视标尺的基本分划;

前视标尺的辅助分划;

后视标尺的辅助分划;

往测时,偶数测站照准水准标尺分划的顺序为:

前视标尺的基本分划;

后视标尺的基本分划;

后视标尺的辅助分划;

前视标尺的辅助分划。

返测时,奇、偶数测站照准标尺的顺序分别与往测偶、奇数测站相同。

2)表格的记录、计算(此处省略)。

3)精密水准测量成果计算(改正计算、平差计算)

主要包括尺长改正、水准面不平行性改正 ε、路线或环线闭合差改正、重力异常项改正 η。

典型工作任务 3　三角高程测量

4.3.1　工作任务

通过三角高程测量知识的学习,主要能够承担以下工作任务:

(1)能从事普通经纬仪三角高程测量工作;

(2)能从事光电测距三角高程测量工作。

说明:三角高程测量不同于水准测量,它是依据三角学和光学的原理对地面点的高低位置进行测量的一种方法。主要用于地形较复杂、地面坡度较大的测区,为测图、工程施工等建立高程控制网(点)。

4.3.2　相关配套知识

1.三角高程测量概念

三角高程测量的基本思想是根据由测站向照准点所观测的垂直角(或天顶距)和它们之间的水平距离,计算测站点与照准点之间的高差。这种方法简便灵活,受地形条件的限制较少,故适用于测定三角点的高程。三角点的高程主要是作为各种比例尺测图的高程控制的一部分。一般都是在一定密度的水准网控制下,用三角高程测量的方法测定三角点的高程。当地面高差较大,不便于使用水准测量观测高程时,通常用三角高程方法测定高程。

2.三角高程测量基本公式

通过观测两点间的水平距离和天顶距(或高度角)求定两点间高差的方法。它观测方法简单,不受地形条件限制,是测定大地控制点高程的基本方法。

(1)普通三角高程测量计算公式

关于三角高程测量的基本原理和计算高差的基本公式,在项目三中已有过讨论,即 $h_{AB} = \dfrac{1}{2} cn\sin2\alpha + i - v$(其中 c 为视距乘常数,n 为视距间隔)。但公式的推导是以水平面作为依据的。在普通高程测量中可以直接应用上式进行计算,可以忽略地球曲率和大气折光的影响。

(2)精密三角高程测量计算公式

在精密高程控制测量中,由于距离较长,地球曲率和大气折光造成的影响不可忽略,所以必须以椭球面为依据,来推导三角高程测量的基本公式。

1)基本公式

如图 4.34 所示。设 s_0 为 A、B 两点间的实测水平距离。仪器置于 A 点,仪器高度为 i_1。

B 为照准点,觇标高度为 v_2,R 为参考椭球面上 $\overset{\frown}{A'B'}$ 的曲率半径。$\overset{\frown}{PE}$、$\overset{\frown}{AF}$ 分别为过 P 点和 A 点的水准面。$\overline{PC}$ 是 $\overset{\frown}{PE}$ 在 P 点的切线,$\overset{\frown}{PN}$ 为光程曲线。当位于 P 点的望远镜指向与 $\overset{\frown}{PN}$ 相切的 $\overline{PM}$ 方向时,由于大气折光的影响,由 N 点发射的光线正好落在望远镜的横丝上。这就是说,仪器置于 A 点测得 P、M 间的垂直角为 $\alpha_{A.B}$。

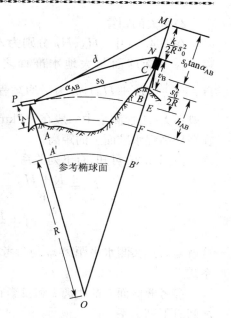

由图 4.34 可明显地看出,A、B 两地面点间的高差为

$$h_{AB} = BF = MC + CE + EF - MN - NB \tag{4.21}$$

式中,EF 为仪器高 i_A;NB 为照准点的觇标高度 v_B;而 CE 和 MN 分别为地球曲率和折光影响。由于

$$CE = \frac{1}{2(R_A + H_A)} s_0^2$$

$$MN = \frac{k}{2(R_A + H_A)} s_0^2$$

图 4.34　地球曲率、大气折光影响图

式中,k 称为大气垂直折光系数(通常采用平均值 $k = 0.10 \sim 0.16$)。

由于 A、B 两点之间的水平距离 s_0 与曲率半径 R 之比值很小(当 $s_0 = 10$ km、MC 为 100 m 时,s_0 所对的圆心角仅 $5'$ 多一点),故可认为 PC 近似垂直于 OM,即认为 $PCM \approx 90°$,这样 $\triangle PCM$ 可视为直角三角形。则式(4.21)中的 MC 为

$$MC = s_0 \tan \alpha_{AB}$$

将各项代入式(4.21),则 A、B 两地面点的高差为

$$h_{AB} = s_0 \tan \alpha_{AB} + i_A - v_B + \frac{1-k}{2(R_A + H_A)} s_0^2 \tag{4.22}$$

或

$$h_{AB} = d \sin \alpha_{AB} + i_A - v_B + \frac{1-k}{2(R_A + H_A)} d^2 \cos^2 \alpha_{AB} \tag{4.23}$$

上两式就是单向观测三角高程计算高差的基本公式。式中垂直角 a_{AB}、仪器高 i_A 和觇标高度 v_B 均可由外业观测得到。s_0 为实测的水平距离,d 为实测的斜距。

也可以用测区的平均高程 H_m 代替 H_A,则上式可写为:

$$h_{AB} = d \sin \alpha_{AB} + i_A - v_B + \frac{1-k}{2(R_A + H_m)} d^2 \cos^2 \alpha_{AB} \tag{4.24}$$

令式中 $\frac{1-k}{2R} = C$,C 一般称为球气差系数,再考虑 $\frac{1-k}{2(R_A + H_m)} \approx C(1 - \frac{H_m}{R})$

则式(4.24)式可写成

$$h_{AB} = d \sin \alpha_{AB} + i_A - v_B + (1 - \frac{H_m}{R}) C d^2 \cos^2 \alpha_{AB} \tag{4.25}$$

上式在 $d \le 2$ km,$H_m \le 1\,000$ m 时,又可进一步简化为

$$h_{AB} = d \sin \alpha_{AB} + i_A - v_B + C d^2 \cos^2 \alpha_{AB} \tag{4.26}$$

在满足上述条件时,用此式计算三角高差,其球气差项引起的误差小于 0.5 mm,因此短边进行三角高程测量时,一般用式(4.26)进行计算。

2)距离的归算

在图 4.35 中，H_A、H_B 分别为 A、B 两点的高程(此处已忽略了参考椭球面与大地水准面之间的差距，其平均高程为 $H_m = \frac{1}{2}(H_A + H_B)$，$m$ 为平均高程水准面。由于实测距离 s_0 一般不大(工程测量中一般在 10 km 以内)，所以可以将 s_0 视为在平均高程水准面上的距离。

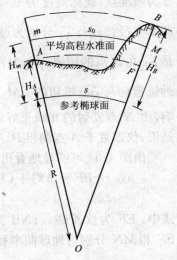

图 4.35　距离归算

由图 4.35 可知，有下列关系

$$\frac{s_0}{s} = \frac{R + H_m}{R} = 1 + \frac{H_m}{R}$$

$$s_0 = s(1 + \frac{H_m}{R}) \tag{4.27}$$

这就是表达实测水平距离 s_0 与参考椭球面上的距离 s 之间的关系式。

参考椭球面上的距离 s 和投影在高斯投影平面上的距离 s' 之间有下列关系

$$s = s'(1 - \frac{y_m^2}{2R^2}) \tag{4.28}$$

式中，y_m 为 A、B 两点在高斯投影平面上投影点的横坐标的平均值。

将式(4.28)代入式(4.27)中，并略去微小项后得

$$s_0 = s'(1 + \frac{H_m}{R} - \frac{y_m^2}{2R^2}) \tag{4.29}$$

3)用椭球面上的边长计算单向观测高差的公式

$$h_{AB} = s\tan\alpha_{AB}(1 + \frac{H_m}{R}) + Cs^2 + i_A - v_B \tag{4.30}$$

式中，Cs^2 项的数值很小，故未顾及 s_0 与 s 之间的差异。

4)用高斯平面上的边长计算单向观测高差的公式

$$h_{AB} = s'\tan\alpha_{AB} + i_A - v_B + Cs'^2 + s'\tan\alpha_{AB}(\frac{H_m}{R} - \frac{y_m^2}{2R^2}) \tag{4.31}$$

5)用地面上的水平距离计算单向观测高差的公式

$$h_{AB} = s_0\tan\alpha_{AB} + i_A - v_B + Cs_0^2 \tag{4.32}$$

6)用地面上的倾斜距离计算单向观测高差的公式[即式(4.24)]

$$h_{AB} = d\sin\alpha_{AB} + i_A - v_B + \frac{1-k}{2(R_A + H_m)}d^2\cos^2\alpha_{AB}$$

式(4.27)、式(4.28)式中的 H_m 与 R 相比较是一个微小的数值，只有在高山地区当 H_m 甚大而高差也较大时，才有必要顾及 $\frac{H_m}{R}$ 这一项。例如当 $H_m = 1\,000$ m，$h' = 100$ m 时，$\frac{H_m}{R}$ 带这一项对高差的影响还不到 0.02 m，一般情况下，这一项可以略去。此外，当 $y_m = 300$ km，$h' = 100$ m 时，$\frac{y_m^2}{2R^2}$ 这一项对高差的影响约为 0.11 m。如果要求高差计算正确到 0.1 m，则只有 $\frac{y_m^2}{2R^2}$ 项小于 0.04 m 时才可略去不计。

7)对向观测三角高程计算公式

一般要求三角高程测量进行对向观测,也就是在测站 A 上向 B 点观测垂直角 α_{AB},而在测站 B 上也向 A 点观测垂直角 α_{BA},按式(4.30)式有下列两个计算高差的式子。

由测站 A 观测 B 点

$$h_{AB}=d_{AB}\sin\alpha_{AB}+i_A-v_B+\frac{1-k_{AB}}{2R}d_{AB}^2\cos^2\alpha_{AB}$$

由测站 B 观测 A 点

$$h_{BA}=d_{BA}\tan\alpha_{BA}+i_B-v_A+\frac{1-k_{BA}}{2R}d_{BA}^2\cos^2\alpha_{BA}$$

式中,i_A、v_A 和 i_B、v_B 分别为 A、B 点的仪器和觇标高度;k_{AB} 和 k_{BA} 为由 A 观测 B 和由 B 观测 A 时的球气差系数。如果观测是在同样情况下进行的,特别是在同一时间作对向观测,则可以近似地假定折光系数 K 值对于对向观测是相同的,因此 $k_{AB}=k_{BA}$。

由以上两个式子可得对向观测计算高差的基本公式

$$h_{AB(\text{对向})}=\frac{1}{2}d_{\text{均}}(\sin\alpha_{AB}-\sin\alpha_{BA})+\frac{1}{2}(i_A+v_A-i_B-v_B)+\frac{k_{AB}-k_{AB}}{4R}s_{0\text{平均}}^2 \quad (4.33)$$

若观测过程中,由 A 观测 B 和由 B 观测 A 时的大气垂直折射情况完全相同,即 $k_{AB}=k_{BA}$,则上式可写为:

$$h_{AB(\text{对向})}=\frac{1}{2}d_{\text{均}}(\sin\alpha_{AB}-\sin\alpha_{BA})+\frac{1}{2}(i_A+v_A-i_B-v_B) \quad (4.34)$$

3. 算例

【例 4.5】　旗山——双山三角高程测量外业观测数据如图 4.36 所示,计算百平、燕庄、杨庄乡、于庄。各点平差后的高程。

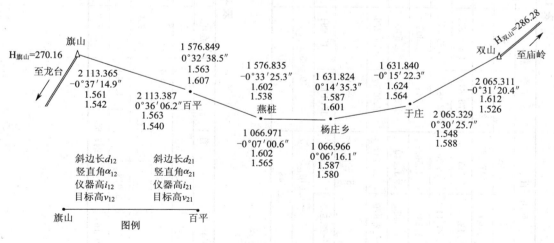

图 4.36　三角高程观测示意图

解:

(1)首先依据三角高程观测示意图将相关数据抄录至表 4.8 中。

(2)计算单向观测高差。用式(4.22)或式(4.23)计算。见表 4.8。

(3)近似平差计算。见表 4.9。

表 4.8 三角高差计算

边备注名	旗山—百平		百平—燕庄		燕庄—杨庄乡		杨庄乡—干庄		干庄—双山		备注
测　向	往	返	往	返	往	返	往	返	往	返	
测站近似高程	270.16	247.281	247.612	262.54	262.709	260.57	260.664	267.575	267.738	286.28	
斜距 d	2 113.365	2 113.387	1 576.849	1 576.835	1 066.971	1 066.966	1 631.824	1 631.840	2 065.329	2 065.311	取
竖直角 α	$-0°37'14.9''$	$0°36'06.2''$	$0°32'38.5''$	$-0°33'25.3''$	$-0°07'00.6''$	$0°06'16.1''$	$0°14'35.3''$	$-0°15'22.3''$	$0°30'25.7''$	$-0°31'20.4''$	$k=0.12$
仪器高 i	1.561	1.563	1.563	1.602	1.602	1.587	1.587	1.624	1.548	1.612	$c=\dfrac{1-k}{2R}$
目标高 v	1.542	1.540	1.607	1.538	1.565	1.580	1.601	1.564	1.588	1.526	$=6.906\,9\times10^{-8}$
$h'=d\sin\alpha+i-v$	-22.879	22.217	14.928	-15.266	-2.139	1.952	6.911	-7.237	18.240	-18.742	$V_i=-d_i\dfrac{W}{\Sigma d}$
$V=(1-\dfrac{H_m}{R})Cd^2\cos^2\alpha$	0.308		0.172		0.079		0.184		0.295		
$h=h'+V$	-22.571	22.525	15.100	-15.094	-2.060	2.031	7.095	-7.053	18.535	-18.447	
往返平均值	-0.046		0.006		-0.029		0.042		0.088		
高差中数	-22.548		15.097		-2.045		7.074		18.491		

表 4.9 高程近似平差

点名	旗山	百平	燕庄	杨庄乡	干庄	双山	辅助计算
已知高程	270.16					286.28	$W=-0.051\text{m}$
观测高差		-22.548	15.097	-2.045	7.074	18.491	$W_限=0.05\sqrt{[d_{km}]}$
推算高程		247.612	262.709	260.664	267.738	286.229	$=0.05\sqrt{15.15}=0.19\text{ m}$
闭合差分配		0.013	0.010	0.006	0.010	0.012	$\Sigma d=8\,454\text{ m}$
平差高程	270.16	247.625	262.732	260.693	267.777	286.28	$V_i=-d_i\dfrac{W}{\Sigma d}$

4. 三角高程测量主要误差及预防措施

(1)边长误差

边长误差决定于距离丈量方法。用普通视距法测定距离,精度只有 1/300;用电磁波测距仪测距,精度很高,边长误差一般为几万分之一到几十万分之一。边长误差对三角高程的影响与垂直角大小有关,垂直角愈大,其影响也愈大。

(2)垂直角误差

垂直角观测误差包括仪器误差、观测误差和外界环境的影响。对三角高程的影响与边长及推算高程路线总长有关,边长或总长愈长,对高程的影响也愈大。因此,在观测时应注意打开竖盘自动补偿器开关并准确瞄准目标,同时垂直角的观测应选择大气折光影响较小的阴天观测较好。

(3)大气折光系数误差

大气垂直折光误差主要表现为折光系数 K 值的测定误差,因此,应准确测定折光系数。

(4)丈量仪高和觇标高的误差

仪高和觇标高的量测误差有多大,对高差的影响也会有多大。因此,应仔细量测仪高和觇标高。

(5)缩短观测视线

提高三角高程测量精度的另一措施是缩短视线。当视线长较短时,各项误差均较小。

实践教学 5   三角高程测量实习

目的:掌握三角高程测量的外业观测和内业数据处理。

内容:三角高程测量

要求:一组为单位进行实习。采用对向观测。

考核:从观测成果精度、实习态度、相互协作、操作是否规范等方面进行综合考核,并给出成绩。

🔑 知识拓展

GPS 高程测量简介

1. 电磁波测距三角高程测量的计算公式

由于电磁波测距仪的发展异常迅速,不但其测距精度高,而且使用十分方便,可以同时测定边长和垂直角,提高了作业效率,因此,利用电磁波测距仪作三角高程测量已相当普遍。根据实测试验表明,当垂直角观测精度 $m_a \leqslant \pm 2.0''$,边长在 2 km 范围内,电磁波测距三角高程测量完全可以替代四等水准测量,如果缩短边长或提高垂直角的测定精度,还可以进一步提高测定高差的精度。如 $m_a \leqslant \pm 1.5''$,边长在 3.5 km 范围内可达到四等水准测量的精度;边长在 1.2 km 范围内可达到三等水准测量的精度。

电磁波测距三角高程测量可按斜距由下列公式计算高差

$$h = D\sin\alpha + (1-K) \frac{D^2}{2R}\cos^2\alpha + i - Z \tag{4.35}$$

式中,h 为测站与镜站之间的高差;α 为垂直角;D 为经气象改正后的斜距;K 为大气折光系数;i 为经纬仪水平轴到地面点的高度;Z 为反光镜瞄准中心到地面点的高度。

2. GPS 高程测量

（1）概述

GPS 高程测量（height measurement using global positioning system）是利用全球定位系统（GPS）测量技术直接测定地面点的大地高，或间接确定地面点的正常高的方法。在用 GPS 测量技术间接确定地面点的正常高时，当直接测得测区内所有 GPS 点的大地高后，再在测区内选择数量和位置均能满足高程拟合需要的若干 GPS 点，用水准测量方法测取其正常高，并计算所有 GPS 点的大地高与正常高之差（高程异常），以此为基础利用平面或曲面拟合的方法进行高程拟合，即可获得测区内其他 GPS 点的正常高。GPS 高程测量的相对精度一般可达 $2 \times 10^{-6} \sim 3 \times 10^{-6}$，在绝对精度方面，实验表明，精度已达到厘米级。对于 10 km 以下的基线边长，如果在观测和计算时采用一些消除误差的措施，其精度优于 1 cm。所以 GPS 高程测量应用越来越广泛。

传统上，高程控制测量的主要方法是几何水准测量和三角高程测量。几何水准测量以其高精度而被广泛地应用于控制测量与施工测量中，当高精度的测距仪发明并应用于测绘行业后，三角高程测量也成为高程测量的主要手段之一。在山区的控制测量中，经常使用三角高程测量。虽然三角高程在一定程度上减少了劳动强度，但它受天气影响较大，同时还受到竖角测量和量取仪器高和觇标高的影响且受通视条件的制约。

从 20 世纪 90 年代开始，由于 GPS 定位技术以其精度高、速度快、费时少，操作简便，被广泛地应用于控制测量和施工测量中，国内外已经利用 GPS 定位技术建立了各类控制网，大量的实践数据表明，GPS 测量的平面坐标精度是可靠的，能达到工程测量的要求，而高程测量方面由于受坐标系统不一致、观测误差等的影响，其精度一直被认为不太可靠，仪器的标称精度也较平面定位精度低，这在很大程度上限制了 GPS 技术的应用。

（2）GPS 高程测量方法

1）等值线图法

从高程异常图或大地水准面差距图分别查出各点的高程异常或大地水准面差距，然后分别采用下面两式可计算出正常高和正高。

在采用等值线图法确定点的正常高和正高时要注意以下几个问题：

①注意等值线图所适用的坐标系统，在求解正常高或正高时，要采用相应坐标系统的大地高数据。

②采用等值线图法确定正常高或正高，其结果的精度在很大程度上取决于等值线图的精度。

2）大地水准面模型法

地球模型法本质上是一种数字化的等值线图，目前国际上较常采用的地球模型有 OSU91A 等。不过可惜的是这些模型均不适合于我国。

3）拟合法

①基本原理

所谓高程拟合法就是利用在范围不大的区域中，高程异常具有一定的几何相关性这一原理。

②注意事项

a. 适用范围

上面介绍的高程拟合的方法，是一种纯几何的方法，因此，一般仅适用于高程异常变化较为平缓的地区（如平原地区），其拟合的准确度可达到一个分米以内。对于高程异常变化剧烈的地区(如山区),这种方法的准确度有限,这主要是因为在这些地区,高程异常的已知点很难将高程异常的特征表示出来。

b. 选择合适的高程异常已知点

所谓高程异常的已知点的高程异常值一般是通过水准测量测定正常高、通过 GPS 测量测定大地高后获得的。在实际工作中,一般采用在水准点上布设 GPS 点或对 GPS 点进行水准联测的方法来实现,为了获得好的拟合结果要求采用数量尽量多的已知点,且应均匀分布。

c. 高程异常已知点的数量

若要用零次多项式进行高程拟合时,要确定 1 个参数,因此,需要 1 个以上的已知点;若要采用一次多项式进行高程拟合,要确定 3 个参数,需要 3 个以上的已知点;若要采用二次多项式进行高程拟合,要确定 6 个参数,则需要 6 个以上的已知点。

d. 分区拟合法

若拟合区域较大,可采用分区拟合的方法,即将整个 GPS 网划分为若干区域,利用位于各个区域中的已知点分别拟合出该区域中的各点的高程异常值,从而确定出它们的正常高。下图是一个分区拟合的示意图,拟合分两个区域进行,以虚线为界,位于虚线上的已知点两个区域都采用。

相关规范、规程与标准

依据 GB 50026—2007《工程测量规范》,有如下技术要求。

表 4.10　电磁波测距三角高程测量的主要技术要求

等级	每千米高差全中误差(mm)	边长(km)	观测方式	对向观测高程较差(mm)	附合或环线闭合差(mm)
四等	10	≤1	对向观测	$40\sqrt{D}$	$20\sqrt{\sum D}$
五等	15	≤1	对向观测	$60\sqrt{D}$	$30\sqrt{\sum D}$

注:1. D 为测距边的长度(km)。

2. 起讫点的精度等级,四等应起讫于不低于三等水准的高程点上;五等应起讫于不低于三等水准的高程点上。

3. 路线长度不应超过相应等级水准路线的长度限值。

表 4.11　电磁波测距三角高程观测的主要技术要求

等级	垂直角观测				边长测量	
	仪器精度等级	测回数	指标差较差(″)	测回较差(″)	仪器精度等级	观测次数
四等	2″级仪器	3	≤7″	≤7″	10 mm 级仪器	往返各一次
五等	2″级仪器	2	≤10″	≤10″	10 mm 级仪器	往一次

注:当采用 2″级光学经纬仪观测竖直角时,应根据仪器的竖直角检测精度,适当增加测回数。

 项目小结

一、普通水准测量

1. 理解高程测量的概念、方法,理解水准点的意义。

2. 理解水准测量原理,并会应用原理测量点的高程。

3. 了解水准仪、水准尺的构造和使用方法。

4. 掌握水准测量的外业观测、数据记录、计算方法及成果检核方法,会分析成果精度。

5. 了解水准测量误差产生的原因,并会消除或减弱误差的影响。

6. 能对水准仪进行检验。

7. 要求同学们能独立完成普通水准测量任务。

二、三、四等水准测量

1. 区别三等和四等水准测量与普通水准测量,铭记三等和四等水准测量的作业要求。

2. 掌握四等水准测量的外业观测、数据记录、计算、检核方法;成果计算方法,会分析成果精度。

3. 了解三等和四等水准测量的误差来源,会消除或减弱误差。

4. 能独立完成三等和四等水准测量工作任务。

三、三角高程测量

1. 理解三角高程测量的概念及意义。

2. 三角高程测量外业观测(对向观测)

3. 三角高程测量内业计算方法。

4. 三角高程测量成果计算与精度分析。

5. 三角高程测量误差分析及减弱措施。

 ## 复习思考题

1. 绘图说明水准测量的基本原理。

2. 水准仪的望远镜主要由哪几部分组成;各部分有什么功能?

3. 简述用望远镜瞄准水准尺的步骤?

4. 何谓视差? 视差产生的原因是什么? 如何消除视差?

5. 何谓水准管分划值? 其与水准管的灵敏度有何关系?

6. 圆水准器和水准管各有何作用?

7. 水准仪有哪些轴线? 它们之间应满足哪些条件? 哪个是主要条件?

8. 结合水准测量的主要误差来源,说明在观测过程中要注意哪些事项?

9. 后视点的高程为 55.318 m,读得其水准尺的读数为 2.212 m,在前视点 B 尺上读数为 2.522 m,问高差 h_{AB} 是多少? B 点比 A 点高,还是比 A 点低? B 点高程是多少? 试绘图说明。

10. 为了测得图根控制点 A、B 的高程,由四等水准点 BM_1(高程为 29.826 m)以附合水准路线测量至另一个四等水准点 BM_5(高程为 30.586 m),观测数据及部分成果如图 4.37 所示,试列表进行计算,并计算下列问题:

1)将第一段观测数据填入记录手薄,求出该段高差 h_1;

2)根据观测成果算出 A、B 点的高程。

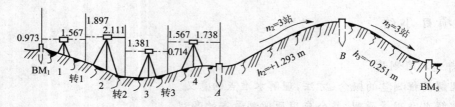

图 4.37　第 10 题图

11. 已知 A、B 两水准点的高程分别为：$H_A = 44.286$ m，$H_B = 44.175$ m。水准仪安置在 A 点附近，测得 A 尺上读数 $a = 1.966$ m，B 尺上凑数 $b = 1.845$ m。问这架仪器的水准管轴是否平行于视准轴？若不平行，当水准管的气泡居中时，视准轴是向上倾斜，还是向下倾斜，如何校正？

12. 图 4.38 为一闭合水准路线等外水准测量示意图，水准点 BM_2 的高程为 45.515 m，1、2、3、4 点为待定高程点，各测段高差及测站数均标注在图中，试计算各待定点的高程。

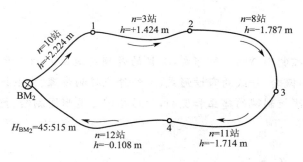

图 4.38　第 12 题图

13. 在什么情况下采用三角高程测量？

14. 试完成下列三角高程内业计算。

表 4.12　第 14 题表

边　　名	W65—蝎子山		备　　注
测向	往	返	
测站近似高程	392	470	
斜距 d	2 480.020	2 480.026	
竖直角	$1°48'53''$	$-1°50'10''$	
仪器高 i	1.461	1.605	$C = \dfrac{1-k}{2R} = 6.906\ 8 \times 10^{-8}$
觇标高 a	1.625	1.467	取　$k = 0.12$
$h' = d\sin\alpha + i - a$			$r = 6\ 370.520$
$V = Cd^2\cos^2\alpha\left(1 - \dfrac{H_m}{R}\right)$			H_m 为平均高程
$h = h' + V$			
往返不符值 $h_{往} + h_{返}$			
高差中数 $(h_{往} - h_{返})/2$			

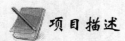

项目 5　导线测量

项目描述

　　导线测量是平面控制测量的一种形式,其目的是确定地面点的平面位置。通过本项目的学习,理解导线测量的概念、导线的布设形式、导线外业观测步骤、内业计算方法及观测成果精度分析等。能进行导线控制网的建立和观测,为后续学习地形图测绘、控制测量和工程测量奠定基础。

拟实现的教学目标

1. 能力目标
● 能根据工程实际及选点要求,布设导线控制网;
● 能进行导线外业观测工作;
● 能进行导线测量成果精度分析及数据处理。

2. 知识目标
● 了解导线测量的概念及目的;
● 掌握导线网的布设形式及选点原则;
● 导线测量的外业观测和内业计算;
● 掌握导线测量的精度分析方法。

3. 素质目标
● 养成严谨求实的工作作风和吃苦耐劳的精神;
● 养成团队协作意识,具备一定的组织协调能力;
● 养成精益求精的工作态度,培养质量意识;
● 培养独立思考问题和解决问题的能力;
● 培养学生独立学习能力、信息获取和处理能力;
● 养成爱护仪器设备的职业操守。

相关案例——某校园导线控制测量

1. 工作任务
测绘某校园地形图,测图比例尺为 1:500。

2. 测区概况
(1)校园面积
$260 \times 200 = 52\ 000$ m²。

（2）已有控制点情况

已知 $A(x_A = 121\ 289.325$ m，$y_A = 135\ 870.591$ m）、$B(x_B = 121\ 303.502$ m，$y_B = 135\ 821.549$ m）。

（3）平面控制网布设形式

见案例图 5.1。

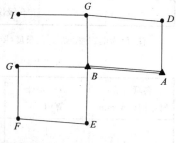

3. 任务

（1）踏勘、选点、标记，导线平均边长 55 m，支导线平均边长 50 m；

（2）角度测量：观测导线的所有转折角，技术要求见项目二中的案例表 5.1、5.2 及案例表 5.1。

（3）距离测量：测量所有导线边的边长（既可钢尺量距，也可光电测距），技术要求见案例表 5.3、5.4。

案例图 5.1　测区平面控制网图

（4）导线测量内业计算：根据已知条件及观测数据，计算导线点的坐标值，内业成果计算的取位要求见案例表 5.5。

测量等级：图根导线。

4. 测量规范

依据 GB 50026—2007《工程测量规范》，有如下要求。

案例表 5.1　图根导线测量的主要技术要求

导线长度(m)	相对闭合差	测角中误差(″)		角度闭合差(″)	
		一般	首级控制	一般	首级控制
≤a×M	≤1/2 000×a	30	20	$60\sqrt{n}$	$40\sqrt{n}$

注：(1)a 为比例系数，取值宜为 1，当采用 1∶500、1∶1 000 比例尺测图时，其值可放宽至 1～2 倍。

（2）M 为测图比例尺分母，但对于工矿区现状图测绘，不论测图比例尺大小，M 值均取 500。

（3）n 为总测站数。

案例表 5.2　图根支导线平均边长及边数

测图比例尺	平均边长(m)	导线边数
1∶500	100	3
1∶1 000	150	3
1∶2 000	250	4
1∶5 000	350	4

案例表 5.3　普通钢尺量距主要技术要求

等级	边长量距较差相对误差	作业尺段	量距总次数	定线最大偏差(mm)	尺段高差较差(mm)	读数次数	估读值至(mm)	温度读数值至(℃)	同尺各次或同段各尺较差(mm)
二级	1/20 000	1～2	2	50	≤10	3	0.5	0.5	≤2
三级	1/10 000	1～2	2	70	≤10	2	0.5	0.5	≤3
图根	1/2 000a	—	往返各一次	—	—	2	1	1	≤5

案例表 5.4　图根电磁波测距三角高程的主要技术要求

每千米高差全中误差(mm)	附合路线长度(km)	仪器精度等级	中丝法测回数	指标差较差(")	竖直角较差(")	对向观测高差较差(mm)	附合或环线闭合差(mm)
20	≤5	6"级仪器	2	25	25	$80\sqrt{D}$	$40\sqrt{\sum D}$

注:D 为电磁波测距边的长度(km)。

案例表 5.5　内业成果计算和取位要求

各项计算修正值("或 mm)	方位角计算值(")	边长及坐标计算值(m)	高程计算值(m)	坐标成果(m)	高程成果(m)
1	1	0.001	0.001	0.01	0.01

典型工作任务 1　导线测量

5.1.1　工作任务

通过导线测量知识的学习,主要达到以下目标:

(1)能根据工程实际情况,选择和建立合适的导线控制网;

(2)能进行导线的外业观测和内业计算工作。

说明:导线控制网是平面控制网的基本形式之一。它区别于三角网和 GPS 控制网,由于导线在布设上具有较强的机动性和灵活性,因此,导线测量是建立小地区平面控制网常用的方法之一。随着电磁波测距的广泛应用,导线测量已成为小区域测图和工程测量的主要控制形式。

5.1.2　相关配套知识

1. 相关概念

导线:相邻控制点用直线连接,总体所构成的折线形式,称为导线。

导线点:构成导线的控制点统称为导线点。

导线测量:对建立的导线而言,依次测定各导线边的边长和各转折角,根据起算数据(高级控制点的平面坐标),推算各边的坐标方位角,从而求出各导线点的坐标值。

依据测量导线边长和测量转折角的仪器、方法不同,可将导线分为两大类:一是经纬仪导线,即用经纬仪测量转折角,用钢尺丈量导线边长的导线;二是光电测距导线,即用光电测距仪(或全站仪)测定导线边长和转折角的导线。

2. 导线的布设形式

根据测区内的高级控制点分布情况和测区自身平面形状等情况,导线可布设成如下几种形式。

(1)附合导线

导线从某一已知点 B 出发,经 1、2、3 点(新布设的未知的控制点)后,最终附合到另一已知点 C 上。将这种布设在两已知点间的导线形式,称为附合导线,如图 5.1 示。由于 B、C 两高级控制点的坐标已知,故该布设形式对观测成果有严密的检核作用。

（2）闭合导线

导线从一已知控制点 B 出发，经 1、2、3 等点后，最终仍回到该已知点 B，构成了一闭合多边形。把这种起迄于同一已知点的导线形式，称为闭合导线，如图 5.2 所示。该导线形成的闭合多边形，在客观上对于观测成果亦具有严密的检核作用。

（3）支导线

从一已知控制点出发，既不附合到另一个控制点，也不回到原来的起始点，这种导线形式称为支导线，如图 5.3 所示。支导线没有检核条件，不易发现测量工作中的错误，一般不宜独立使用，只用于导线网的加密，但最多不超过 2 个加密点。

（4）结点导线网

近几年，随着城市建设、高速公路、高速铁路建设的快速发展，大桥、特大桥、匝道互通区的施工项目越来越多，为了提高特大桥、匝道互通区平面控制网的布网速度及精度、减小误差，通常用结点导线网代替三角网，如图 5.4 所示。

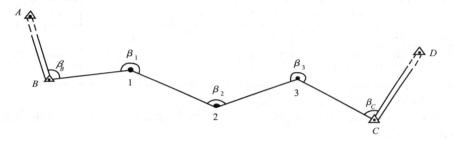

图 5.1　附合导线

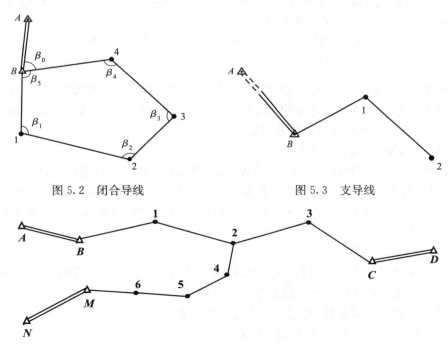

图 5.2　闭合导线　　　　　　　　图 5.3　支导线

图 5.4　结点导线

3. 导线测量的等级与技术要求

采用导线测量的方法建立小地区平面控制网时，可分为三等、四等、一级、二级、三级和图根导线几种形式,其主要技术要求见表 5.1,供实际工作时参考。此外,表 5.1 也适合闭合导线测量的相关技术要求。工作中应依据测量的性质、用途来选择相应的测量规范。

表 5.1　导线测量的等级与技术要求

等级	导线长度 (km)	平均边长 (km)	测角中误差(″)	测距中误差(mm)	测距相对中误差	测回数			方位角闭合差(″)	导线全长相对闭合差
						1″级仪器	2″级仪器	6″级仪器		
三等	14	3	1.8	20	1/150 000	6	10	—	$3.6\sqrt{n}$	≤1/55 000
四等	9	1.5	2.5	18	1/80 000	4	6	—	$5\sqrt{n}$	≤1/35 000
一级	4	0.5	5	15	1/30 000	—	2	4	$10\sqrt{n}$	≤1/15 000
二级	2.4	0.25	8	15	1/14 000	—	1	3	$16\sqrt{n}$	≤1/10 000
三级	1.2	0.1	12	15	1/7 000	—	1	2	$24\sqrt{n}$	≤1/5 000
图根	500	75	20	—	1/3 000	—	—	1	$\pm60\sqrt{n}$	1/2 000
	1 000	110								
	2 000	180								

注:(1)表中 n 为测站数。
　(2)当测区测图的最大比例尺为 1 : 1 000 时,一、二、三级导线的平均边长及总长可适当放长,但最大长度不应大于表中规定长度的 2 倍。
　(3)测角的 1″、2″、6″级仪器分别包括全站仪、电子经纬仪和光学经纬仪,在本规范的后续引用中均采用此形式。
　(4)当导线平均边长较短时,应控制导线边数,但不得超过表中相应等级导线长度和平均边长算得的边数;当导线长度小于表中规定长度的 1/3 时,导线全长的绝对闭合差不应大于 13 cm。
　(5)导线网中,结点与结点、结点与高级点之间的导线长度不应大于表中相应等级规定长度的 0.7 倍。

4. 导线测量外业工作

外业作业前,应首先在地形图上做出导线的整体布置设计,然后到野外踏勘。设计方案经踏勘证实符合实地情况或做了必要的修改后,即可实地选定各导线点的位置,并桩定之或埋设标石,随后便根据这些标点进行测角和量边工作。

(1)导线网的设计、选点和埋石

不同的测量目的,对导线的形式、平均边长、导线总长以及导线点的位置都有一定的要求,所以,根据测区现有地形图进行整体设计、到现场实地踏勘并做出必要修改等十分必要。当测区没有现成的地形图或者测区范围不大时,可以到实地边勘察、边选择导线测量的路线,并确定导线点的位置。

1)导线网的布设要求

①导线网用做测区的首级控制时,应布设成环形网或多边形网,宜连测 2 个已知方向。

②加密网可采用单一附合导线或多结点导线网形式。

③导线宜布设成直伸形状,相邻边长不宜相差过大。

④网内不同线路上的点也不宜相距过近。

2)控制点点位的选定要求

①点位应选在质地坚硬、稳固可靠、便于保存的地方,视野应相对开阔,便于加密、扩展和寻找。

②相邻点之间应通视良好,其视线距障碍物的距离为三、四等不宜小于 1.5 m,四等以下宜保证便于观测、不受旁折光的影响为原则。

③当采用电磁波测距时,相邻点之间视线应避开烟囱、散热塔、散热池等发热体及强电磁场。

④相邻两点之间的视线倾角不宜太大。

⑤充分利用旧有控制点。

3)导线点埋石规格及埋设要求

①二、三、四等平面控制标志可采用瓷质或金属等材料制作,其规格如图 5.5 和图 5.6 所示。

②一、二级小三角点,一级及以下导线点、埋石图根点等平面控制点标志可采用 $\phi14\sim20$ mm、长度为 $30\sim40$ cm 的普通钢筋制作,钢筋顶端应锯“+”字标记,距底端约 5 cm 处应弯成勾状。

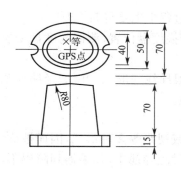

图 5.5　磁质标志(单位:mm)

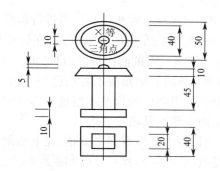

图 5.6　金属质标志(单位:mm)

③二、三等平面控制点标石规格及埋设结构如图 5.7 所示,柱石与盘石间应放 $1\sim2$ cm 厚粗砂,两层标石中心的最大偏差不应超过 3 mm。

④四等平面控制点可不埋盘石,柱石高度应适当加大。

⑤一、二级平面控制点标石规格及埋设结构如图 5.8 所示。

⑥三级导线点、埋石图根点的标石规格及埋设可参照图 5.5、5.6 略缩小或自行设计。

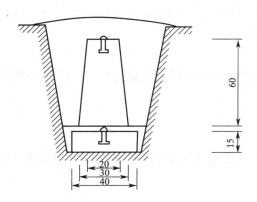

图 5.7　三、四等平面控制点标埋设图(单位:cm)

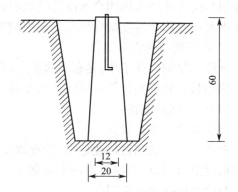

图 5.8　一、二级平面控制点标埋设图(单位:cm)

⑦临时标记可用木桩,如图 5.9 所示。

(2)测角及其精度要求

导线中两相邻导线边构成的转折角,可用经纬仪或全站仪观测。为便于计算,所观测的角度一般是导线前进方向的左角(或右角)。对于闭合导线而言,统一观测内角,这样所观测的角度,既可能是左角,又可能是右角。

测角的方法应根据具体情况而定,在导线点只观测一个单角时,用测回法观测;在一个导线点要观测 3 个或 3 个以上方向时,应采用方向观测法。当导线与高级控制点连接时,必须观测连接角及连接边的边长,如图 5.10 中的 β_B、BP_2,以便最终将导线坐标纳入到国家统一的坐标系统中。

观测时,经纬仪或全站仪(全站仪观测时,可采用三联脚架法)依次安置于各导线点上,在前、后两导线点上竖立标杆以备照准。当边长较短时,对中应特别仔细,前、后两导线点所竖立的标杆应换为测钎。

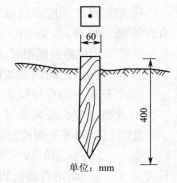

图 5.9　木桩标记(单位:mm)

水平角观测前,应对所用的仪器进行检验,在观测过程中也要定期检查。

测角时,为消除度盘的分划误差,在每测回间要变换度盘位置,测回间度盘变换 $180°/n$,式中,n 为该测站所需的测回数(项目二中已介绍)。

不同等级导线的测角技术要求已列入表 5.1。图根导线一般用 DJ$_6$ 型经纬仪测一测回。若盘左、盘右测得角值的较差不超过 $30''$,则取其平均值。

(3)量距工作及其精度要求

导线边长量取工作有钢尺量距、光电测距、横基尺或视距等多种形式,因而被称为钢尺量距导线、光电测距导线、视差导线和视距导线。在钢尺量距导线中,如果遇到障碍不能直接丈量时,可以布置三角形间接求得边长。

钢尺量距时,应采用检定过的 30 m 或 50 m 钢尺。图根导线边长应往、返丈量各一次,或同方向独立丈量两次,取其平均值。各等级结果应满足表 5.1 的技术要求及其相关规定。

采用全站仪测距时,量距精度见项目三中的案例表 3.1。另外,测距时注意当地的测距常数,即大气压、温度等参数的设置。

(4)导线点高程测量及其精度要求

导线点高程测量是用水准测量或三角高程测量方法测量各导线点的地面高程(项目四中已介绍),闭合导线采用闭合水准路线观测,支导线采用往、返水准路线观测,结点导线网采用结点水准网观测。精度指标见项目四中的案例表 4.1。

5. 导线测量的内业工作

导线测量的内业工作,是根据起始点(高级控制点)的坐标和起始方位角以及外业所测得的导线边长和转折角计算各导线点的坐标。

(1)计算前的准备

1)全面检查外业资料

全面检查导线测量外业记录,检查数据是否齐全,有无记错、算错,成果是否符合该导线等级的精度要求,起算数据是否翔实可靠等。

2)绘制外业观测草图

根据已知条件和观测数据,绘制外业观测草图。

3)誊抄外业资料

先将转折角、边长、起始边方位角及起始点坐标等整理于计算表中。

4)坐标反算

根据两点的坐标求算两点构成直线的距离及坐标方位角称为坐标反算。当导线与高级控制点连接时，一般应利用高级控制点的坐标反算出高级控制点构成直线的距离及坐标方位角，作为导线计算的起算数据与检核的依据。此外，在施工放样测量工作中，也要利用坐标反算计算放样数据。其计算公式推导如下：

我们知道：

$$\Delta X_{AB} = D_{AB} \cos\alpha_{AB}$$

$$\Delta Y_{AB} = D_{AB} \sin\alpha_{AB}$$

两式相比得

$$\tan\alpha_{AB} = \frac{\Delta Y_{AB}}{\Delta X_{AB}}$$

所以

$$\alpha_{AB} = \arctan\frac{y_B - y_A}{x_B - x_A} \tag{5.1}$$

用计算器按式(5.1)计算时，其值有正有负，此时应根据 ΔX_{AB}、ΔY_{AB} 的正负号先确定 AB 直线所在的象限，之后按表 5.2 计算方位角。

A、B 两点之间的距离可用式(5.2)进行计算：

$$D_{AB} = \sqrt{(x_B - x_A)^2 + (y_B - y_A)^2} \tag{5.2}$$

表 5.2　坐标反算换算表

AB 直线所在象限		方位角
第一象限	（ΔX、ΔY 同正）	$\alpha_{AB} = \arctan\dfrac{y_B - y_A}{x_B - x_A}$
第二象限	（ΔX 为负、ΔY 为正）	$\alpha_{AB} = 180° + \arctan\dfrac{y_B - y_A}{x_B - x_A}$
第三象限	（ΔX、ΔY 同负）	$\alpha_{AB} = 180° + \arctan\dfrac{y_B - y_A}{x_B - x_A}$
第四象限	（ΔX 为正、ΔY 为负）	$\alpha_{AB} = 360° + \arctan\dfrac{y_B - y_A}{x_B - x_A}$

下面以附合导线为例介绍导线内业计算方法。

(2)附合导线内业计算

1)计算角度闭合差并调整

如图 5.10 所示，对于该附合导线，终边 CD 有一已知方位角 α_{CD}。经过测量后，从起始边 AB 的方位角 α_{AB} 又推算出 CD 的方位角 α'_{CD}，则角度闭合差为：

$$f_\beta = \alpha'_{CD} - \alpha_{CD} \tag{5.3}$$

下面推导 α'_{CD} 的计算公式：

$$因为\ \alpha_{B2} = \alpha_{AB} + 180° - \beta_B$$

$$\alpha_{23} = \alpha_{B2} + 180° - \beta_2$$

$$\alpha_{34} = \alpha_{23} + 180° - \beta_3$$

$$\alpha_{45} = \alpha_{34} + 180° - \beta_4$$

$$\alpha_{5C} = \alpha_{45} + 180° - \beta_5$$

$$\alpha_{5C} = \alpha_{45} + 180° - \beta_5$$

$$+)\ \alpha'_{CD} = \alpha_{5C} + 180° - \beta_C$$

$$所以\ \alpha'_{CD} = \alpha_{AB} + 6 \times 180° - \sum\beta_测$$

结合式(5.3)得：

$$f_\beta = \alpha_{AB} - \alpha_{CD} + 6 \times 180° - \sum \beta_{测}$$

由此我们可以给出附合导线角度闭合差的一般计算公式：

$$f_\beta = \alpha_起 - \alpha_终 \mp n \times 180° \pm \sum \beta_{测} \qquad (5.4)$$

式中，n 为测站数或附合导线点的个数（包括起、终两点）。当 $\beta_{测}$ 为右角时用"－"；当 $\beta_{测}$ 为左角时用"＋"。

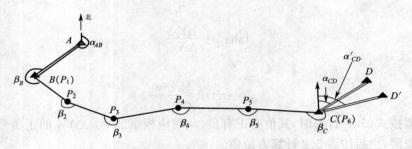

图 5.10　附合导线坐标方位角推算及角度闭合差计算

各级导线的角度闭合差的容许值 $f_容$ 见表 5.1，图根导线 $f_容 = \pm 60'' \sqrt{n}$。若 $|f_\beta| \leqslant |f_容|$，则说明测角符合要求；否则应重观测转折角。

若角度观测合格，则将角度闭合差 f_β 进行调整，调整原则如下：

①若 β 为右角，则将 f_β 同号平均分配，即 $v_\beta = \dfrac{f_\beta}{n}$，余数分配给短边的邻角（因构成角的边长越短，量角的误差可能越大），且 $\sum v_\beta = f_\beta$；

②若 β 为左角，则将 f_β 反号平均分配，即 $v_\beta = -\dfrac{f_\beta}{n}$，余数分给短边的邻角，且 $\sum v_\beta = -f_\beta$。

改正后各角值为：$\beta'_i = \beta_i + v_\beta$。

2)推算各边的坐标方位角

注：推算各边坐标方位角时，必须采用改正后的转折角，推算公式如下：

$$\alpha_{i,i+1} = \alpha_{i-1,i} \pm 180° \pm \beta'_i \qquad (5.5)$$

注：计算出各边方位角后，若超过 360°，则在结果中减去 360°作为该边的方位角；若出现负值，则应加上 360°后作为该边的方位角。

3)计算坐标增量

如图 5.11 所示，以 $P_2 P_3$ 边为例。因为 $P_2 P_3$ 边在第二象限，故

$$\Delta X_{23} = -D_{23} \cos R_{23} = -D_{23} \cos(180° - \alpha_{23})$$
$$= D_{23} \cos \alpha_{23}$$
$$\Delta Y_{23} = D_{23} \sin R_{23} = D_{23} \sin(180° - \alpha_{23})$$
$$= D_{23} \sin \alpha_{23}$$

由此可知，任意边的坐标增量为：

$$\begin{cases} \Delta X_{i,i+1} = D_{i,i+1} \cos \alpha_{i,i+1} \\ \Delta Y_{i,i+1} = D_{i,i+1} \sin \alpha_{i,i+1} \end{cases} \qquad (5.6)$$

4)计算坐标增量闭合差并调整

对于附合导线而言（图 5.12），B、C 两点之间有一已知坐标增量，即

$$\begin{cases} \Delta X_{BC理} = X_C - X_B \\ \Delta Y_{BC理} = Y_C - Y_B \end{cases} \tag{5.7}$$

经过测量后，又得到 B、C 两点之间的实测坐标增量，即

$$\begin{cases} \Delta X_{BC测} = \sum \Delta X_{测} = \Delta X_{B2} + \Delta X_{23} + \cdots + \Delta X_{5C} \\ \Delta Y_{BC测} = \sum \Delta Y_{测} = \Delta Y_{B2} + \Delta Y_{23} + \cdots + \Delta Y_{5C} \end{cases}$$

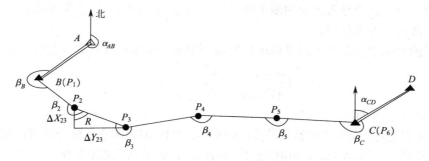

图 5.11　坐标增量计算

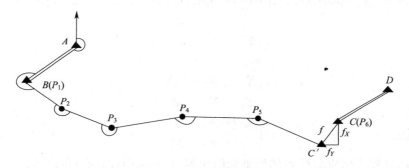

图 5.12　坐标增量闭合差

由于测角和量边中不可避免存在误差，所以实测增量与理论增量往往不相等，从而使 C、C' 不重合，即附合导线不能闭合，产生一个缺口，由图 5.12 可知，附合导线的坐标增量闭合差为：

$$\begin{cases} f_X = \sum \Delta X_{BC测} - \sum \Delta X_{BC理} = \sum \Delta X_{BC测} - (X_C - X_B) \\ f_Y = \sum \Delta Y_{BC测} - \sum \Delta Y_{BC理} = \sum \Delta Y_{BC测} - (Y_C - Y_B) \end{cases} \tag{5.8}$$

从而导线全长闭合差为

$$f = \sqrt{f_X^2 + f_Y^2} \tag{5.9}$$

则导线全长的相对误差为

$$K = \frac{f}{\sum D} \tag{5.10}$$

一般地，当 $K \leqslant 1/2\,000$ 时，观测符合要求；否则应重新量取边长。

当观测符合要求时，应将闭合差 f_X、f_Y 进行调整，调整的原则是将 f_X、f_Y 反号按边长比例分配，即

$$\begin{cases} v_{\Delta X_i} = -\dfrac{D_i}{\sum D} f_X \\ v_{\Delta Y_i} = -\dfrac{D_i}{\sum D} f_Y \end{cases} \tag{5.11}$$

式中　　$v_{\Delta X_i}$、$v_{\Delta Y_i}$ ——导线第 i 边的坐标增量改正数；

$\sum D$——导线全长;

D_i——第 i 边边长。

计算检核:

$$\sum v_{\Delta X_i} = -f_X, \sum v_{\Delta Y_i} = -f_Y \tag{5.12}$$

如果检核中发现不完全相等,可能是计算中保留最后一位数字时,采用"四舍五入"法取位所致。应检查取舍过程是否舍弃的多于进入的,并应做适当的调整,直至检核公式完全成立。

5)计算改正后的坐标增量

改正后的坐标增量等于实测坐标增量加每条边的坐标增量改正数,用通用公式表达为:

$$\begin{cases} \Delta X_{i,i+1改} = \Delta X_{i,i+1测} + v_{\Delta X_i} \\ \Delta Y_{i,i+1改} = \Delta Y_{i,i+1测} + v_{\Delta Y_i} \end{cases} \tag{5.13}$$

6)计算各点的坐标

用改正后的坐标增量依次推算各导线点的坐标。检核条件:起点坐标与沿附合路线推算至终点的坐标完全吻合。仍以图 5.10 为例,经过上面各步后,坐标增量之和与理论上 B、C 的坐标差相等,可以进行各导线点坐标的计算。计算时,从起点 B 开始逐点向前推进。具体计算如下:

$$\begin{cases} X_2 = X_B + \Delta X_{B2改} \\ Y_2 = Y_B + \Delta Y_{B2改} \end{cases}$$

$$\cdots\cdots$$

$$\begin{cases} X_5 = X_4 + \Delta X_{45改} \\ Y_5 = Y_4 + \Delta Y_{45改} \end{cases} \tag{5.14}$$

计算检核:

$$\begin{cases} X_C = X_5 + \Delta X_{5C改} \\ Y_C = Y_5 + \Delta Y_{5C改} \end{cases}$$

终点 C 的计算坐标应与 C 点的原坐标值相等;否则说明计算有误,应重新检查计算过程。

以上为附合导线内业计算步骤,其计算均可以在表格中进行,如表 5.3。

(3)附合导线内业计算算例

【例 5.1】如图 5.13 所示,已知附合导线的外业观测资料及 MA、BN 两直线的方位角 α_{MA}、α_{BN},且 A、B 两点的坐标为 $X_A = 2\,507.69$ m,$Y_A = 1\,215.63$ m;$X_B = 2\,166.74$ m,$Y_B = 1\,757.27$ m。求 P_2、P_3、P_4、P_5 各点的坐标。

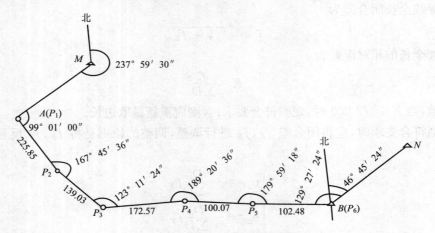

图 5.13　附合导线外业观测略图

表 5.3 附合导线内业计算表

点号	观测角(左角)β	改正后角值	坐标方位角	边长 D(m)	ΔX	ΔY	ΔX'	ΔY'	X	Y
M			237°59'30"							
A(P₁)	+06" 99°01'00"	99°01'06"	157°00'36"						2 507.69	1 215.63
				225.85	+0.05 -207.91	-0.04 +88.21	-207.86	88.17		
P₂	+06" 167°45'36"	167°45'42"	144°46'18"						2 299.83	1 303.80
				139.03	+0.03 -113.57	-0.03 +80.20	-113.54	80.17		
P₃	+06" 123°11'24"	123°11'30"	87°57'48"						2 186.29	1 383.97
				172.57	+0.03 +6.13	-0.03 +172.46	+6.16	172.43		
P₄	+06" 189°20'36"	189°20'42"	97°18'30"						2 192.45	1 556.40
				100.07	+0.02 -12.73	-0.02 +99.26	-12.71	99.24		
P₅	+06" 179°59'18"	179°59'24"	97°17'54"						2 179.74	1 655.64
				102.48	+0.02 -13.02	-0.02 +101.65	-13.00	101.63		
B(P₆)	129°27'24"	129°27'30"	46°45'24"						2 166.74	1 757.27
N	888°45'18"			740.00	ΣΔX -341.10	ΣΔY 541.78	ΣΔX -340.95	ΣΔY 541.64		

辅助计算

$$f_\beta = \alpha_{BN} - \alpha_{MA} - 7 \times 108° + \sum\beta_{测} = -36''$$

$$f_{\beta容} = \pm 60\sqrt{n}'' = \pm 15''8$$

因为 $f_\beta < f_{\beta容}$，所以观测合格。

$$f_X = -0.15, \quad f_Y = +0.4$$

$$K = \frac{f}{\sum D} = \frac{0.20}{740} = \frac{1}{3\,600} < \frac{1}{2\,000}$$

$$f_Y = \sqrt{f_X^2 + f_Y^2} = 0.20$$

观测合格

说明：(1)表中已知点的方位角和坐标值用黑体字标注
(2)角度闭合差改正数、坐标增量改正数均填写在相应的观测值和计算值上方。

解: ①首先将图中测量数据和已知点的数据填入表 5.3 中的相应栏内;②计算角度闭合差并调整[用式(5.4)];③推算方位角[用式(5.5)];④计算坐标增量[用式(5.6)];⑤计算增量闭合差并调整[用式(5.8)、(5.9)、(5.10)、(5.11)、(5.12)];⑥计算改正后增量[用式(5.13)];⑦计算改正后坐标[用式(5.4)]。上述计算结果均填写在表 5.3 中的相应栏内。

(4)闭合导线内业计算

有上述附合导线内业计算的基础,闭合导线内业计算将更容易理解。

闭合导线的内业计算步骤与附合导线的内业计算步骤完全相同,只是角度闭合差与坐标增量闭合差的计算公式不同。现分别叙述如下。

1)角度闭合差的计算与调整。

因为闭合导线构成为一多边形,如图 5.14 所示,所以它的各内角总和的理论值 $\sum \beta_{理}$ 为:

$$\sum \beta_{理} = (n-2) \times 180^{\circ} \tag{5.15}$$

但是,实际观测各内角的总和 $\sum \beta_{测}$ 不可避免地存在有一定的误差,因而不等于其理论值,二者之差称为闭合导线的角度闭合差,用 f_{β} 表示,即

$$f_{\beta} = \sum \beta_{测} - \sum \beta_{理} \tag{5.16}$$

图根导线角度闭合差的容许值规定为:

$$f_{\beta容} = \pm 60'' \sqrt{n}$$

式中　n——导线的边数。

若计算结果 f_{β} 的绝对值小于 $f_{\beta容}$ 的绝对值,则认为测角精度合格,可以进行"平差"。将 f_{β} 反号,平均分配给各内角,即 $v_{\beta} = -\dfrac{f_{\beta}}{n}$,如平均分配时,仍有余数,则将余数分给短边的邻角,且 $\sum v_{\beta} = -f_{\beta}$。各内角的观测值加上相应的改正数既得改正后内角值。

若计算结果 f_{β} 的绝对值大于 $f_{\beta容}$ 的绝对值,则必须重测导线各内角,直至满足要求为止。

2)用式(5.5)计算导线边方位角。

3)用式(5.6)计算导线坐标增量,如图 5.15 所示。

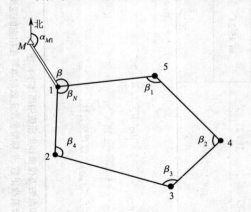

图 5.14　闭合导线角度闭合差

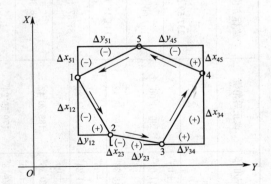

图 5.15　闭合导线坐标增量计算

4)计算增量闭合差并调整。

如图 5.15 所示,任意闭合多边形其纵、横坐标增量的代数和在理论上应等于零,即

$$\begin{cases} \sum \Delta X_{理} = 0 \\ \sum \Delta Y_{理} = 0 \end{cases} \tag{5.17}$$

但由于测角和量边中,不可避免地存在有误差,虽然转折角已调整,但仍有残余误差,加之量边误差的存在,使得实测的坐标增量代数和($\sum\Delta X_测$、$\sum\Delta Y_测$)不等于零,它们的差值称为坐标增量闭合差(f_X、f_Y),即

$$\begin{cases} f_X = \sum\Delta X_测 - \sum\Delta X_理 = \sum\Delta X_测 \\ f_Y = \sum\Delta Y_测 - \sum\Delta Y_理 = \sum\Delta Y_测 \end{cases} \qquad (5.18)$$

由于 f_X、f_Y 的存在,使闭合多边形并不闭合而产生一个缺口,其缺口的长度为:

$$f = \sqrt{f_X^2 + f_Y^2}$$

导线越长,f 值也会越大。因此,绝对量 f 不能作为衡量导线测量的精度指标,通常用导线全长的相对误差来衡量,即

$$K = \frac{f}{\sum D} = \frac{1}{N}$$

式中　$\sum D$——导线全长,即导线各边长的总和。

若 $K \leqslant \dfrac{1}{2\,000}$ 时,成果合格,按附合导线坐标增量闭合差的分配原则分配闭合差;反之,说明导线测量中角度、边长还有错误,应重新复核导线测量外业后,再进行计算。

计算检核:　　　　　　　$\sum v_X = -f_X, \sum v_Y = -f_Y$

5)计算改正后的坐标增量,同于附合导线的计算。

6)计算各点的坐标,同于附合导线的计算。

(5)闭合导线内业计算算例

【例 5.2】如图 5.16 所示,已知 $\alpha_{12} = 125°30'00''$,$\beta_1 = 107°48'30''$,$\beta_2 = 73°00'20''$,$\beta_3 = 89°33'50''$,$\beta_4 = 89°36'30''$。$D_{12} = 105.22$ m,$D_{23} = 80.18$ m,$D_{34} = 129.34$ m,$D_{41} = 78.16$ m,$D_{12} = 105.22$ m。$X_1 = 500.000$ m,$Y_1 = 500.000$ m。求 2、3、4 各点的坐标。

解:按闭合导线的内业计算步骤逐步计算。

①将观测数据和已知数据填入表 5.4 中相应栏内;②计算角度闭合差并调整[用式(5.16)];③推算导线边方位角[用式(5.5)];④计算坐标增量[用式(5.6)];⑤计算增量闭合差并调整[用式(5.8)、(5.9)、(5.10)、(5.11)、(5.12)];⑥计算改正后增量[用式(5.13)];⑦计算各点坐标值[用式(5.14)]。其计算结果见表 5.4 中相应的栏内。

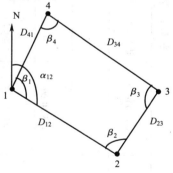

图 5.16　闭合导线外业观测略图

6. 结点导线网计算

结点导线由于增加了多余观测,所以多了检查条件,可提高导线测量精度。在附合导线长度超过规定限度时,常采用结点导线。结点与结点、结点与高级点之间导线的长度,要求不大于附合导线规定长度的 0.7 倍。下面介绍只有一个结点时结点导线的坐标计算方法。

在图 5.17 中,自 A、B、C 3 个高级控制点起,布设 3 条导线交于结点 E,高级控制网点的坐标和坐标方位角均已知,为解算这一结点导线网,选与结点 E 相邻的任一导线边 EF 作为结边。如果从 A、B、C 3 个已知点开始,以支导线计算,可得结边 EF 的 3 个不同坐标方位角,而结点 E 也将得出 3 个不同的坐标值。用求加权平均值的方法求出它们的最或是值(即近似真值),作为 3 条导线统一采用的值。这样,在已知高级控制点与结点之间形成 3 条附合导线,再按附合导线坐标计算方法求出这 3 条导线边上各待求导线点的坐标值。这里只介绍 E、F 点坐标值和方位角的计算方法,其他同于附合导线内业计算,不再赘述)。

表 5.4　附合导线内业计算表

点号	观测角(左角)β	改正后角值	坐标方位角	边长 D(m)	坐标增量计算值 ΔX	坐标增量计算值 ΔY	坐标增量改正值 ΔX'	坐标增量改正值 ΔY'	坐标值 X	坐标值 Y
1	+12″　107°48′30″	107°48′42″	**125°30′00″**						**500.00**	**500.00**
				105.22	−0.02　−61.10	+0.02　+85.66	−61.12	+85.68		
2	+13″　107°48′42″		53°18′42″						438.88	585.68
				80.18	−0.02　+47.90	+0.02　+64.30	+47.88	+64.32		
3	+13″　73°00′20″	73°00′32″	306°19′14″						486.76	650.00
				129.34	−0.03　+76.61	+0.02　−104.21	+76.58	−104.19		
4	+13″　89°33′50″	89°34′03″	215°53′17″						563.34	545.81
				78.16	−0.02　−63.32	+0.01　−45.82	−63.34	−45.81		
1	+13″　89°36′30″	89°36′43″	125°30′00″						500.00	500.00
2										
Σ	359°59′10″	360°00′00″		392.90	$f_X=+0.09$	$f_Y=-0.07$				

辅助计算

$$f_\beta = \sum \beta_{测} - (n-2) \times 180° = -50''$$

$$f_{\beta容} = \pm 60\sqrt{4}{}'' = \pm 120''$$

因为 $f_\beta < f_{\beta容}$

$$f_X = +0.09,\quad f_Y = -0.07$$

$$K = \frac{f}{\sum D} = \frac{0.11}{392.9} = \frac{1}{3\,445} \leqslant \frac{1}{2\,000}$$

所以观测合格

$$f_X = +0.09,\quad f_Y = -0.07$$

$$f = \sqrt{f_X^2 + f_Y^2} = 0.11$$

观测合格

说明:(1)表中已知点的方位角和坐标值用黑体字标注。

(2)角度闭合差改正数、坐标增量改正数均填写在相应的观测值和计算值上方。

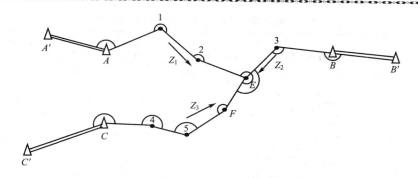

图 5.17　结点导线

(1)结边 EF 方位角的计算

沿 Z_1、Z_2、Z_3 3 条不同的支导线分别推算出 EF 的坐标方位角为 α_1、α_2、α_3,各条支导线推算时所用到的转折角的个数分别为 n_1、n_2、n_3,各导线所算出 EF 边坐标方位角的权应与推算时所用的转折角的个数成反比,故各方位角的权可按式(5.19)计算:

$$p_i = \frac{c}{n_i} \tag{5.19}$$

式(5.19)中 C 为任意常数,则 EF 边坐标方位角的加权平均值为:

$$\alpha_{EF} = \frac{p_1\alpha_1 + p_1\alpha_2 + p_3\alpha_3}{p_1 + p_2 + p_3} = \frac{\sum p_i\alpha_i}{\sum p_i} \tag{5.20}$$

用上式计算公式计算的 EF 边的坐标方位角为该边坐标方位角的最或是值(即近似真值)。

(2)计算 E 点的坐标

用式(5.20)计算得出的 EF 边的坐标方位角,沿 Z_1、Z_2、Z_3 3 条不同的导线分别求角度闭合差,按附合导线分配角度闭合差并求出改正后的转折角,之后用改正后的转折角推算各边的方位角,再依据各边的观测边长计算 E 点的坐标值,应该有 3 组坐标值 $(X_1$、Y_1、$Z_1)$、$(X_2$、Y_2、$Z_2)$、$(X_3$、Y_3、$Z_3)$。各路线计算坐标的权应与导线的长度成反比,即

$$p_i = \frac{c}{[d]_i} \tag{5.21}$$

式(5.21)中的 c 为任意常数,$[d]_i$ 为第 i 条导线的总长度。则结点 E 坐标的加权平均值为

$$\begin{cases} X_E = \dfrac{p_1X_1 + p_2X_2 + p_3X_3}{p_1 + p_2 + p_3} = \dfrac{\sum p_iX_i}{\sum p_i} \\[2mm] Y_E = \dfrac{p_1Y_1 + p_2Y_2 + p_3Y_3}{p_1 + p_2 + p_3} = \dfrac{\sum p_iY_i}{\sum p_i} \end{cases} \tag{5.22}$$

按上式求出 E 点的最或是值后,分别沿 Z_1、Z_2、Z_3 3 条不同的路线以附合导线坐标计算方法计算各条导线边上待求点的坐标值(参考【例 5.1】)。

(3)结点导线网计算算例

【例 5.3】如图 5.17,已知数据和观测数据见表 5.5,求 1、2、3、4、5、E、F 各点的坐标值。

表 5.5　结点导线网已知数据和外业观测资料

导线	点号	左角观测值	已知方位角	边长 (m)	已知坐标	
					X	Y
Z_1	A'		105°26′04″			
	A	170°41′05″		186.453	4 589.946	5 135.669
	1	224°07′37″		195.458		
	2	156°11′33″		212.367		
	E	266°19′15″		214.587		
Z_2	B'		298°53′34″			
	B	155°22′37″		223.045	4 458.224	5 974.751
	3	123°32′32″		189.447		
	E	164°58′07″				
Z_3	C'		61°10′00″			
	C	226°44′32″		213.586	4 043.162	4 971.393
	4	155°40′14″		182.458		
	5	153°07′37″		235.876		
	F	146°03′43″				

【解】(1)沿 Z_1、Z_2、Z_3 三条不同的支导线分别计算结边 EF 的坐标方位角,结果见表 5.6;

表 5.6　沿三条不同路线推算 EF 边的方位角

导线	点号	左角观测值	推算方位角
Z_1	A'		105°26′04″
	A	170°41′05″	96°07′09″
	1	224°07′37″	140°14′46″
	2	156°11′33″	116°26′19″
	E	266°19′15″	202°45′34″
	F		
Z_2	B'		298°53′34″
	B	155°22′37″	274°16′11″
	3	123°32′32″	217°48′43″
	E	164°58′07″	202°46′50″
Z_3	C'		61°10 00″
	C	226°44′32″	107°54′32″
	4	155°40′14″	83°34′46″
	5	153°07′37″	56°42′23″
	F	146°03′43″	22°46′06″

(2)用加权平均值计算 EF 结边的方位角(结果见表 5.7),其中余数 $\delta_{\alpha i} = \alpha_i - \alpha_0$;

(3)沿 Z_1、Z_2、Z_3 三条不同的导线分别求 E 点的坐标值(结果见表 5.8);

(4)用加权平均值计算 E 点的坐标值(结果见表 5.9);

（5）计算 1、2、3、4、5、F 点的坐标值（沿 Z_1、Z_2、Z_3 三条不同的附合导线分别求各点的坐标值，参考表 5.3，这里不再赘述）。

表 5.7 加权平均值计算结边 EF 方位角

导线	起始边	结边	结边坐标方位角	导线角数	权 $p_i = \dfrac{c}{n_i}$	余数 $\delta_{\alpha i}$	$p_i \delta_{\alpha i}$	结边坐标方位角最或是值
Z_1	$A'A$		$202°45'34''$	4	1.00	0	0	
Z_2	$B'B$	EF	$202°46'50''$	3	1.33	76	101.08	$202°46'14''$
Z_3	$C'C$		$202°46'06$	4	1.00	32	32.00	
$C=4$		$\alpha_0 = 202°45'34''$			$[p]=3.33$	$[p\delta_\alpha]=3.33$		$\dfrac{[p\delta_\alpha]}{[p]}=40''$

表 5.8 沿三条不同路线推算 E 点的坐标值

导线	点号	左角观测值	改正数	推算方位角	边长 (m)	计算坐标增量 ΔX	计算坐标增量 ΔY	计算坐标 X	计算坐标 Y
	A'			$105°26'04''$					
	A	$170°41'05''$	$+10''$	$96°07'19''$	186.453			4 589.946	5 135.669
	1	$224°07'37''$	$+10''$	$140°15'06''$	195.458	-19.884	185.390	4 570.062	5 321.059
Z_1	2	$156°11'33''$	$+10''$	$116°26'49''$	212.367	-150.280	124.979	4 419.782	5 446.038
	E	$266°19'15''$	$+10''$	$202°46'14''$		-94.582	190.142	**4 325.200**	**5 636.180**
	F								
	$\sum$	$817°19'30''$							
辅助计算		\multicolumn{9}{l}{$f_\beta = \alpha_{A'A} - \alpha_{EF} - 4 \times 180° + \sum \beta_{测} = -40''$}
		\multicolumn{9}{l}{$f_{\beta容} = \pm 60\sqrt{4} = \pm 120''$　　因为 $f_\beta < f_{\beta容}$，所以观测合格，可以平差}
	B'			$298°53'34''$					
	B	$155°22'37''$	$+12$	$274°15'59''$	223.045			4 458.224	5 974.751
Z_2	3	$123°32'32''$	$+12$	$217°48'19''$	189.447	16.593	-222.427	4 474.817	5 752.324
	E	$164°58'07''$	$+12$	$202°46'14''$		-149.682	-116.127	**4 325.135**	**5 636.197**
	F								
	$\sum$	$443°53'16''$							
辅助计算		\multicolumn{9}{l}{$f_\beta = \alpha_{B'B} - \alpha_{EF} - 3 \times 180° + \sum \beta_{测} = -36''$}
		\multicolumn{9}{l}{$f_{\beta容} = \pm 60\sqrt{3}'' = \pm 104''$　　因为 $f_\beta < f_{\beta容}$，所以观测合格，可以平差。}
	C'			$61°10'00''$					
	C	$226°44'32''$	$+2''$	$107°54'34''$	213.586			4 043.162	4 971.393
	4	$155°40'14''$	$+2''$	$83°34'50''$	182.458	-65.680	203.236	3 977.482	5 174.629
Z_3	5	$153°07'37''$	$+2''$	$56°42'29''$	235.876	20.400	181.314	3 997.882	5 355.943
	F	$146°03'43''$	$+2''$	$22°46'14''$	214.587	129.474	197.165	4 127.356	5 553.108
	E					197.862	83.054	**4 325.218**	**5 636.162**
	$\sum$	$681°36'06''$							
辅助计算		\multicolumn{9}{l}{$f_\beta = \alpha_{C'C} - \alpha_{EF} - 4 \times 180° + \sum \beta_{测} = -8''$}
		\multicolumn{9}{l}{$f_{\beta容} = \pm 60\sqrt{4} = \pm 120''$　　因为 $f_\beta < f_{\beta容}$，所以观测合格，可以平差}

表 5.9　用加权平均值计算结点 E 的坐标值

坐标	导线	起点	起点坐标 (m)	坐标增量总和	结点坐标	导线长	权 $p_i = \dfrac{c}{[d]_i}$	余数 δ_i(mm)	$p_i\delta_i$	结边坐标最或是值 (m)
X	Z_1	A	4 589.946	−264.746	4 325.200	0.59	1.69	65	109.85	
	Z_2	B	4 458.224	−133.089	4 325.135	0.41	2.44	0	0	4 325.174
	Z_3	C	4 043.162	+282.056	4 325.218	0.85	1.18	83	97.94	
$C=1$			$X_0=4\ 325.135$		$[p]=5.31$		$[p\delta]=207.79$		$\dfrac{[p\delta]}{[p]}=39$ mm	
Y	Z_1	A	5 135.669	+500.511	5 636.180	0.59	1.69	18	30.42	
	Z_2	B	5 974.751	−338.554	5 636.197	0.41	2.44	35	85.40	5 636.184
	Z_3	C	4 971.393	+664.769	5 636.162	0.85	1.18	0	0	
$C=1$			$Y_0=5\ 636.162$		$[p]=5.31$		$[p\delta]=115.82$		$\dfrac{[p\delta]}{[p]}=22$ mm	

7. 导线测量错误检查方法

当导线的角度闭合差或坐标增量闭合差超过了容许值时,可以认为外业测量或内业计算中存有错误。这时,应首先检查外业资料和内业计算,若检查无误,则说明外业的测量有错,应进行检查重测。为了节省野外检查工作量,应设法找出可能发生错误的角或边,这样只需要做局部的重测。

(1)检查角度测量错误的方法

①解析法

特别是当误差较小时,解析法能较准确地反映实际情况。例如图 5.18 所示的附合导线,可由两端已知坐标的 A、B 点开始,分别计算出各导线点的坐标。假定在 4 点的测角发生了错误,则从 A 点计算到 4 点的坐标都是正确的,而 4 点以后各点的坐标将随之有错误。若从 B 点开始计算,则从 B 到 4 点的坐标都是正确的,而随后的 $3'$、$2'$、……各点将有错误。所以在这两组坐标中,只有 4 点的坐标将十分接近,其他点则相差较大。由此可以判定 4 点可能就是测角有错的点。对于闭合导线,采用解析法检查测角错误时,需选定一起始点和一条起始边,分别按顺时针方向和逆时针方向计算出各导线点的坐标。按同样原理,在两组坐标中较接近的点,可能就是测角有错误的点。

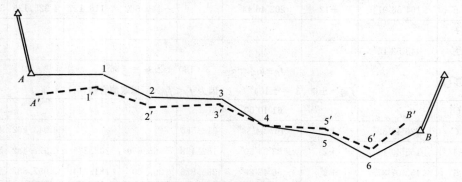

图 5.18　导线角度错误检查

②图解法

当导线角度闭合差超限时,说明测角可能有错。例如在图 5.19 中,如果在 B 角发生错误,使角值减小了 δ,则 C 点将移到 C'。假定导线其他的角和边均无错误,则 D、A 等点也都将绕 B 点旋转一个 δ 角,分别移到 D'、A',并产生闭合差 AA'。三角形 $AA'B$ 为等腰三角形,作

AA' 的垂直二等分线,此垂线必将通过角值有错的 B 点。所以当角度闭合差超限时,可先按观测的角值和边长绘出导线,作闭合差的垂直二等分线,则通过或接近此垂线的导线点,极有可能就是测角有错的点。附合导线亦可用同样方法查找。

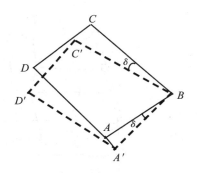

图 5.19 导线角度错误检查

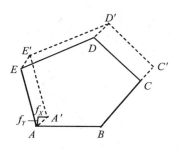

图 5.20 导线边长错误检查

(2)检查测量边长错误的方法

当导线角度闭合差未超限、而全长相对闭合差超限时,说明边长的测量有错。如图 5.20 中,如果 BC 边的边长测量有错,使 C 点移到 C'。假定导线其他的边与角均无错误,则 D、E、A 等点将分别移到 D'、E'、A'。各点移动的量和方向与 CC' 相同,故闭合差 AA' 亦平行于有错的 BC 边。所以在导线中与闭合差 AA' 方向相同或接近的边,可能就是边长有错的边。

检查时,除了用上述图解法外,也可用解析法,按下式计算出全长闭合差的坐标方位角:

$$\alpha_{AA'} = \arctan\frac{f_Y}{f_X} \tag{5.23}$$

然后找出与 $\alpha_{AA'}$ 或 $\alpha_{AA'} \pm 180°$ 最接近的导线边,对该边首先进行野外检查。上述检查边长错误的图解法与解析法,同样适合于附合导线。

注:以上所述之检查方法,仅限于在导线中只有一个角或一条边发生错误的情形。

知识拓展

小三角测量概述

1. 控制测量概述

测量工作必须遵循"从整体到局部,先控制后碎部"的原则。首先在测区内选择若干有控制作用的点(控制点),按一定的规律和要求组成网状几何图形,称其为控制网。

控制网分为平面控制网和高程控制网。测量并确定控制点平面位置(x、y)的工作,称为平面控制测量;测量并确定控制点高程(H)的工作称为高程控制测量。平面控制测量和高程控制测量统称为控制测量。

控制网有国家控制网、城市控制网和小地区控制网等。

国家控制网是在全国范围内建立的控制网,它是全国各种比例尺测图的基本控制并为确定地球的形状和大小提供研究资料。国家控制网按精度从高到低分为一、二、三、四等。一等控制网精度最高,是国家控制网的骨干;二等是在一等控制下建立的国家控制网的全面基础;三、四等是二等控制网的进一步加密。

国家平面控制网主要布设成三角网(锁),如图 5.21 所示,也可布设成三边网、边角网或导线网。国家高程控制网布设成水准网,如图 5.22 所示,包括闭合环线和符合水准路线。建立国家控制网是用精密的测量仪器及方法进行的。

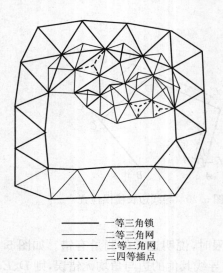

	一等三角锁
	二等三角网
	三等三角网
	三四等插点

图 5.21　国家平面控制网布设图

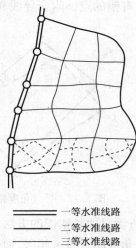

	一等水准线路
	二等水准线路
	三等水准线路
	四等水准线路

图 5.22　国家高程控制网布设图

　　城市控制网是为城市建设工程测量建立统一坐标系统而布设的控制网,是城市规划、市政工程、城市建设(包括地下工程建设)以及施工放样的依据。城市控制网一般以国家控制网为基础,布设成不同等级的控制网。

　　特别值得说明的是,国家控制网和城市控制网的控制测量,是由专业的测绘部门来完成的,其控制成果可从有关的测绘部门索取。

　　一般将面积在 15 km² 以内,为大比例尺测图和工程建设而建立的控制网称为小地区控制网。国家控制网其控制点的密度对于测绘地形图或进行工程建设来讲是远远不够的,必须在全国基本控制网的基础上,建立精度较低而又有足够密度的控制点来满足测图或工程建设的需要。

　　小地区控制网应尽可能与国家(或城市)高级控制网连测,将国家(或城市)控制点作为建立小地区控制网的基础,将国家(或城市)控制点的平面坐标和高程作为小地区控制网的起算和校核数据。

　　若测区内或附近无国家(或城市)控制点,或者附近虽然有,但不便连测时,可以建立测区内的独立控制网。目前,随着 GPS 卫星定位系统和其他现代测量仪器的普及,实现小地区控制网与国家(或城市)控制网点的连测已经不存在问题了。

　　小地区控制网的分级控制应依据测区面积的大小按精度要求分级建立。在测区范围内建立的最高精度的控制网称为首级控制网。直接为测图建立的控制网,称为图根控制网。图根控制网中的控制点称为图根点。首级控制与图根控制的关系见表 5.10。

表 5.10　小区域控制网等级

测区面积(km²)	首级控制	图根控制
1～15	一级小三角或一级导线	两级图根
0.5～2	二级小三角或二级导线	两级图根
0.5 以下	图根控制	

图根点(包括高级点)的密度取决于测图比例尺和地物、地貌的复杂程度。平坦开阔地区的图根点密度可参考表 5.11 的规定(一般按照测绘国家标准执行);地形相对复杂地区、城市建筑密集区及山区等,应根据测图要求和测区的实际情况,相应地加大密度。

表 5.11   图根点密度表

测图比例尺	1 : 500	1 : 1 000	1 : 2 000	1 : 5 000
图根点密度(点/km²)	150	50	15	5

小地区高程控制网的分级建立,一般根据测区面积大小和工程要求,以国家等级水准点为基础,在测区建立三、四等水准路线或水准网,再以三、四等水准点为基础,测定图根点的高程。水准点间的距离,一般为 2～3 km,城市建筑区为 1～2 km,工业区应在 1 km 以内。测区水准点数量的多少,应有利于对整个测区的控制和数据检核,并能有效地指导工程施工为宜,一般不少于 3 个。

2. 小三角测量概述

在我国广阔的土地上,已经布设了一系列高精度大地点(或称高级控制点),这些大地点的平面坐标和高程可以从有关的成果表中查取。但是这些点还比较稀少,在地形测绘、工程施工前,必须根据实际需要,以大地点为基础,再发展若干精度较低的解析控制点。上一节的导线测量就是其中的一种方法,本节重点介绍实现控制点加密的另一种方法——小三角测量。

(1)小三角测量的布设形式

所谓小三角测量,就是将一系列未知点构成结构比较复杂的图形,它们都是由一些相邻的三角形构成,这种结构的图形称为三角网,三角网中每一个三角形的内角一般都要观测,测定这类图形的测量工作称为三角测量。为了与国家等级三角测量区别,一般又称小三角测量。如图 5.23 所示,其中(a)为单三角锁、(b)为中点多边形、(c)为大地四边形、(d)为线形三角锁。

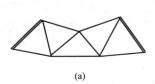 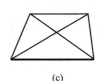 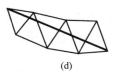

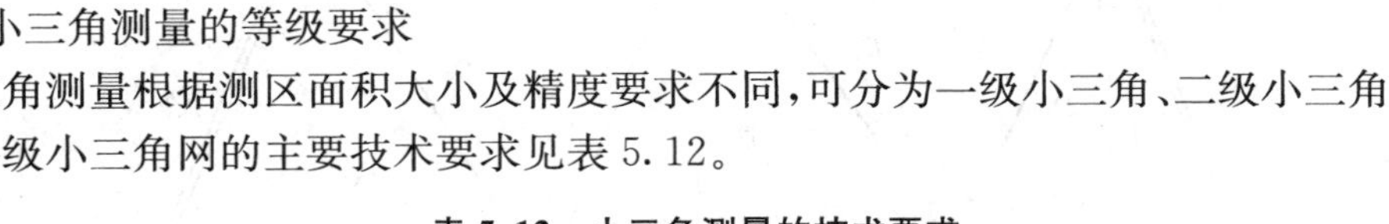

(a)   (b)   (c)   (d)

图 5.23   小三角布网形式

(2)小三角测量的等级要求

小三角测量根据测区面积大小及精度要求不同,可分为一级小三角、二级小三角和图根小三角。各级小三角网的主要技术要求见表 5.12。

表 5.12   小三角测量的技术要求

等级	平均边长 (m)	测角中误差	三角形个数	起始边边长相对中误差	最弱边边长相对中误差	测回数 DJ6	测回数 DJ2	三角形最大闭合差	方位角闭合差
一级小三角	1 000	±5″	6～7	1/40 000	1/20 000	6	2	±15″	
二级小三角	500	±10″	6～7	1/20 000	1/10 000	2	1	±30″	
图根小三角	不大于测图最大视距的 1.7 倍	±20″	12 以下	1/10 000		1		±60″	$\pm 40\sqrt{n}''$

注:n 为传递方位角的测站数。

（3）小三角测量的作业程序

小三角测量的同导线一样，即首先进行外业测量工作，然后是内业计算。外业工作又分为选点、造标、埋石和观测。特别注意的是，小三角控制点在布设时不同于导线点，其控制点的布设必须满足图形的技术要求（如构成三角形时最小角度限制、最大最小边长的关系等）。

选点结束后，接下来就是造标和埋石。埋石用的普通三角点标石见（图5.24）和埋于岩石中的标志（图5.25）两种。在平地和丘陵地埋设普通三角标石，在岩石地带埋设标石发生困难时，可以一小坑将标志用水泥浇灌固定在坑中（图5.25）。

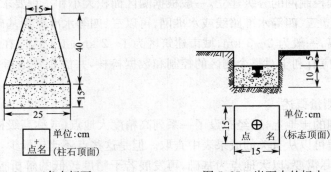

图5.24　三角点标石　　　　　　　图5.25　岩石中的标志

水平角观测完成后，内业计算可以立即开始。第一步是将外业观测资料进行全面、认真的检查，在保证外业成果符合规范要求的前提下，首先抄录已知数据，包括已知点坐标、已知边边长和坐标方位角。如果成果中没有后两项数据，则根据已知坐标用反算公式反算得出。最后，根据不同的布设图形和各单位的作业习惯，采用不同的计算公式和表格，求出未知点的坐标。

下面以线形锁为代表，重点介绍小三角测量的作业程序和计算方法。

线形锁的布网形式如图5.26所示，图中 A、B、F 和 G 是已知高级点，在它们之间布设若干个互相连结的三角形，其中 C、D、E 点是未知点。这种图形布设灵活，能控制较大面积。所以在生产上被广泛应用。

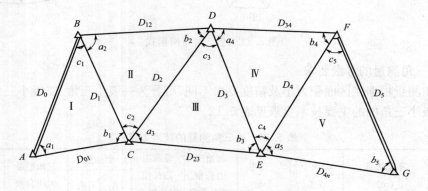

图5.26　三角锁小三角控制网

（4）小三角测量的内业计算

内业计算的目的是求出各未知三角点的坐标，其主要内容包括外业观测成果的整理检查、角度调整、边长和坐标的计算。

小三角测量的平差计算分近似平差和严密平差两种，前者只考虑角度闭合差和边长闭合差,后者则要考虑三角点的分布位置和权重等。下面着重介绍单三角锁的近似平差计算。

1)计算的前期准备工作

如图 5.26 所示,为便于计算,先做如下几个规定:按推算方向,由 D_0 边向前传算边长时所经过的边 D_1、D_2、D_n 等,称为传距边;传距边所对应的角称为传距角。按照推算的方向,已知传距边所对的传距角编号为 b_i,欲传递的边对应的传距角编号为 a_i。三角形中另一条边称为间隔边,其对应的角为间隔角,编号为 c_i。

分类后,将检查整理的外业相关数据对应填在"单三角锁平差计算表"(表 5.13)中。

表 5.13　单三角锁平差计算表

三角形号	角号	角度观测值	第一次改正数	改正后角值	第二次改正数	第二次改正后角值	边长(m)	边名	点名
1	2	3	4	5	6	7	8	9	10
I	b_1	58° 28′ 30″	−4″	58° 28′ 26″	+4″	58° 28′ 30″	234.375	$AB(D_0)$	C
	c_1	42° 29′ 56″	−4″	42° 29′ 52″		42° 29′ 52″	185.749	AC	B
	a_1	79° 01′ 46″	−4″	79° 01′ 42″	−4″	79° 01′ 38″	269.928	BC	A
	Σ W_1	180° 00′ 12″ +12″	−12″	180° 00′ 00″		180° 00′ 00″			
II	b_2	53° 09′ 30″	+2″	53° 09′ 32″	+4″	53° 09′ 36″	269.928	BC	D
	c_2	67° 06′ 06″	+2″	67° 06′ 08″		67° 06′ 08″	310.701	BD	C
	a_2	59° 44′ 18″	+2″	59° 44′ 20″	−4″	59° 44′ 16″	291.317	CD	B
	Σ W_2	179° 59′ 54″ −6″	+6″	180° 00′ 00″		180° 00′ 00″			
III	b_3	66° 07′ 30″	−6″	66° 07′ 24″	+4″	66° 07′ 28″	291.317	CD	E
	c_3	62° 16′ 58″	−6″	62° 16′ 52″		62° 16′ 52″	282.019	CE	D
	a_3	51° 35′ 50″	−6″	51° 35′ 44″	−4″	51° 35′ 40″	249.649	DE	C
	Σ W_3	180° 00′ 18″ +18″	−18″	180° 00′ 00″		180° 00′ 00″			
IV	b_4	52° 24′ 15″	+5″	52° 24′ 20″	+4″	52° 24′ 24″	249.649	DE	F
	c_4	39° 41′ 15″	+5″	39° 41′ 20″		39° 41′ 20″	201.210	DF	E
	a_4	87° 54′ 15″	+5″	87° 54′ 20″	−4″	87° 54′ 16″	314.859	EF	D
	Σ W_4	179° 59′ 45″ −15″	+15″	180° 00′ 00″		180° 00′ 00″			
V	b_5	65° 58′ 40″	−9″	65° 58′ 31″	+4″	65° 58′ 35″	314.859	EF	G
	c_5	49° 45′ 36″	−9″	49° 45′ 27″		49° 45′ 27″	263.130	EG	F
	a_5	64° 16′ 11″	−9″	64° 16′ 02″	−4″	64° 15′ 58″	310.529	$FG(D_n)$	E
	Σ W_5	180° 00′ 27″ +27″	−27″	180° 00′ 00″		180° 00′ 00″	310.530		

边长及边长闭合差计算公式:

$$D'_n = D_0 \frac{\prod\limits_{i=1}^{5} \sin a'_i}{\prod\limits_{i=1}^{5} \sin b'_i} = 310.561 \qquad\qquad W_D = D'_n - D_n = 0.032$$

$$W = \frac{\rho''}{D'_n} W_D = 21.25 \qquad\qquad \sum_{i=1}^{5}(\cot a'_i + \cot b'_i) = 5.11$$

$$v = -\frac{W}{\sum\limits_{i=1}^{5}(\cot a'_i + \cot b'_i)} = -4'' \qquad W_{基} = D_0 \frac{\prod\limits_{i=1}^{5} \sin a_i}{\prod\limits_{i=1}^{5} \sin b_i} - D_n = 0.001$$

2)角度闭合差的计算与调整

因测角误差存在,故三角形角度闭合差为:
$$f_i = a_i + b_i + c_i - 180°$$

若三角形闭合差不超过相关技术要求(表 5.10),则将 f_i 反号平均分配到相应三内角的观测值上,得到第一次改正后的角值 a'_i、b'_i、c'_i,即

$$\begin{cases} a'_i = a_i - \dfrac{1}{3}f_i \\[2mm] b'_i = b_i - \dfrac{1}{3}f_i \\[2mm] c'_i = c_i - \dfrac{1}{3}f_i \end{cases} \tag{5.24}$$

第一次改正后的三角和应为 $180°$,以此为检核条件。

3)边长闭合差的计算与调整

仍依图 5.26 为例,由起始边 D_0 及第一次改正后的传距角 a'_i、b'_i,按照正弦定理依次算出各传距边的长度为:

$$D'_1 = D_0 \frac{\sin a'_1}{\sin b'_1}$$

$$D'_2 = D'_1 \frac{\sin a'_2}{\sin b'_2} = D_0 \frac{\sin a'_1}{\sin b'_1} \frac{\sin a'_2}{\sin b'_2} = D_0 \frac{\prod\limits_{i=1}^{2} \sin a'_i}{\prod\limits_{i=1}^{2} \sin b'_i}$$

$$D'_n = D'_1 \frac{\sin a'_2}{\sin b'_2} = D_0 \frac{\sin a'_1}{\sin b'_1} \frac{\sin a'_2 \cdots \sin a'_n}{\sin b'_2 \cdots \sin b'_n} = D_0 \frac{\prod\limits_{i=1}^{n} \sin a'_i}{\prod\limits_{i=1}^{n} \sin b'_i}$$

式中　$\prod$——连乘。

D'_n 与 D_n 往往不相符,其主要原因为:①由于边长丈量误差和第一次改正后三角形内角仍存在的残留误差所致;②尽管有的情况下起始边、终边属于高级控制点所构成的边,精度相对很高,但该平差属于近似平差的方法,可认为主要是角度改正不够客观所导致。由此而产生边长闭合差 W_D,即

$$W_D = D'_n - D_n \tag{5.25}$$

由于 D_0、D_n 丈量的精度较高或采用的是高级点所构成的边,故其误差可以忽略不计,而认为

边长闭合差主要是由 a'_i、b'_i 的误差及其所对应的函数所致。因此,需要对 a'_i、b'_i 进行第二次改正,从而使 $W_D = 0$。相关计算参考王洪章主编的《工程测量》第七章的对应内容,这里不再赘述。

设完全消除边长闭合差时 a'_i、b'_i 的第二次改正数为 v_{ai}、v_{bi},按近似平差平均分配闭合差的原则,且为了不影响第一次改正后已满足的三角形条件,设 a_i、b_i 角的第二次改正数 v_{a_i}、v_{b_i} 的绝对值相等,符号相反,即

$$\begin{cases} v_{a_i} = -v_{b_i} \\ v_{a_1} = v_{a_2} = \cdots = v_{a_n} \\ v_{b_1} = v_{b_2} = \cdots = v_{b_n} \end{cases} \tag{5.26}$$

于是有:

$$v_i = v_{a_i} = -v_{b_i} = -\frac{W}{\sum\limits_{i=1}^{n}(\cot a'_i + \cot b'_i)} \tag{5.27}$$

其中:$W = \dfrac{\rho''}{D'_n} W_D$

三角形各内角平差值(即两次改正后角值)A_i、B_i、C_i 按下式计算:

$$\begin{aligned} A_i &= a'_i + v_{a_i} \\ B_i &= b'_i + v_{b_i} \\ C_i &= c'_i \end{aligned} \tag{5.28}$$

4)三角形边长的计算

依据起始边边长及两次改正后的角值,用正弦定理依次推算三角锁中其他各边的边长。具体计算实例见表 5.11。

5)三角点坐标的计算

各三角点的坐标推算,可以采用导线计算方法进行。将图 5.26 各点组成闭合导线 A—C—E—G—F—D—B—A,根据起始边 AB 的坐标方位角和平差后的角值,推算各边的方位角。依据各边方位角和边长,计算各边的坐标增量。从起始点 A 起,依次推算各三角点的坐标。

典型工作任务 2 交会法加密导线

5.2.1 工作任务

通过交会法加密导线知识的学习,主要达到以下目标:

(1)能根据工程实际情况,合理进行导线控制网的加密;

(2)能用前方交会法、距离交会法进行导线网的加密工作。

说明:当基本导线点的数量不能满足施工要求时,需要在合适位置增设控制点,根据现有的导线点利用前方交会法、后方交会法、侧方交会法、距离交会法等方法确定新增加的控制点坐标,以便满足测图和工程施工的需求。

5.2.2 相关配套知识

1. 交会定点

交会定点又称解析交会法,是指利用已知控制点及其坐标,通过观测水平角或者测定边长来确定未知点坐标的方法。交会定点的方法常用于加密大比例尺地形测量中的平面控制点,

也用于因工程施工需要加密的控制点。根据测角和测边的不同,分为测角交会法和距离交会法。测角交会法包括前方交会法[图 5.27(a)]、侧方交会法[图 5.27(b)]和后方交会法[图 5.27(c)]等。距离交会法如图 5.27(d)。

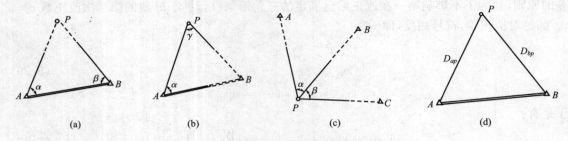

(a)　　　　　　　(b)　　　　　　　(c)　　　　　　　(d)

图 5.27　交会法定点

图中,A、B、C 均为已知控制点,α、β、γ 为 A、B、C 各点上水平角观测值,D_{ap}、D_{bp} 为边长测定值,P 为未知点。有关交会法的计算软件已得到比较广泛应用,本节仅介绍前方交会法和距离交会法的计算原理及方法。

2. 前方交会法定点

(1)外业观测

1)首先依据测图和工程施工需要,在合适位置确定新增控制点的位置,并用标石或木桩在地面上标记。

2)用仪器观测 α 和 β 角,见图 5.28。在 A、B 两点设站,分别测得 α、β 两角,并搜集 A、B 两点的坐标资料和高程资料。

(2)内业计算

1)绘制观测略图,如图 5.28。

2)坐标计算。在三角形 ABP 中(图 5.28),已知点 A、B 的坐标为(x_A、y_A),(x_B、y_B)和 α、β 角度。通过解算三角形算出未知点 P 的坐标(x_P、y_P）。　这是前方交会的基本形式。具体计算公式如下:

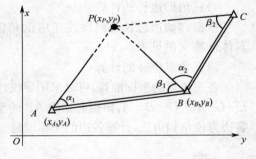

图 5.28　前方交会法外业观测与计算

$$x_P = x_A + D_{AP}\cos\alpha_{AP}$$
$$y_P = y_A + D_{AP}\sin\alpha_{AP}$$

或

$$x_P - x_A = D_{AP}\cos\alpha_{AP}$$
$$y_P - y_A = D_{AP}\sin\alpha_{AP}$$

从图 5.28 可知,$\alpha_{AP} = \alpha_{AB} - \alpha$,代入上式则得

$$x_P - x_A = D_{AP}\cos(\alpha_{AB} - \alpha)$$
$$= D_{AP}(\cos\alpha_{AB}\cos\alpha + \sin\alpha_{AP}\sin\alpha)$$
$$y_P - y_A = D_{AP}\sin(\alpha_{AP} - \alpha)$$
$$= D_{AP}(\sin\alpha_{AB}\cos\alpha - \cos\alpha_{AP}\sin\alpha)$$

因为

$$\cos\alpha_{AB} = \frac{x_B - x_A}{D_{AB}}$$

$$\sin\alpha_{AB} = \frac{y_B - y_A}{D_{AB}}$$

则

$$x_P - x_A = \frac{D_{AP}\sin\alpha}{D_{AB}}\big[(x_B - x_A)\cot\alpha + (y_B - y_A)\big]$$

$$y_P - y_A = \frac{D_{AP}\sin\alpha}{D_{AB}}\big[(y_B - y_A)\cot\alpha - (x_B - x_A)\big]$$

根据正弦定理,得

$$\frac{D_{AP}}{D_{AB}} = \frac{\sin\beta}{\sin\gamma} = \frac{\sin\beta}{\sin(\alpha + \beta)}$$

则

$$\frac{D\sin\alpha}{D_{AB}} = \frac{\sin\alpha\sin\beta}{\sin(\alpha + \beta)} = \frac{1}{\cot\alpha + \cot\beta}$$

故

$$x_P - x_A = \frac{(x_B - x_A)\cot\alpha + (y_B - y_A)}{\cot\alpha + \cot\beta}$$

$$y_P - y_A = \frac{(y_B - y_A)\cot\alpha + (x_B - x_A)}{\cot\alpha + \cot\beta}$$

移项化简得到

$$x_P = \frac{x_A\cot\beta + x_B\cot\alpha - y_A + y_B}{\cot\alpha + \cot\beta}$$

$$y_P = \frac{y_A\cot\beta + y_B\cot\alpha + x_A - x_B}{\cot\alpha + \cot\beta} \tag{5.29}$$

必须强调说明的是:①在推导式(5.29)时,是假设△ABP 的点号是依 A、B、P 按逆时针方向编号的,其中 A、B 是已知点,P 为未知点;②求未知点坐标时,用式(5.29)。

在一般测量规范中,都要求布设有 3 个起始点的前方交会(图 5.29)。这时在 A、B、C 等 3 个已知点向 P 观测,测出 4 个角值:$\angle\alpha_1$、$\angle\beta_1$、$\angle\alpha_2$、$\angle\beta_2$,分两组计算 P 点坐标。计算时,可按△ABP 求出 P 点坐标(x'_P、y'_P),再按△BCP 求出 P 点坐标(x''_P、y''_P)。当这两组坐标的较差在容许限差内时,取它们的平均值作为 P 点的最后坐标。在一般测量规范中,对上述限差是这样规定的:要求两组算得的点位较差不大于 2 倍的比例尺精度,用公式表示为:

$$e = \sqrt{\delta_x^2 + \delta_y^2} \leqslant 2 \times 0.1M \tag{5.30}$$

式中:e 为点位较差,$\delta_x = x'_P - x''_P$,$\delta_y = y'_P - y''_P$,M 为测图比例尺。

3. 前方交会计算实例

【例 5.4】为了求得地形控制点 F_{10}(图 5.29)的坐标,分别在已知点 F_6、F_{11}、F_{21} 设站观测了 4 个角,试按前方交会法计算 $P(F_{10})$ 的坐标。

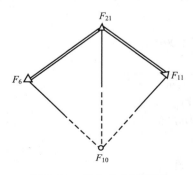

图 5.29　前方交会野外图

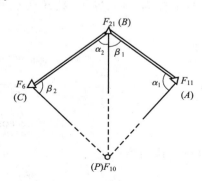

图 5.30　前方交会编号图

解：

(1)按前方交会法对图形点号编排的要求，设 F_{11} 为 A，F_{21} 为 B，F_6 为 C（图 5.30 和表 5.12），在 △ABP，∠PAB=α_1，∠ABP=β_1；在 △BCP 中，∠PBC = α_2 ，∠BCP = β_2。

(2)计算 F_{10} 的坐标：按式(5.29)求得 $P(F_{10})$点的两组坐标于表 5.14。

(3)精度分析：由于 $\delta_x = 0.03$ m，$\delta_y = 0.00$ m，所以，$e = \sqrt{\delta_x{}^2 + \delta_y{}^2} = 0.03$ m。设测图比例尺 $M=1\ 000$，则 $2 \times 0.1M$(毫米)$=0.2$ m。显然，e 小于 $0.1M$，故取两组坐标的平均值作为 P 点(F_{10})的最终坐标，见表 5.14。

表 5.14 前方交会计算表

计算者：李军

检查者：张勇

点之名称		观测角			X		角之余切值		Y	
P	F_{10}				x_P	37 194.57			y_P	16 226.42
A	F_{11}	α_1	40° 41′ 57″		x_A	37 477.54	$\cot\alpha_1$	1.162 641	y_A	16 307.24
B	F_{21}	β_1	75° 19′ 02″		x_B	37 327.20	$\cot\beta_1$	0.262 024	y_B	16 078.90
P	F_{10}	α_2			x_P	37 194.57	$\cot\alpha_2$	0.596 284	y_P	16 226.42
B	F_{21}	β_2	59° 11′ 35″		x_B	37 327.20	$\cot\beta_2$	0.381 735	y_B	16 078.90
C	F_6		69° 06′ 23″		x_C	37 163.69			y_C	16 046.65
中 数					x_P	37 194.56			y_P	16 226.42

4. 距离交会法的计算原理与公式

如图 5.31 所示，已知 A、B 两点的坐标(x_A、y_A)、(x_B、y_B)，实测水平距离 D_{AP}、D_{BP}。设未知点 P 的坐标为(x_P、y_P)，A、B 两点间的水平距离为 D_{AB}，AB 直线的坐标方位角为 α_{AB}，则

$$\alpha_{AB} = \arctan \frac{y_B - y_A}{x_B - x_A}$$

$$D_{AB} = \sqrt{(x_B - x_A)^2 + (y_B - y_A)^2}$$

$$\angle A = \arccos \frac{D_{AP}^2 + D_{AB}^2 - D_{BP}^2}{2 D_{AP} D_{AB}}$$

AP 边的坐标方位角为：

$$\alpha_{AP} = \alpha_{AB} - \angle A$$

由此推出 P 点的坐标为：

$$\begin{cases} x_P = x_A + \Delta x_{AP} = x_A + D_{AP}\cos\alpha_{AP} \\ y_P = y_A + \Delta y_{AP} = y_A + D_{AP}\sin\alpha_{AP} \end{cases} \tag{5.31}$$

显然,式(5.31)即是距离交会计算的基本公式。其核心是依据三角形的三边长,计算出三角形中与已知边相邻的角 $\angle A$。计算中特别强调注意公式中各量的对应关系。

5. 距离交会计算实例

按式(5.31)计算出的结果是否可靠,仍需要有一定的检核手段。为检查计算错误或摘录已知点坐标有误等,一般与前方交会一样,应测定三条边,组成两个距离交会图形。检核的方式有两种:一是分别按式(5.31)解

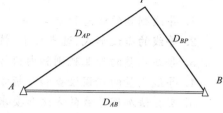

图 5.31　距离交会观测图

析出 P 点的两组坐标,在满足式(5.30)条件下,取两组平均值作为 P 点的坐标;二是按式(5.31)解析出 P 点坐标后,再按照距离计算公式,求算 P、C 两点之间的距离 $D_{CP算}$,然后与 $D_{CP测}$ 相比较(较差),衡量的标准仍依据式(5.30)。下面按照方式一列举算例,见表5.15。

表 5.15　距离交会计算算例

x_A	54 374.87	y_A	56 564.14	D_{AP}	565.658
x_B	55 144.96	y_B	56 083.07	D_{BP}	487.299
x_C	54 512.97	y_C	55 541.71	D_{CP}	551.926
$x_B - x_A$	770.09	$y_B - y_A$	−481.07	D_{AB}	908.002
$x_B - x_C$	631.99	$y_B - y_C$	541.36	D_{BC}	832.155
α_{AB}	328°00′26″	α_{CB}	40°35′00″		
$\angle A$	−)28°00′09″	$\angle C$	+)34°12′37″		
α_{AP}	300°00′17″	α_{CP}	74°47′37″		
x_A	54 374.87	x_C	54 512.97	中数	
$D_{AP}\cos\alpha_{AP}$	+) 282.87	$D_{CP}\cos\alpha_{CP}$	+) 144.77		
x_P	54 657.74	x_P	54 657.74	x_P	54 657.74
y_A	56 564.14	y_C	+)55 541.71	中数	
$D_{AP}\sin\alpha_{AP}$	+)−489.85	$D_{CP}\sin\alpha_{CP}$	532.60		
y_P	56 074.29	y_P	56 074.31	y_P	56 074.30
校核	$\delta_x = 0$,　$\delta_y = 0.02$ $e = \sqrt{\delta_x^2 + \delta_y^2} = 0.02\ \text{m}$ $e_容 = 2\times0.1M = 2\times0.1\times1\,000$ $= 200\ \text{mm} = 0.2\ \text{m}$		示意图		

一般来说,由于光电测距仪精度高,只要观测和计算中没有错误,计算结果均能满足要求。许多型号的全站仪(如索佳系列、南方系列全站仪),在未知点安置仪器,然后输入 3 个已知点的坐标及其有关的参数,再测量未知点到 3 个已知点的距离后,仪器内设的计算软件将按照上

述原理直接计算并显示出未知点的坐标。

 项目小结

1. 导线测量的概念和意义。
2. 导线的布设形式、选点要求、技术指标。
3. 导线测量的外业观测和内业计算,特别注意精度分析和闭合差的调整。
4. 导线测量的错误检查和分析方法。
5. 交会法加密导线的方法和要求,重点掌握前方交会和距离交会定点的方法。

 复习思考题

1. 测绘地形图和施工放样为什么要先建立控制网?
2. 导线有哪几种布设形式? 各在什么情况下使用?
3. 闭合导线与附合导线在内业计算中有哪些异同点?
4. 附合导线的内业计算内容包括哪些?
5. 导线测量中连接边和连接角有何作用?
6. 如何检查导线测量中出现的错误?
7. 设有闭合导线 1—2—3—4—1,其已知数据和观测数据列于表 5.16,试计算各导线点的坐标,并绘制草图。

表 5.16　闭合导线外业观测资料表

点号	观测角（右角）	坐标方位角 α	边长 D （m）	坐标值(m)	
				X	Y
1		94°32′40″	126.12	5 132.68	4 438.66
2	91°08′20″		86.26		
3	86°46′30″		91.29		
4	115°52′04″		90.58		
1	66°14′00″				
2					

项目6　地形图测绘

项目描述

地形图测绘也称碎部测量,是用测量仪器及工具测定地形特征点(碎部点)的平面位置和高程,并按地形图图式规定的符号将各种地物、地貌依比例缩小描绘成地形图的工作。本项目介绍地形图的基本知识、测绘地形图的常规方法、地形图的应用,通过学习达到会识图、测图和用图的目的。

拟实现的教学目标

1. 能力目标
● 懂图;
● 测图;
● 用图。
2. 知识目标
● 掌握地物和地貌的概念及地物、地貌在图上的表示方法;
● 掌握地形图的测绘方法及内业绘图技巧;
● 掌握识图、测图和用图的方法。
3. 素质目标
● 养成严谨求实的工作作风和吃苦耐劳的精神;
● 养成团队协作意识,具备一定的组织协调能力;
● 养成精益求精的工作态度,培养质量意识;
● 培养独立思考问题和解决问题的能力;
● 培养学生独立学习能力、信息获取和处理能力;
● 养成爱护仪器设备的职业操守。

相关案例——某校园地形图测绘

1. 工作任务
测绘某校园地形图,测图比例尺为 1:500。
2. 测区概况
(1)校园面积
$260 \times 200 = 52\ 000\ m^2$。

（2）已有测量资料

测区的平面控制网和高程控制网均已建立,各点的坐标和高程资料已齐全。

（3）平面和高程控制网布设形式

见案例图 6.1。

案例图 6.1　平面、高程控制网示意图

3. 观测任务

（1）地形图外业观测和绘制:用经纬仪视距法测量校园所有地物(一边测、一边绘),并绘制草图;

（2）地形图检查:在每个控制点上抽查 2～3 个地物点,并按照案例表 6.1 要求进行修正。

（3）地形图清绘与整饰:按照地形图图式的规定符号将所有地物准确、清晰地描绘出来,并加绘图廓、责任栏等。

测量等级:图根测量。

4. 测量规范

依据 GB 50026—2007《工程测量规范》,见案例表 6.1、6.2、6.3。

案例表 6.1　地物点点位中误差及高程误差要求

区域类别	点位中误差（mm）	高程中误差	
一般地区	0.8	平坦地区	$\frac{1}{3}h_d$
城镇建筑区、工矿区	0.6	丘陵地区	$\frac{1}{2}h_d$
水域	1.5	山地	$\frac{2}{3}h_d$
		高山地	$1h_d$

案例表 6.2　测图比例尺的选用

比例尺	用　途
1：5 000	可行性研究、总体规划、厂址选择、初步设计等
1：2 000	可行性研究、初步设计、矿山总图管理、城镇详细规划等
1：1 000	初步设计、施工图设计;城镇、工矿总图管理;竣工验收等
1：500	

注:对于精度要求较低的专用地形图,可按小一级比例尺地形图的规定进行测绘或利用小一级比例尺地形图放大成图。

案例表 6.3　大比例尺地形图的分类特征

特征	分　类	
	数字地形图	纸质地形图
信息载体	适合计算机存取的磁盘光盘等	纸质
表达方法	计算机可识别的代码系统和属性特征	线划、颜色、符号、注记等
数学精度	解析精度	图解精度
测绘产品	各类文件:如原始文件、成果文件、图形信息数据文件等	纸图、必要时附细部点成果表
工程应用	借助计算机及其外部设备	几何作图

典型工作任务 1　认识地形图

6.1.1　工作任务

通过地形图基本知识的学习,主要达到以下目标:

(1)会使用地形图图式;

(2)能看懂地形图。

说明:地形图的基本知识包括三大项内容:一是地物、地貌、地形和地形图的概念;二是比例尺和比例尺精度的含义;三是地物符号和地貌符号。通过本任务的学习,掌握地形、比例尺和地形图图式的基本知识,为识图、测图和绘图做好概念的理解和知识的铺垫。

6.1.2　相关配套知识

1. 地形的概念

地球表面上的物体概括起来可以分为地物和地貌两大类。地物是指自然形成或人工建成的有明显轮廓的物体,如道路、桥梁、隧道、房屋、耕地、河流、湖泊、树木、电线杆等;地貌是指地面高低起伏变化的自然地势,如平原、丘陵、山脉等。从狭义上讲,地形是指地貌;从广义上讲,地形是地物和地貌的总称。

地形图是把地面上地物和地貌的形状、大小和位置,采用正射投影的方法,运用特定的符号,按一定的比例缩绘于平面的图形。地形图既表示地物的平面位置,也表示地貌的形态。地形图主要有下列两种类型。

(1)白纸地形图

白纸地形图是传统的地形图形式,是在野外控制点上安置仪器,通过测量地形特征点,将测得的观测值(数值)用图解的方法画在事先准备好的图纸上,通过绘制、整饰等步骤完成的。图幅一般是 50 cm×50 cm 和 40 cm×50 cm 的白图纸,因此称为白纸地形图。白纸地形图是手工测图的原图,也叫底图。这种图是传统的地形测图成果,本项目会详细介绍地形图的传统测绘方法。

(2)数字地形图

随着电子技术、计算机技术和通信技术的飞速发展,极大地推动了测绘行业的发展。数字化技术实现了信息的采集、存储、处理、传输和再现;电子速测仪、电子数据终端使野外数据采集摆脱了许多不利因素的影响,测图精度大大提高;计算机技术的发展又使内业机助成图成为可能。目前已形成了从野外数据采集到内业制图全过程、一体化的测量制图系统,又称数字测图。

数字测图的基本思想是将地面上的地形和地理要素转换成数字量,然后由电子计算机对其进行处理,得到内容丰富的电子地图,需要时由图形输出设备输出地形图或各种专题图图形,这种地形图称为数字地形图。数字地形图的测绘将在"数字化测图技术"课程中详细介绍,此处不再赘述。

地理信息系统中主要的成分就是数字地形图。如果图上只反映地物的平面位置,不反映地貌的形态,则称为平面图。

2. 比例尺

地形图上某一线段长度与实地相应线段的水平长度之比,并将分子化为 1,称为地形图的比例尺。

根据表示方法不同,比例尺可分为数字比例尺和直线比例尺。

(1)数字比例尺

数字比例尺一般用分子为 1 的分数形式表示。

设图上某一直线的长度为 d,地面上相应直线的水平长度为 D,则图的比例尺为:

$$\frac{d}{D} = \frac{1}{M} \tag{6.1}$$

式中,分母 M 为缩小的倍数,分母越大比例尺就越小;反之分母越小,比例尺就越大。

例如:图上 1 cm 的长度表示地面上 1 m 的水平长度,称为 1‱ 的比例尺;图上 1 cm 表示地面上 10 m 的水平长度,称为 1‰ 的比例尺。比例尺一般分为大、中、小 3 种,其中:1：500、1：1 000、1：2 000、1：5 000、1：10 000 均称为大比例尺;1：25 000、1：50 000、1：100 000 均称为中比例尺;1：250 000、1：500 000、1：1 000 000 均称为小比例尺。

数字比例尺按地形图图示规定,书写在图廓下方正中。

(2)图示比例尺

用图上线段长度表示实际水平距离的比例尺,称为图示比例尺(又称直线比例尺),如图 6.1 所示。

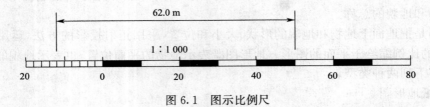

图 6.1　图示比例尺

直线比例尺一般都画在地形图的底部中央,以 2 cm 为基本单位。绘制方法如下:

1)先在图纸上绘一条直线,在该直线上截取若干 2 cm 或 1 cm 的线段,这些线段称为比例尺的基本单位;

2)将最左端的基本单位再分成 20 或 10 等分,然后,在基本单位的右分点上注记 0。

3)自 0 点起,在向左、向右的各分点上,注记不同线段所代表的实际长度。

图纸在干湿情况不同时是有伸缩的,图纸在使用过程中也会变形,若用木制的三棱尺去量图上的长度,则必然产生一些误差。

为了用图方便以及减小图纸伸缩而引起的误差,一般在图廓的下方绘一直线比例尺,用以直接量度图上直线的实际水平距离。用图时以图上所绘的直线比例尺为准,可以基本消除由于图纸伸缩而产生的误差。

使用直线比例尺时,要用分规在地形图上量出某两点的长度,然后将分规移至直线比例尺上,使其一脚尖对准 0 右边的某个整分划线上,从另一脚尖读取左边的小分划,并估读余数。如图 6.1 中,实地水平距离为 62.0 m。

(3)比例尺精度

1)定义

地形图上 0.1 mm 所代表的实地水平长度称为比例尺精度。人们用肉眼能直接分辨出的图上最小距离为 0.1 mm;假如地面上某距离按比例尺缩小后,长度短于 0.1 mm 时,则在图上画不出来。

2)计算公式

$$\varepsilon = 0.1 \times M \tag{6.2}$$

式中　ε——比例尺精度；

　　　 M——数字比例尺分母。

比例尺大小不同,比例尺精度就不同。常用大比例尺地形图的比例尺精度如表 6.1 所示。

表 6.1　大比例尺地形图的比例尺精度

比例尺	1∶500	1∶1 000	1∶2 000	1∶5 000	1∶10 000
比例尺精度	0.05	0.1	0.2	0.5	1

3)比例尺精度的重要意义

①当测图比例尺确定后,根据比例尺的精度,可以推算出测量距离时应精确到什么程度。例如测绘 1∶2 000 比例尺的地形图时,测量地面上距离的精度只需 0.2 m,因为小于 0.2 m 的地物在地形图上是无法表示出来的。

②为使某种尺寸的物体和地面形态都能在图上表示出来,可按要求确定测图比例尺。如要求在图上必须显示出 1 m 长的地物,则所选用的比例尺不应小于 1∶10 000。

③能合理地取舍所测的地物。例如:道路弯曲进深或突出小于比例尺精度,则此处可当直线测量,减少工作量。

3.地物的表示方法

地形图上的主要内容是地物和地貌。

为了便于测图和用图,在地形图上用规定的符号来表示地物和地貌,这些符号总称为地形图图式。表示地物的符号称为地物符号。

我国的《国家基本比例尺地形图图式》由国家测绘局统一制定、国家技术监督局发布,从事测绘工作的任何单位和个人都必须遵守执行。

现行的《国家基本比例尺地形图图式》是 2007 年发布实施的,该图式分为 4 个部分:

——第 1 部分:1∶500、1∶1 000、1∶2 000 地形图图式;

——第 2 部分:1∶5 000、1∶10 000 地形图图式;

——第 3 部分:1∶25 000、1∶50 000、1∶100 000 地形图图式;

——第 4 部分:1∶250 000、1∶500 000、1∶1 000 000 地形图图式。

测绘地形图时,应按照比例尺的不同选用相应的地形图图式所规定的符号;同时,应以最新版本为依据。表 6.2 是《1∶500、1∶1 000、1∶2 000 地形图图式》的摘录部分。图式规定了地形图上表示的各种自然和人工地物、地貌要素的符号和注记的等级、规格和颜色标准、图幅整饰规格,以及使用这些符号的原则、要求和基本方法。

《1∶500、1∶1 000、1∶2 000 地形图图式》中,将地物符号分为依比例尺符号、半依比例尺符号、不依比例尺符号和注记符号 4 种类型,采用青、品红、黄、黑(CMYK)四色,按规定色值进行分色。

(1)依比例尺符号

地物依比例尺缩小后,其长度和宽度能依比例尺表示的地物符号,如房屋、湖泊、水库、田地等。依比例符号能准确地表示出地物的形状、大小和所在位置。

(2)半依比例尺符号

地物依比例尺缩小后,其长度能依比例尺表示而宽度不能依比例尺表示的地物符号,如铁路、通讯线、小路、管道、围墙、境界等。

半依比例符号的线形宽度并不代表地物的实宽,只能说明地物的性质和相应的等级,但长度是按比例的,其符号中心线即为实地地物中心线的图上位置。

（3）不依比例尺符号

地物依比例尺缩小后,其长度和宽度不能依比例尺表示,如测量控制点、电杆、水井、树木、烟囱等。

不依比例尺符号不能准确表示出物体的形状和大小,只能表示地物的位置和属性。

不依比例尺符号中表示地物中心位置的点称为定位点。

1）符号图形中有一个点的,该点为地物的实地中心位置。

2）圆形、正方形、长方形等符号,定位点在其几何图形中心。

3）宽底符号（蒙古包、烟囱、水塔等）,定位点在其底线中心。

4）底部为直角的符号（风车、路标、独立树等）,定位点在其直角的顶点。

5）几种图形组成的符号（敖包、教堂、气象站等）,定位点在其下方图形的中心点或交叉点。

6）下方没有底线的符号（窑、亭、山洞等）,定位点在其下方两端点连线的中心点。

7）不依比例尺表示的其他符号（桥梁、水闸、拦水坝、溶斗等）,定位点在其符号的中心点。

8）线状符号（道路、河流等）,定位线在其符号的中轴线;依比例尺表示时,在两侧线的中轴线。

（4）注记符号

有时需要用文字或数字标注地物或地貌,这些文字和数字称为注记符号,起附加说明之意。

需要指出的是,依比例尺符号、不依比例尺符号、半依比例符号的运用也不是固定不变的,有时同一地物在不同比例尺的地形图上运用的符号就不相同。例如:某道路宽度为 6 m,在小于 1:1 000 的地形图上用半依比例尺符号表示,但是在 1:1 000 及其以上大比例尺地形图上则采用依比例尺符号表示。总之,测图比例尺越大,用依比例尺符号描绘的地物越多;测图比例尺越小,用不依比例尺符号和半依比例尺符号描绘的地物越多。

表 6.2　地形图图式符号

编号	符号名称	符号式样	符号细部图	多色图色值
1	三角点 a.土堆上的 张湾岭、黄土岗——点名 156.718、203.623——高程 5.0——比高	3.0 △ $\frac{张湾岭}{156.718}$ a 5.0 △ $\frac{黄土岗}{203.623}$		K100
2	小三角点 a.土堆上的 摩天岭、张庄——点名 294.91、156.71——高程 4.0——比高	3.0 ▽ $\frac{摩天岭}{294.91}$ a 4.0 ▽ $\frac{张庄}{156.71}$		K100

编号	符号名称	符 号 式 样	符号细部图	多色图色值
3	导线点 a.土堆上的 I16、I23——等级、点号 84.46、94.40——高程 2.4——比高	2.0 ◇ $\frac{I16}{84.46}$ a 2.4 ◈ $\frac{I23}{94.40}$		K100
4	埋石图根点 a.土堆上的 12、16——点号 275.46、175.64——高程 2.5——比高	2.0 ⊡ $\frac{12}{275.46}$ a 2.5 ⊡ $\frac{16}{175.64}$		K100
5	不埋石图根点 19——点号 84.47——高程	2.0 □ $\frac{19}{84.47}$		K100
6	水准点 Ⅱ——等级 京石5——点名点号 32.805——高程	2.0 ⊗ $\frac{京石5}{32.805}$		K100
7	卫星定位等级点 B——等级 14——点号 495.263——高程	3.0 ▲ $\frac{B14}{495.263}$		K100
8	独立天文点 照壁山——点名 24.54——高程	4.0 ☆ $\frac{照壁山}{24.54}$		K100
9	单幢房屋 a.一般房屋 b.有地下室的房屋 c.突出房屋 d.简易房屋 混、钢——房屋结构 1、3、28——房屋层数 -2——地下房屋层数	a 混1 b 混3-2 c ▨ d 简		K100
10	建筑中房屋	建		K100
11	棚房 a.四边有墙的 b.一边有墙的 c.无墙的	a 1.0 b 1.0 c 1.0 1.0 0.5		K100
12	破坏房屋	破 2.0 1.0		K100

编号	符号名称	符号式样	符号细部图	多色图色值
13	窑洞 　a. 地面上的 　　a1. 依比例尺的 　　a2. 不依比例尺的 　　a3. 房屋式的窑洞 　b. 地面下的 　　b1. 依比例尺的 　　b2. 不依比例尺的	a　a1　a2　a3 b　b1　b2	2.0　0.8 1.6	K100
14	水塔 　a. 依比例尺的 　b. 不依比例尺的	a　　　b　2.0	2.0 3.0　1.0 1.2	K100
15	烟囱及烟道 　a. 烟囱 　b. 烟道 　c. 架空烟道	a　　b　　c　1.0　砖 2.0	1.0 0.2　0.6 2.8 1.3	K100
16	宾馆、饭店	砼　H	0.7　0.3 2.8　H　0.4 1.4	K100
17	商场、超市	砼4　M	0.5　0.5 3.0　M　0.4 0.3　0.4	K100
18	剧院、电影院	砼	1.1 2.2　1.1 2.8	K100
19	厕所	厕		
20	电话亭		0.5 3.0　1.8	K100
21	垃圾场	垃圾场		K100
22	垃圾台 　a. 依比例尺的 　b. 不依比例尺的	a　　　b	1.6 1.6 0.8	K100

编号	符号名称	符号式样	符号细部图	多色图色值
23	坟地、公墓 a.依比例尺的 b.不依比例尺的	a （坟地符号图）　b　1.6⊥		K100
24	独立大坟 a.依比例尺的 b.不依比例尺的	a （独立大坟符号图）　b	4.0 1.4　　2.0 2.7	K100
25	围墙 a.依比例尺的 b.不依比例尺的	a （围墙符号图） 10.0　0.5 b 　0.3 10.0　0.5		K100
26	栅栏、栏杆	10.0　1.0		K100
27	篱笆	10.0　1.0 0.5		K100
28	活树篱笆	6.0　1.0 0.6		K100
29	铁丝网、电网	10.0　1.0 —×——×——电——×——×—		K100
30	台阶	0.6 1.0		K100
31	室外楼梯 a.上楼方向	混凝土8 a		K100
32	院门 a.围墙门 b.有门房的	a　　　　0.6 1.0　　45° b　砖　　砖		K100
33	门礅 a.依比例尺的 b.不依比例尺的	a 1.0 b		K100

编号	符号名称	符号式样	符号细部图	多色图色值
34	路灯			K100
35	岗亭、岗楼 a. 依比例尺的 b. 不依比例尺的	a 　　b		K100
36	宣传橱窗、广告牌 a. 双柱或多柱的 b. 单柱的	a 　1.0 　　　2.0 b 　　3.0		K100
37	假山石			K100
38	避雷针	30° 3.6 　　1.0 1.0		K100
39	标准轨铁路 a. 一般的 b. 电气化的 　b1. 电杆 c. 建筑中的	a 0.2 　10.0 　　a 0.15 　　　　0.6 　　0.8 0.4 b 8.0 　　　b b1 1.0 　　b1 1.0 c 2.0 　　c 2.0 8.0 　　8.0		K100
40	窄轨铁路	0.6 10.0 　0.4 　　10.0		K100

编号	符号名称	符号式样	符号细部图	多色图色值
41	高速公路 　a.临时停车点 　b.隔离带 　c.建筑中的			K100
42	国道 　a.一级公路 　　a1.隔离设施 　　a2.隔离带 　b.二至四级公路 　c.建筑中的 　①、②——技术等级代码 　（G305）、（G301）——国 道代码及编号			M100Y100
43	省道 　a.一级公路 　　a1.隔离设施 　　a2.隔离带 　b.二至四级公路 　c.建筑中的 　①、②——技术等级代码 　（S305）、（S301）——省道 代码及编号			M80
44	专用公路 　a.有路肩的 　b.无路肩的 　②——技术等级代码 　（Z301）——专用公路代 码及编号 　c.建筑中的			C100Y100

测 量 基 础

编号	符号名称	符号式样	符号细部图	多色图色值
45	地铁 　a. 地面下的 　b. 地面上的			M100
46	快速路			K100
47	街道 　a. 主干路 　b. 次干路 　c. 支路			K100
48	内部道路			K100
49	等高线及其注记 　a. 首曲线 　b. 计曲线 　c. 间曲线 　25——高程			M40Y100 K30
50	示坡线			M40Y100 K30
51	高程点及其注记 1520.3、—15.3——高程	0.5·1520.3　　·—15.3		K100
52	人工陡坎 　a. 未加固的 　b. 已加固的			K100
53	斜坡 　a. 未加固的 　b. 已加固的			a. M40 Y100K30、 K100 b. K100

续上表

编号	符号名称	符号式样	符号细部图	多色图色值
54	旱地	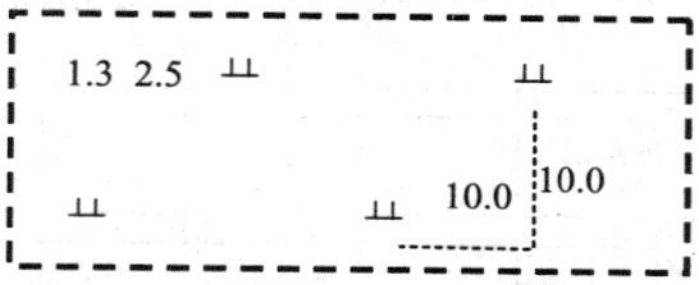 1.3 2.5　　　　⊥⊥ ⊥⊥　　　⊥⊥ 10.0　10.0		C100Y100
55	菜地	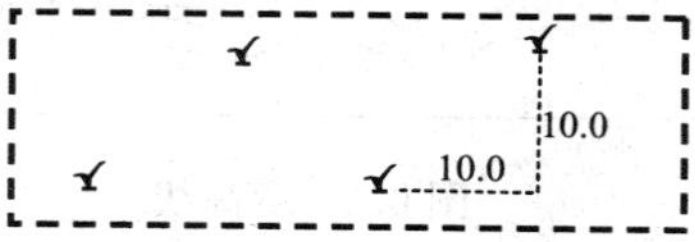 Y　　　　Y Y　　Y 10.0	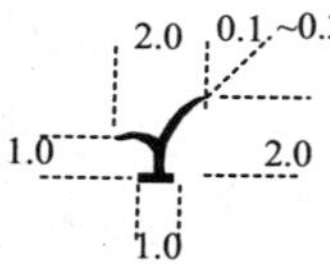 2.0 0.1~0.3 1.0　　2.0 1.0	C100Y100
56	行树 　a.乔木行树 　b.灌木行树	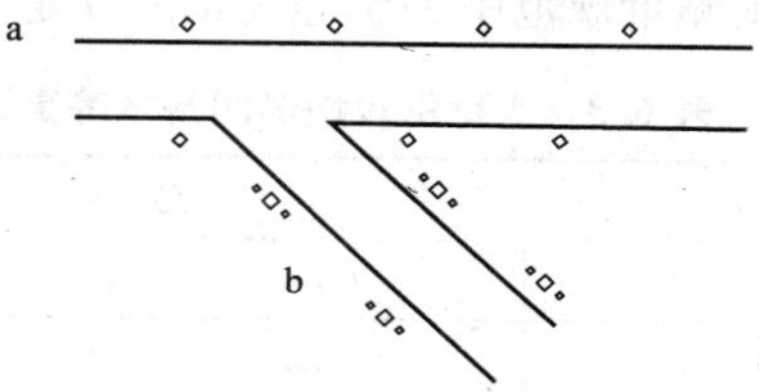 a b		C100Y100
57	独立树 　a.阔叶 　b.针叶 　c.棕榈、椰子、槟榔	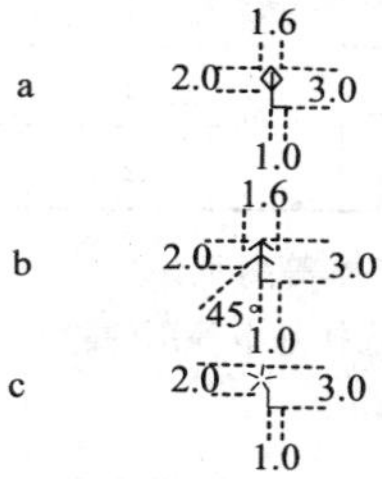 a　2.0 1.6 3.0 b　2.0 1.6 3.0 45 c　2.0 1.0 3.0 1.0	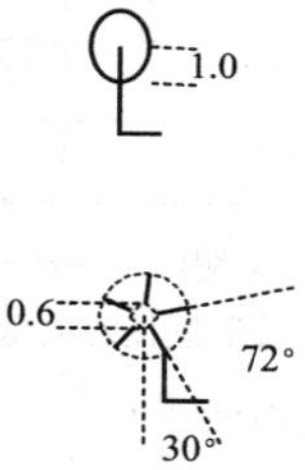 1.0 0.6　72° 30°	C100Y100

4.地貌的表示方法

地面上各种高低起伏的自然形态,在地形图上常用等高线和规定的符号表示。等高线不仅能表示地面的起伏形态,还能科学地表示出地面的坡度和地面点的高程。

(1)等高线的概念

等高线是地面上高程相等的相邻各点所连成的平滑的闭合曲线,即水平面(严格来说应是水准面)与地面的交线。

如图 6.2 所示,假想一个山头被水淹没,不久水即往下降落,每降落一定高度,记录一下水面与山的交线,然后把这些交线垂直投影在一个共同的水平面上,并按相应的比例尺缩绘在图纸上,就可以得到等高线图。如开始水面高程为 100 m,则图上从里向外各等高线高程分别为 100 m、90 m、80 m。

(2)等高距和等高线平距

1)等高距

地形图上相邻等高线之间的高差称为等高距,也叫做等高线间隔,用 h 表示。

在同一幅地形图上,等高线的等高距相同。等高线的间隔越小,越能详细地表示地面的变化情况;等高线间隔越大,图上表示地面的情况越简略。但是,等高线间隔过小时,地形图上的等高线过于密集,将会影响图面的清晰,而且测绘工作量会增大,花费时间也长。在测绘地形图时,应按照实际情况,根据测图比例尺的大小和测区的地势陡缓来选择合适的等高距,该等高距称为基本等高距。

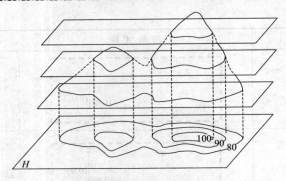

图 6.2　等高线

表 6.3 为大比例尺地形图测量规范中关于等高距的规定。

表 6.3　大比例尺地形图基本等高距

地形倾角(α)	比　例　尺			
	1 : 500	1 : 1 000	1 : 2 000	1 : 5 000
$\alpha < 3°$	0.5	0.5	1	2
$3° \leqslant \alpha < 10°$	0.5	1	2	5
$10° \leqslant \alpha < 25°$	1	1	2	5
$\alpha \geqslant 25°$	1	2	2	5

注:(1) 一个测区同一比例尺,宜采用一种基本等高距。

　　(2)水域测图按水底地形倾角和比例尺选择基本等深(高)距。

2)等高线平距

相邻等高线之间的水平距离,称为等高线平距,一般用 d 表示。

3)地面坡度

等高线间隔 h 与等高线平距 d 的比值,称为地面坡度,一般用 i 表示。

$$i = \tan\alpha = \frac{h}{d} \tag{6.3}$$

(3)等高线分类

1)首曲线

在同一幅地形图上,按规定的基本等高距描绘的等高线,称为首曲线,也称基本等高线,或叫细等高线。首曲线的高程是基本等高距的整倍数,用宽度为 0.15 mm 的细实线描绘。如图 6.3 所示 48 m、52 m、54 m、56 m、58 m 等的等高线。

2)计曲线

凡是高程能被 5 倍基本等高距整除的等高线,称为计曲线,也叫粗等高线,目的便于读图。计曲线用宽度为 0.3 mm 的粗实线描绘,一般地形图只在计曲线上注记高程。如图 6.3 中 50 m、60 m 等高线。

3)间曲线

当首曲线不足以显示局部地貌特征时且又有必要显示时,按 1/2 基本等高距描绘的等高线,称为间曲线,又称半距等高线。间曲线用长虚线表示,描绘时可不闭合。如图 6.3 中 51 m 等高线。

4)助曲线

当间曲线仍不足以显示局部地貌特征时,按 1/4 基本等高距描绘的等高线,称为助曲线,又称辅助等高线。辅助等高线用短虚线表示,描绘时可不闭合。如图 6.3 中 50.5 m 等高线。

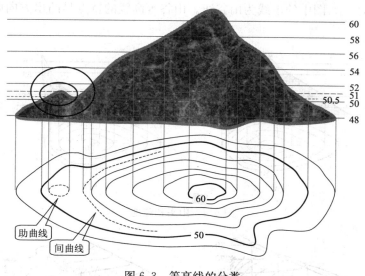

图 6.3 等高线的分类

(4)几种基本地貌及其等高线

自然地貌的形态是多种多样的,但可归结为几种典型地貌的综合,了解这些典型地貌等高线的特征,有助于识读、应用和测绘地形图。

1)山头和洼地

① 山头

凸出而高于四周的地貌称为山头。山头的最高部位称为山顶或山峰,侧面为山坡,山坡与平地交界处称为山脚或山麓。

② 洼地

陷落而低于四周的低地称为洼地,很大的洼地称为盆地。

③ 山头与洼地等高线的区分

山头与洼地的等高线都是由一组闭合曲线组成的,形状比较相似,如图 6.4(a)、(b)所示。区分山头和洼地等高线的方法有两种。

a.以等高线上所注的高程区分

内圈等高线较外圈等高线的高程高时,表示山头;

内圈等高线较外圈等高线的高程低时,表示洼地。

b.示坡线

示坡线是在等高线上顺下坡方向所画的短线。示坡线与等高线近似垂直,如图 6.4 所示。山头等高线的示坡线在等高线的外侧;洼地等高线的示坡线在等高线的内侧。

2)山脊与山谷

① 山脊

山顶向山脚延伸的凸起部分,称为山脊。山脊最高点间的连线称为山脊线。雨水以山脊为界流向两侧坡面,故山脊线又称为分水线。山脊及其等高线如图 6.5(a)所示,图中虚线为山脊线。山脊等高线的特点是凸出方向朝向下坡或者朝向低处。

② 山谷

山谷是沿着一个方向延伸下降的洼地。山谷中最低点连成的谷底线称为山谷线或集水线。如图 6.5(b)所示,图中的虚线为山谷线。山谷等高线的特点是凸出方向朝向上坡或者朝向高处。

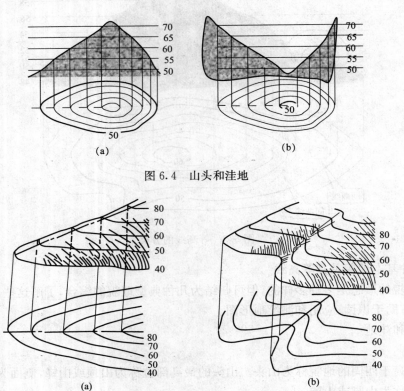

图 6.4　山头和洼地

图 6.5　山脊和山谷

3)鞍部

鞍部是相邻两个山顶之间呈现马鞍形状的部位。鞍部最低点称为垭口(也有把垭口处叫做鞍部的)。鞍部等高线的特点是在一圈大的闭合曲线内,套有两组小的闭合曲线,如图 6.6 所示。

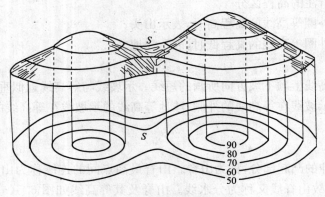

图 6.6　鞍部

4)悬崖

悬崖是上部突出、中间凹进的山坡。

悬崖等高线的特点是等高线相交,即上部的等高线投影在水平面上时,与下面的等高线相交。下部凹进的等高线用虚线表示,如图 6.7 所示。

5)峭壁

峭壁是陡峻的或近似垂直的山坡,也可称为陡崖。

由于这种山势的等高线非常密集或者重叠,因此,在地形图上用特殊符号表示,如图 6.8 所示。

6)冲沟

冲沟又称为雨裂,它是由于多年的雨水对山坡的冲刷,造成水土流失而形成的深沟,如图 6.9 所示。

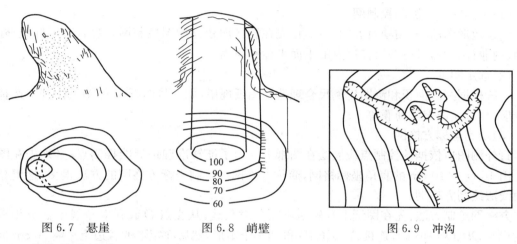

图 6.7　悬崖　　　　　　　图 6.8　峭壁　　　　　　　图 6.9　冲沟

(5)等高线的性质

根据用等高线表示地貌的情况,等高线的特性可以归纳如下:

1)位于同一条等高线上所有各点的高程相等;但高程相等的点不一定都在同一条等高线上。

2)等高线是连续闭合的曲线,如不能在本图幅内闭合,必定在相邻或其他图幅内闭合。等高线必须延伸至图幅边缘,不能在图内中断,但遇道路、房屋等地物符号和注记处可局部中断,而表示局部地貌而加绘的间曲线和助曲线,可以只在图内绘出一部分。

3)等高线在图内不能相交,一条等高线不能分成两条,也不能两条合成一条,陡崖、陡坎等高线密集处均用符号表示。

4)等高线间隔相同时,等高线密集表示地面坡度陡,等高线稀疏表示地面坡度缓,平距相等的等高线表示地面坡度均匀。

5)山脊线与山谷线均与等高线垂直正交。等高线凸向高程降低的方向表示山脊,凸向高程升高的方向表示山谷。

6)等高线间最短线段的方向即垂直于等高线的线段方向,是两等高线间最大坡度的方向。

典型工作任务 2　地形图测绘——经纬仪视距法

6.2.1　工作任务

通过经纬仪视距法测绘地形图知识的学习,主要达到以下目标:

（1）能绘制坐标方格网；

（2）能用经纬仪视距法测绘地形图。

说明：地形图测绘亦称碎部测量，碎部点即地物、地貌特征点，也称地形特征点。用测量仪器及工具测定地形特征点（碎部点）的平面位置和高程，并按地形图图式规定的符号将各种地物、地貌依比例缩小后描绘成地形图。

地形图测绘的常规方法是经纬仪视距法，即极坐标法。本任务学习经纬仪视距法测绘地形图的方法步骤，掌握地物和地貌测绘的方法，达到会测地形图的目的。

6.2.2 相关配套知识

1.测图前的准备工作

（1）在测区建立测图控制网

测绘地形图前，利用项目五的知识，首先在测区内建立测图控制网，包括选点、标记、外业观测、内业计算等，最终获得控制点的平面坐标和高程。

（2）选定图纸

一般根据测区面积和测图比例尺合理选择图纸规格，如 1 号图纸、2 号图纸。其次选择图纸纸质，如纸质或聚酯薄膜等。

（3）绘制坐标方格网

野外测图所依据的控制点应展绘在图纸上。为了能够准确地展绘控制点，必须先在图纸上绘出 10 cm×10 cm 的直角坐标格网，简称方格网。绘制坐标方格网的方法很多，这里介绍对角线法绘制方格网。

方格网绘制方法：先在图纸上轻轻地画两条对角线，从交点 O 起在对角线上截取相等长度的 OA、OB、OC 和 OD，连接 A、B、C、D 得到一个矩形，然后在矩形的各边上每隔 10 cm 标注一个点，连接相应的点就可得到坐标方格网，如图 6.10 所示。

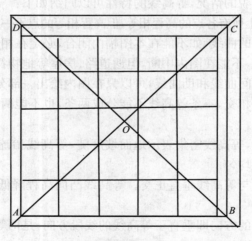

图 6.10 对角线法绘制坐标方格网

方格网绘制精度检查：坐标方格网绘好后，用直尺检查方格网的各交点是否在一条直线上，其误差应不大于 0.2 mm，用比例尺检查各方格的边长和对角线长，它们与理论值之差应分别不大于 0.2 mm 和 0.3 mm。

（4）展绘控制点

将测区内控制点按测图比例尺展绘到坐标方格网上的工作,称为展点。展点前应根据地形图的图幅和编号,标出图廓线相应的坐标值。如图 6.11 所示,测图比例尺为 1∶1 000,每格10 cm 代表实地 100 m。

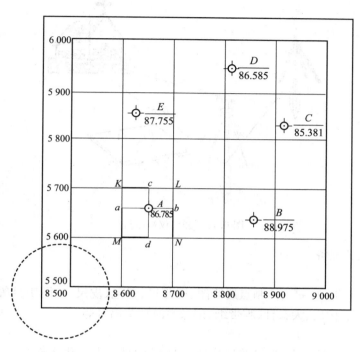

图 6.11　展会控制点

展点时,首先确定所展控制点的坐标值所在的方格。如图 6.11 所示,A 点的坐标值是$X=5\ 674.10$ m,$Y=8\ 662.72$ m,即 A 点的位置在 $MNKL$ 方格内。分别从 M 和 N 点各沿MK、NL 线向上量取 74.10 m(以 1∶1 000 的比例尺,即 74.1 mm)得 a、b 两点;再由 M 和 K点各沿 MN、KL 线向右量取 62.7 mm(图上距离)得 c、d 两点;连接 ab、cd,其交点为控制点 A的位置。用同样的方法展绘其他各点。

展点完成后,相邻导线点间连线即为导线边。用比例尺检查各导线边的距离,与相应的距离比较,其差值不超过图上 0.3 mm 为合格。按照《地形图图式》标注点号和高程,在点的右侧画一横线,横线以上书写点号,横线以下书写高程,如图 6.11 所示。

测图前应准备好测区的导线图,即图根控制应完成。

2.经纬仪视距法测绘地形图

以上准备工作完成后,就可以到实地测绘地形图。地形图测绘方法较多,最常用的是经纬仪视距法和数字化测图,此处只介绍视距法测绘地形图的方法和步骤。

视距法即极坐标法。如图 6.12 所示,将经纬仪安置在测图控制点 A 上(测站),以相邻控制点 B 为后视点,测出后视方向 B 与碎部点 1 方向间的水平夹角 β,并用视距测量测定测站点与碎部点之间的水平距离 D 和高程 H。依据 β 和 D 描绘 1 点,并注记高程 H。

小平板仪作为野外绘图台安置于测站旁,根据测得的水平角 β 和水平距离 D,用半圆仪按极坐标法依比例尺将碎部点绘在图纸上,最后以碎部点点位为高程注记的小数点标记碎部点的高程。

　　同法可以测出其他各点的平面位置。然后,对照实地,按规定的符号勾绘地物。当图幅内所有的点都测出来并绘制在图纸上以后,就完成了一张地形图的原图测绘工作。下面以一个测站为例介绍经纬仪视距法测绘地形图的方法、步骤。

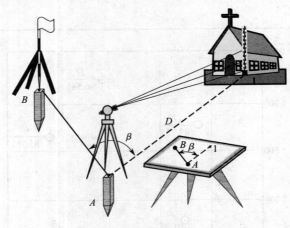

图 6.12　经纬仪视距法

　　(1)设备及人员配备

　　1)设备

　　经纬仪一套、平板仪一套、控制点展绘图、视距尺、背包(皮尺、绘图工具等)、花杆或测钎。自备 H 或 2H 铅笔、橡皮、大头针、胶带纸、记录手薄和草稿纸等。

　　2)人员

　　观测员 1 人、立尺员 2 人、记录兼计算员 1 人、绘图员 1 人。共计 5 人。

　　(2)测站上的准备工作

　　1)如图 6.13 所示,安置经纬仪于导线点 A,对中、整平;盘左瞄准后视点 B 定向,使水平度盘读数为 0°00′00″;并量取仪器高 i。

　　2)安装平板仪;粘贴图纸;延长定向方向;用大头针穿过圆心,将半圆仪固定在测站点上,准备好绘图工具。

　　3)填写记录手簿(测站点点号、定向点、仪器高、测站点高程等资料)。

　　4)商定跑尺路线,准备立尺(对于地物测量,最好沿定向方向顺时针观测一圈。对于地貌,应沿山脊线、山谷线上地形变化处跑尺,或沿等高线在地形变化处跑尺)。

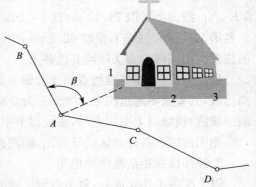

　　(3)测量碎部点

图 6.13　经纬仪视距法测定碎部点

　　1)观测。根据选定的跑点路线,跑尺员在地形特征点上立尺。观测员首先瞄准视距尺上与仪器同高的位置,打开竖盘自动补偿器开关,读取竖盘读数 L 和水平盘读数 β(水平度盘、竖直度盘读数精确到′即可),之后转动望远镜微动螺旋,使十字丝上(下)对准一个整分米刻划(如 1.3),再读取下(上)丝的读数(如 1.547),则观测者可快速计算出视距间隔 $l=0.247$(视距尺读数精确到 mm)。碎部点的最大间距和最大视距,见表 6.4。

2）记录、计算。记录员把观测数据如实、及时地记录在观测手簿上，见表6.5，并应用视距测量原理计算水平距离、高差、高程，及时通报给绘图员。

表6.4　碎部点的最大间距和最大视距

测图比例尺	地貌点最大间距(m)	最大视距(m)			
		主要地物点		次要地物点和地貌点	
		一般地区	城市建筑区	一般地区	城市建筑区
1∶500	15	60	50(量距)	100	70
1∶1 000	30	100	80	150	120
1∶2 000	50	180	120	250	200
1∶5 000	100	300	…	350	…

表6.5　经纬仪视距法测绘地形图观测手簿

测站：B　　　　　后视点：A　　　　　测站高程：376.57 m　　　　　仪器高：1.56 m

测点	中丝读数	尺间隔 I(m)	竖盘读数 (°)	竖直角 a	高差 h(m)	水平角 β	水平距离 D(m)	高程 H(m)	备注
1	1.56	0.683	92°45′	−2°45′	−3.27	46°35′	68.14	373.30	赵氏屋角
2	2.56	0.796	93°30′	−3°30′	−5.85	62°20′	79.30	370.72	赵氏屋角
3	1.56	0.345	85°25′	+4°35′	+2.75	119°53′	34.28	379.32	赵氏屋角
⋮	⋮	⋮	⋮	⋮	⋮	⋮	⋮	⋮	⋮
⋮	⋮	⋮	⋮	⋮	⋮	⋮	⋮	⋮	⋮

3）绘图。如要绘制表6.5中的3点，绘图员需将半圆仪上等于水平角119°53′的刻划线对准定向线AB(图6.14)，此时半圆仪的左侧半径方向即是测站点到碎部点的方向线，用三角板配合半径上的直尺，按图上水平距离24.68 m展点，并注记该点高程。注意：当水平角小于180°时，方向线在半圆仪的右侧半径上；当水平角大于180°时，方向线在半圆仪的左侧半径上。

以上是一个点的测定工作，按同样方法观测其他碎部点，根据碎部点间的相关关系绘出地物在图上的位置。

说明：测平面图时，可不测量地形特征点高程。在图6.14中，特征点点位与高程小数点重合。

房屋测绘以墙角为基准，至少应测3个屋角。大多数情况下，房屋都呈矩形，故测设3个点就可以检查房屋测绘的正确性。如果角度不正确，则需要重测，直至测绘正确。如图6.15所示。

(4)丈量其余边长，画草图记录数据

确定房屋测绘正确后，用皮尺丈量其余各边边长，根据实际情况绘制草图，并将丈量的各边长度记录于草图中，如图6.16所示。边长丈量至分米即可。

(5)依照草图和边长，按比例画出房屋轮廓线

依照草图和边长按比例画房屋轮廓线时，注意画至最后一条边时需要校核边长和角度，只有校核正确，才能确认此地物测绘完成。如图6.17所示，最后一条边长应为4.6 m，且应拐直角。如果校核不正确，则需要检查，找出错误，改正后再继续测量。

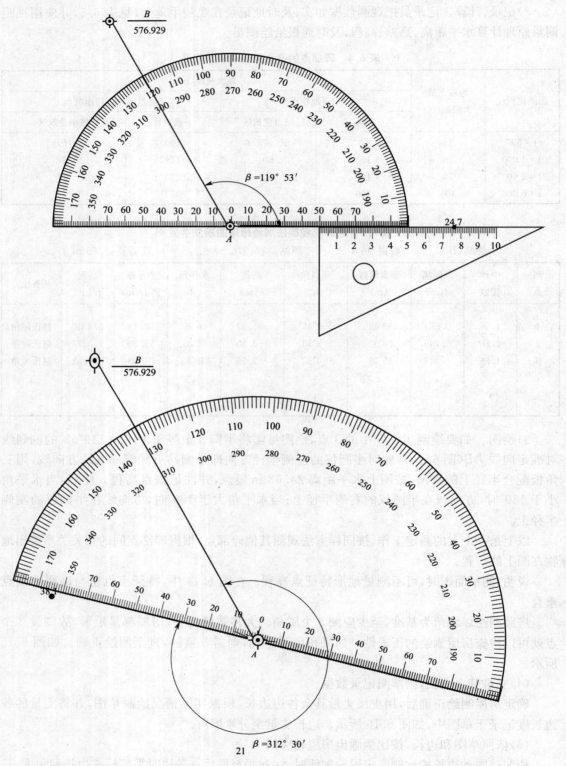

图 6.14　半圆仪画点

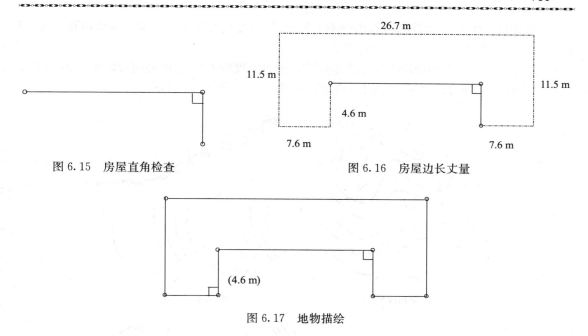

图 6.15　房屋直角检查　　　　　　　图 6.16　房屋边长丈量

图 6.17　地物描绘

依据以上步骤,依次测绘本测站所能测到的所有地物,待该测站的地物全部测完,可将测站搬到相邻测站点继续观测,这样逐站测满整幅图。

(6)注意事项

1)测绘人员要分工合作,以便配合得当,提高工作效率。

2)观测员应与绘图员同步,边测边绘,绘图员不要滞后于观测员太多,否则容易出错。

3)在测站上观测若干碎部点后,应重新照准后视点进行归零检查,归零差不应超过 4′。

4)当水平角大于 180°时,应在圆心的右侧量角度。

3. 地貌测绘

地貌特征点是体现地貌形态、反映地貌性质的特殊点位,简称地貌点,如山顶、鞍部、变坡点、地性线、山脊点和山谷点等。

由等高线表示地貌的原理可知,每一个水平面截割地表得到的等高线,其弯曲程度都能如实地反映在这一个高程平面内地表的形状。一组等高线的疏密反映了山坡坡度的陡缓程度。由点的高程插绘等高线,只有在两点间是同一坡度的情况下才能内插。由此可得出地貌特征点应是等高线平面轮廓转折点(这些点在地性线上)、山坡坡度变换点以及山头最高点、洼地最低点、鞍部最低点、谷口点、悬崖陡坎的起止点等。等高线平面轮廓转折点如图 6.18 所示,1、6、4、3 是山脊线上的特征点,即两个坡面相交的突出棱线上的点,2、5 是山谷线上的点,也是两个坡面相交棱线(凹下最低点连线)上的最低点,有了这些点,等高线平面转向就清楚了。图 6.19 所示为坡度变换点。不论是山脊线或山谷线,在纵面上都不可能是一个坡度,不同坡度上的等高线平距不同,所以必须把坡度变换点测出来。坡缘线:山脊或山谷线上凸出的最高点,如图 6.19 所示。坡麓线:山脊或山谷线上凹下的最底点,如图 6.19 所示。

(1)山脊

山脊又有尖山脊、圆山脊、平山脊之分。

1)尖山脊:如图 6.20(a)所示,其棱线清楚。测绘时,在山脊线的方向变换和坡高变换处立尺即可。

2)圆山脊:如图 6.20(b)所示,山脊不十分明显,脊部宽度较大。测绘时应沿山脊立尺,且两侧的立尺点要适当密一些,绘图时圆滑一些。

3)平山脊:如图 6.20(c)所示,山脊线不明显,脊背宽度较大,测绘时必须沿脊线 ab、bc 立尺。当山脊出现分岔现象时,要选准分岔点(N)并立尺,如图 6.21 所示。

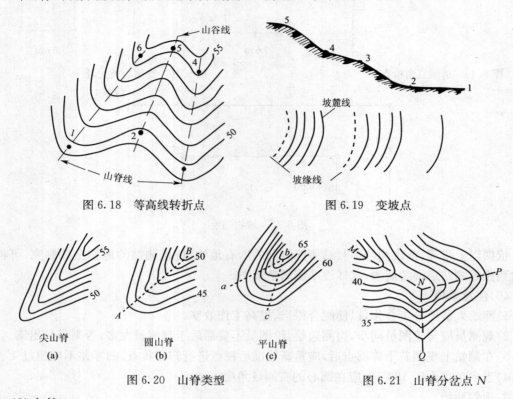

图 6.18　等高线转折点　　　　　图 6.19　变坡点

图 6.20　山脊类型　　　　　　图 6.21　山脊分岔点 N

(2)山谷

山谷等高线恰好与山脊等高线相反,是凸向高处。如图 6.22 所示,山谷按其形状也可以分为尖底山谷、圆底山谷和平底山谷。测绘立尺时与山脊相似,尖底山谷沿谷线立尺,两侧立尺点密一些,平底山谷在谷底两侧立尺,通过谷底的等高线形成近似平行直线状。

两个山谷相会的地方称谷会,如图 6.23 所示的 A 处,AD 为山脊,AE 为山谷,因此通过 A 处的等高线呈凸凹过渡状,A 处必须立尺,等高线应绘得平缓些。

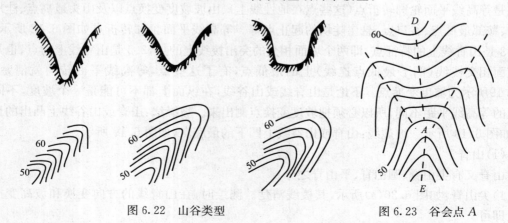

图 6.22　山谷类型　　　　　　图 6.23　谷会点 A

（3）鞍部

典型鞍部地貌的等高线为两组近似对称的双曲线，如图 6.24 所示。测绘时鞍部山脊线的最低点必须立尺。图 6.25 为常见的几种变形鞍部等高线图形。

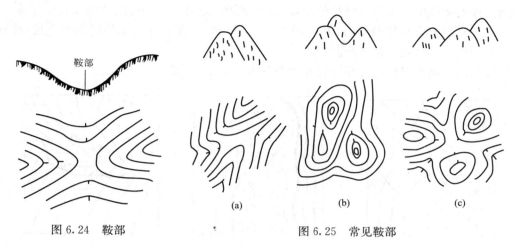

图 6.24　鞍部　　　　　　　　　　　　　图 6.25　常见鞍部

（4）山头

如图 6.26 所示，山头又有尖山顶、圆山顶、平山顶 3 种。尖山顶周围坡度变化不大，所以等高距也没有多大变化，除了在山顶最高点立尺外，在山坡的适当处立尺即可；圆山顶坡度较平缓，坡度是逐渐变陡，在坡度逐渐变化的地方立尺点应适当多一些；平山顶近似平地，到一定范围时，坡度突然变陡，变陡处必须立尺。

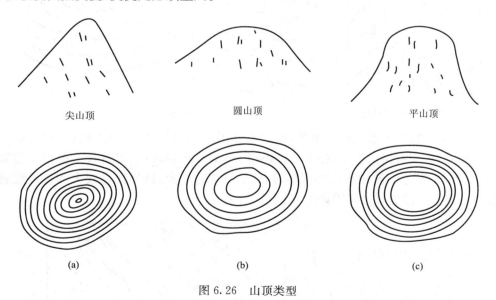

图 6.26　山顶类型

（5）盆地

盆地等高线与山头等高线相似，但盆地外圈等高线的高程大于内圈。绘图时要加绘示坡线，短线的指向表示水流方向。立尺与山头相似，盆地最低点必须立尺。

（6）特殊地貌

1）雨裂：用两端较尖的单线表示，在雨裂两端立尺。如图 6.27 所示，此处雨裂即小冲沟。

2)冲沟:如图 6.28 所示,沟底宽阔平缓处应适当立尺,并加绘等高线。

3)悬崖绝壁、崩崖:依实测范围按图例用符号表示。

4)喀斯特地貌:由石灰岩、白云岩等易溶性岩石,经过地面水和地下水的化学作用,岩石裂缝不断溶蚀而形成的各种奇形怪状的形态,称为喀斯特地貌。如锥形山地、溶洞、峰林等,在地形图中以等高线配合符号表示,如图 6.29 所示。测绘时应在岩峰底部外轮廓处立尺,峰顶位置可以分别用交会法和三角高程测定。

5)陡坎用等高线、符号、比高注记相结合的方式表示,如图 6.30 所示。

图 6.27　雨裂

图 6.28　冲沟

图 6.29　喀斯特地貌

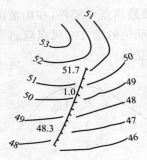

图 6.30　陡坎

6)梯田:水稻梯田的田面呈水平状,田坎整齐正规,在 1/500~1/1 000 比例尺测图中,要沿田坎立尺,测出所有田坎位置,在 1/2 000 和 1/5 000 比例尺中,可选择主要田坎实测于图上,如图 6.31(a)所示。当田坎比较密集时,可进行综合取舍,选择比高较大和等高线通过的田坎实测于图上。倾斜旱地梯田如图 6.31(b)所示。

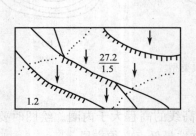

(a)　　　　　　　　　　　　　　　　　　　(b)

图 6.31　梯田

　　(7)测绘地貌的跑尺方法

　　1)沿地性线跑尺

　　如图 6.32 所示,立尺员沿第一个山脊的山脚开始,沿山脊 2、3、4 至山顶 5 点,再沿山谷线 6、7、8、9 下来,继而又沿第二个山脊、山谷跑点,直至跑完为止。用此种跑尺法,图上的地性线位置表示比较清楚,但立尺员体力消耗大,很少被测工采用。

　　2)沿等高线分层跑尺法

　　如图 6.33 所示,立尺员由山脚开始,沿山坡一层一层地往上跑,如第一层跑完 1、2、3、4、5 点后,再上一层,两层之间在图上的平距不大于该比例尺测图所允许的点间距离。第二层跑点 6、7、8、9。如果是山坡,为提高工效,每层之间的点位错开成梅花状,使地形点在图中间隔匀称。但除此之外,在每一层中尽可能选准地性线上的点立尺。在图 6.32 中,采用沿等高线分层跑尺法的顺序是:第一层 1,9,10,17,18 各点,然后再上升一层,沿 19、16、11、8、2 各点立尺。依次上升。如有两个立尺员,可以两个人并排横进,这种方法既便于观测,又便于勾绘等高线,立尺员体力消耗也小,是常用的跑尺法。但使用该法时,某些特征地形点,如谷尾、谷会、山脊线上的变坡点、主脊支脊的分岔点等,不论是否在该层高度上都必须是立尺点,图 6.34 是这类跑尺法的一个例子。

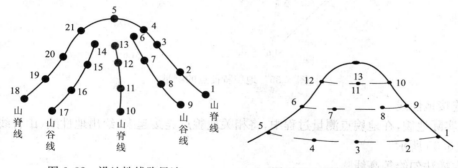

图 6.32　沿地性线跑尺法　　　　　图 6.33　沿等高线分层跑尺法

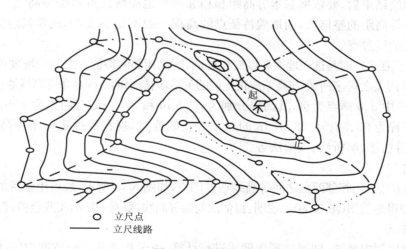

图 6.34　分层跑尺

　　4. 地貌的勾绘

　　地貌的勾绘是一项技术性很强的工作,要求注意地貌点的取舍和概括,并应具有灵活的绘图运笔技能。

(1)地貌特征点的测量

地貌特征点的测量与地物特征点一样用经纬仪视距法进行观测,区别在于地物的特征点是房屋的拐角、道路的拐弯处等,位置比较明显,容易判断和寻找;而地貌不是很规律,比较凌乱。一般测量地貌有两种跑尺方法:一是沿山脊线上,再沿山谷线下,分别在地形变化处(即坡度变化处)立尺观测,每点的观测方法同于地物点,如图 6.35 所示,实线表示山脊线,虚线表示山谷线,每一个点均是地面坡度变化的位置;二是可以沿等高线跑尺(此法适宜于梯田)。

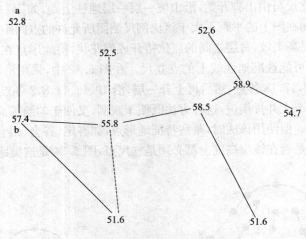

图 6.35　地貌特征点的测量

(2)连接地性线

参照实际地貌,在地貌点测量过程中,将相关地貌点连接起来,绘出地性线(山脊线和山谷线),如图 6.35 所示。

(3)内插法勾绘等高线

地貌点测绘结束后,要依据基本等高距和相邻两个地貌特征点勾绘等高线。由于等高线的高程必须是等高距的整倍数,而地貌特征点的高程一般不是整数,因此要勾绘等高线,首先要找出等高线的通过点。

地貌特征点在选取时是选在地面坡度变化处的,所以相邻两特征点之间的坡度可认为是均匀的。这样,可在两点之间,按平距与高差成正比例的关系,内插出两点间各条等高线通过的位置。

以图 6.35 中 a、b 两点为例,其高程分别为 52.8 m 和 57.4 m,等高距为 1 m,则在 a、b 两点间必然有高程为 53、54、55、56、57 m 的 5 条等高线通过,现在要确定每条等高线通过的位置,其方法有目估法、解析法、图解法等。

1)目估法

用目估的方法找出相邻两点之间等高线通过的点,如图 6.36 所示,最后用圆滑的曲线连接高程相同的点,即得地貌图(图 6.39)。说明:目估法勾绘等高线,要有一定的实践经验;否则,估不准。

2)解析法

解析法即比例内插法,即通过列比例式进行计算,由于相邻两点间坡度均匀,所以,对应的高差和水平距离应成比例,如图 6.35 中的 a、b 两点,其高差为 $h = 57.4 - 52.8 = 4.6$ m,在地形图上量得 a、b 间的水平距离为 42 mm,先在 a 端求高程为 53 m 的等高线通过点,即可得比例内插计算式为:

$$4.6 : 42 = 0.2 : x_1$$

解此式可得 $x_1 = \dfrac{0.2}{4.6} \times 42 = 1.8$ mm。

于是由 a 向 b 量 1.8 mm 即得 53 m 等高线通过点 1，用小点表示，如图 6.37。同法可求 57 m 等高线通过点 2，其余各点(54 m、55 m、56 m)可在 1、2 间用等分线段的方法获得。这样可将所有相邻两点之间等高线通过的点一一找出来，最后用圆滑的曲线将高程相同的点按照等高线的特性连接起来，即可得到图 6.39 所示的地貌图。

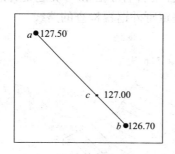

图 6.36　目估法勾绘等高线

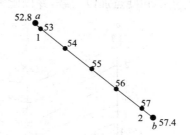

图 6.37　解析法勾绘等高线

3)图解法

用透明纸一张，画等距离的平行线 10 根，依次注明 0、1、2、…9，如图 6.38 所示。如欲在两点间插绘等高距为 1 m 的等高线，设已测得两点高程，点 a 为 52.80 m，点 b 为 57.40 m，可将透明纸复在底图上移动，使底图上 a 点位于 2.80 处，同时 b 点位于 7.40 处，则 a、b 连线与平行线 3、4、5、6、7 各线交点，即应为等高线 53.0、54.0、55.0、56.0、57.0 m 必经过之点。用针尖刺出各点，移去透明纸，底图上留下的针孔即为上述各高程点，与相邻同高程的点相连即可描绘出地貌的等高线图(图 6.39)。

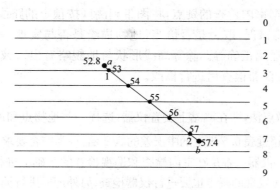

图 6.38　图解法勾绘等高线

勾绘等高线时要对照实地进行，要按等高线总体走向进行制图综合。线条要均匀圆滑，不要有死角或出刺现象。

如果在平坦地区测图，则很大范围内绘不出一条等高线。为表示地面起伏，就需要用高程碎部点表示。高程碎部点位置应均匀分布在平坦地区，各高程碎部点在图上间隔以 2～3 cm 为宜。平坦地区有地物时则以地物点高程为高程碎部点，无地物时则应单独测定高程碎部点。

5. 地形图检查

地形图测完后，必须对成图质量进行全面检查。

（1）室内检查

室内检查首先全面检查地形控制测量资料,包括手簿中的记载是否齐全、清楚和正确,各限差是否符合规范和设计要求,核对展点所抄录的图根点坐标和高程是否与原始成果表中一致;其次检查坐标格网绘制与坐标展点是否符合精度要求,查看图上图根点数是否满足测图的技术要求;最后查看地物、地貌是否清晰易读,各种符号、注记是否正确,地物的综合取舍是否合理,有无遗漏的地物和地貌,等高线与地形点的高程是否有矛盾和可疑之处,图边是否接洽等。对发现的错误和疑点加以记载,并以此为依据决定野外巡视检查的路线。

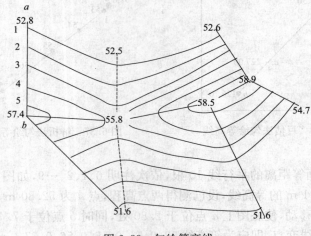

图 6.39　勾绘等高线

（2）野外检查

1）巡视检查

野外巡视检查是根据室内检查的疑点,将图带到测区按预定的路线逐幅对照查看,检查地物、地貌有无遗漏和主要错误,取舍是否恰当,地物描绘是否与实地一致,等高线勾绘是否正确,各种符号、注记是否运用正确等。除等高线形状与地貌略有出入或个别小的差异,可以立即修改外,重大错误须经仪器检查后进行修改。

2）仪器检查

仪器检查一般采用散点法,即在测站上安置仪器,选择一些地物点和地貌点立尺,测定其平面位置和高程,若各误差不超过表 6.6 规定的中误差的 $2\sqrt{2}$ 倍,视为符合要求;否则要予以更正。设站抽查量一般不少于 10%。仪器检查是在室内检查和巡视检查的基础上进行的,对检查中发现的错误和遗漏进行实测更正,对发现的疑点也要进行仪器检查;另外还要进行抽查。

表 6.6　图上地物点的点位中误差

区域类型	点位中误差（mm）
一般地区	0.8
城镇建筑区、工矿区	0.6
水域	1.5

注:(1)隐蔽或施测困难的一般地区测图,可放宽 50%。

　　(2)1:500 比例尺水域测图、其他比例尺的大面积平坦水域或水深超出 20 m 的开阔水域测图,根据具体情况,可放宽至 2.0 mm。

表 6.7　等高(深)线插求点或数字高程模型的高程中误差

一般地区	地形类别	平坦地	丘陵地	山地	高山地
	高程中误差(m)	$\frac{1}{3}H_d$	$\frac{1}{2}H_d$	$\frac{2}{3}H_d$	$1\,H_d$
水域	水底地形倾角(°)	$\alpha < 3$	$3 \leqslant \alpha < 10$	$10 \leqslant \alpha < 25$	$\alpha \geqslant 25$
	高程中误差(m)	$\frac{1}{2}H_d$	$\frac{2}{3}H_d$	$1\,H_d$	$\frac{3}{2}H_d$

注:(1)H_d 为地形图的基本等高距。

(2)对于数字高程模型,H_d 的取值应以模型比例尺和地形类别按表 5.3 取用。

(3)隐蔽或施测困难的一般地区测图,可放宽 50%。

(4)当作业困难、水深大于 20 m 或工程精度要求不高时,水域测图可放宽 1 倍。

6. 地形图的拼接和整饰

(1)地形图的拼接

当测区面积较大时,地形图必须分为若干图幅施测。由于测量和绘图误差,致使相邻图幅连接处的地物轮廓线与等高线不能完全吻合。为保证相邻图幅的相互拼接,每幅图四边均应测出图廓外 5～10 mm 的范围,如遇居民地或建筑物时,应尽量测至地物的转折处、管线等线状物,应测出其延伸方向。

为保证相邻图幅的拼接,在建立图根控制时,应在图边附近布设一定数量的图根点,并使之成为相邻图幅的公共测站点。因为图根点靠近图边可以保证图边测图的精度,而有公共测站施测,有利于接边工作。

地形图的拼接是在宽 5～6 cm 的透明纸条上进行的。先把透明纸蒙在本幅图的接图边上,用铅笔把图廓线、坐标格网线、地物、等高线透绘在透明纸上,然后将透明纸蒙在相邻图幅上,使图廓线和网格线拼齐后,即可检查接图边两侧的地物及等高线的偏差。相邻两图幅的地物及等高线偏差不超过规范规定的地物点点位中误差、等高线高程中误差的 $2\sqrt{2}$ 倍时,则先在透明纸上按平均位置进行修正,而后照此图修正原图。若偏差超过规定限差,则应分析原因,到实地检查并改正错误。

《工程测量规范》规定地物点相对于邻近图根点的点位中误差和等高线相对于邻近图根点的高程中误差如表 6.7 所示,地物点在图上的点位中误差不应超过表 6.6 中的规定。

(2)地形图的整饰

地形图整饰就是将野外测绘的铅笔原图,按原来线划符号位置以图式规定的符号要求用铅笔加以修整,使图面更加合理、清晰、美观,或对原图进行上墨。为此,需按原始图先图内后图外、先地物后地貌、先注记后符号的顺序进行修饰。地形图整饰的内容有:

1)擦掉多余的、不必要的线、点、符号和数字。

2)重绘内图廓线、坐标格网线并注记坐标。

3)所有地物、地貌应按图示规定的线划、符号、注记进行清绘。

4)各种文字注记应注在适当的位置,文字注记除等高线高程注记字头朝向高处及道路、河流名称注记应按朝向变化方向外,其他所有注记一律字头朝北。

5)等高线应描绘光滑圆顺,计曲线高程注记应成列。

6)按图式的要求书写图名、图号,绘制接图表和比例尺,注记坐标系、高程系、测绘单位和测绘者、测绘年月和成图方法等,如图 6.40 所示。

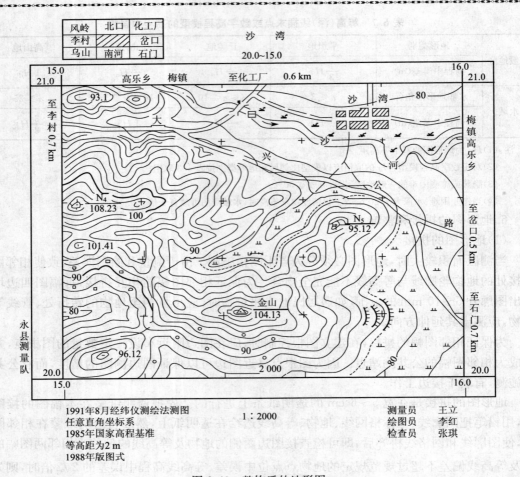

图 6.40　整饰后的地形图

1991年8月经纬仪测绘法测图
任意直角坐标系
1985年国家高程基准
等高距为2 m
1988年版图式

1 : 2000

测量员　　王立
绘图员　　李红
检查员　　张琪

知识拓展

地形图测绘的一般要求

1. 地形测绘的一般要求

(1)最大点位间距

用视距法测量水平距离和高差时,其误差随距离的增大而增大。为了保证地形图的精度,要对视距长度加以限制。各种比例尺测图时的最大点位间距见表6.8,最大视距见表6.9。

表 6.8　地形点的最大点位间距(m)

比例尺		1 : 500	1 : 1 000	1 : 2 000	1 : 5 000
一般地区		15	30	50	100
水域	断面间	10	20	40	100
	断面上测点间	5	10	20	50

注:水域测图的断面间距和断面的测点间距,根据地形变化和用图要求,可适当加密或放宽。

表 6.9　平板测图的最大视距长度

比例尺	最大视距长度（m）			
	一般地区		城镇建筑区	
	地物	地形	地物	地形
1∶500	60	100	—	70
1∶1 000	100	150	80	120
1∶2 000	180	250	150	200
1∶5 000	300	350	—	—

　　注：(1)垂直角超过±10°的范围时,视距长度应适当缩短;平坦地区成像清晰时,视距长度可放长20%。

　　(2)城镇建筑区1∶500比例尺测图,测站点至地物点的距离应实地丈量。

　　(3)城镇建筑区1∶5 000比例尺测图不宜采用平板测图。

(2)增设测站点

　　测图时,应利用图幅内所有控制点和图根点作为测站点,但在图根点不足或遇到地形复杂隐蔽处,需要增设地形转点作为临时测站。

　　《测规》规定,地形转点可用经纬仪视距法或交会法测设,可连续设置两个。用经纬仪视距法测设时,施测边长不能超过最大视距的2/3,竖直角不应大于25°;边长和高差均应往返观测,距离相对较差不大于1/200,高差不符值不大于1/500。用交会法测设时,距离不受限制,但交会角不应小于30°并不大于150°。

(3)合理掌握碎部点的分布密度

　　碎部点过稀,不能详细反映出地面的变化,影响成图质量;碎部点过密,不仅增加了工作量,而且影响图面的清晰。因此,碎部点的选择应按照少而精的原则。碎部点适宜的密度取决于地物、地貌的繁简程度和测图的比例尺。

　　《测规》规定地形点在图上的点间距:地面横坡陡于1∶3时,不宜大于15 mm;地面横坡为1∶3及以下时,不宜大于20 mm;大比例尺测图的地形点,一般在图上平均相隔1.5～2 cm一点为宜。

2. 地物测绘

　　地形图上所绘地物不是对相应地面情况的简单缩绘,而是经过取舍与概括后的测定与绘图。图上的线条应密度适当,否则会造成用图的困难。规范中规定图上凹凸小于0.4 mm的地物可以不表示其凹凸形状。

　　地物特征点是能够代表地物平面位置,反映地物形状、性质的特殊点位,简称地物点。如地物轮廓线的转折、交叉和弯曲等变化处的点;地物的形象中心;路线中心的交叉点;电力线的走向中心;独立地物的中心点等。

　　为突出地物基本特征和典型特征,化简某些次要碎部而进行的制图概括,称为地物概括。如在建筑物密集而且街道凌乱窄小的居民小区,为突出居民区所占位置及整个轮廓,清楚地表示贯穿居民区的主要街道,可以采取保持居民区四周建筑物平面位置正确,将凌乱的建筑物合并成几块建筑群,并用加宽表示的道路隔开的方法。

　　地物形状各异、大小不一,勾绘时可采用不同的方法:对于用依比例尺符号表示的规则地物,应随测随绘,即把相邻点连接起来,画出地物的形状;对于水井、地下管道检修井等用不依比例尺符号表示的地物,可在图上先绘出其中心位置,在整饰图面时再用规定的符号准确地描绘出来;对于管线等用半依比例尺符号表示的地物,可沿点连线,近似成形。

（1）居民驻地的测绘

对房屋建筑一般不作综合考虑，对临时建筑物可以舍去。在 1/2 000 的比例尺测图中可适当取舍，6 mm² 的天井可以不表示，但用 1/500 的比例尺测图，房屋内部的天井则要区分开来，0.5 mm 以下的次要巷道可以不显示。厂矿的宿舍区，统一规划的居民点，多数是排列整齐的有一定间距的房屋，如图 6.41 所示，只需测出外围轮廓并配合量距，就可绘出整排房屋的位置。如果每栋房屋高程不同，则每栋房屋要标出一个屋角的高程。

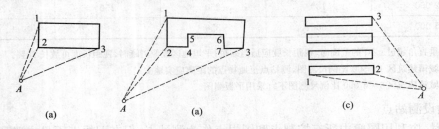

图 6.41　居民地测绘

（2）道路测绘

1）在铁路线上测量轨道中心线，对 1/500、1/1 000 的比例尺测图，按轨距绘双线，测轨顶标高，铁路两侧的附属建筑物，如信号机、公里标等按实际位置绘出。

2）公路按实际位置绘出，并标明路面使用的材料。

3）大车路是乡村主要的通路，一般可以通汽车，路宽不均匀，边界不清楚，测绘时应立尺于路中心，按平均宽度绘制。

4）人行小路，可以适当取舍，如田埂与小路重合，只绘小路。等高线穿过道路时，可在路边中断。

（3）管线测绘

电力线通讯线路，应按杆柱进行实测。线路密集时，居民地的低压线路可适当取舍，择要绘出。对架空管道，要测实际墩柱的位置，埋入地下的部分可以不绘出，同一杆上多种线路时择要绘出。

（4）水系测绘

河流、湖泊、池塘及其附属物（塘堤、水闸、水坝），一般按实际情况绘出。水涯线以常水位为准。图上每隔 15 cm 应测绘一个水位点，并加注高程。天沟、侧沟等水渠，应测沟渠底高程。

（5）植被测绘

森林、果园、耕地等，要测出植被边界，用地类界符号表示，界内加注符号和说明。地类界与道路河岸重合时，不绘地类界；与输电线重合时，地类界移位绘出。

（6）其余独立地物

凡能按比例绘出的，应实测外廓；不能按比例绘出的，则应按图例准确定出定位点或定位线。

（7）测绘地物的跑尺方法

测绘地物碎部点时一般是分类立尺，分区扫光。地物较多时应分类立尺，不能单为了立尺方便，一类地物未测完又去测另一类地物。特别不应留单点（即一类地物只测一个点），以免绘图员连错。地物较少时，一般由测站起将附近分成几个区，一个区由近到远跑完后，再由远到近测另一区。

3. 地形图的分幅和编号

为了便于测绘、使用和保管地形图,需要将大面积的地形图进行分幅,并将分幅的地形图进行系统的编号。地形图的分幅可分为两大类:一种是按经纬线分幅的梯形分幅法,另一种是按坐标格网划分的矩形分幅法。

(1)梯形分幅

1)1:100 万比例尺地形图的分幅及编号

1:100 万比例尺地形图的分幅编号由国标统一规定。作法是将整个地球表面用子午线分成 60 个 6° 的纵列,由经度 180° 起,自西向东用阿拉伯数字 1~60 编列号数。同时,由赤道起分别向南向北直至纬度 88° 止,以每隔 4° 的纬度圈分成许多横行,这些横行用大写的拉丁字母 A、B、C、……、V 标明。以两极为中心,以纬度 88° 为界的圆,则用 Z 标明。因此,一张 1:100 万比例尺地形图,它是由纬差 4° 的纬圈和经差 6° 的子午线所形成的梯形。每一幅 1:100 万比例尺的梯形图图号是由横行的字母与纵列的号数组成。

例如:图 6.42 所示某地位置是东经 122°28′25″,北纬 39°54′30″,其所在 1:100 万比例尺图的图幅编号为 J-51。

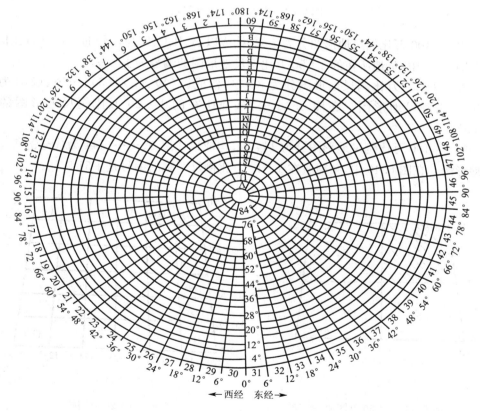

图 6.42　北半球 1:100 万图幅

图 6.42 为北半球 1:100 万比例尺地形图的分幅与编号;图 6.43 为我国领域的 1:100 万比例尺地形图的分幅与编号。在北半球和南半球的图幅,分别在编号前加 N 或 S 予以区别。因我国领域全部位于北半球,故省去 N。

2)1∶50万、1∶20万、1∶10万比例尺地形图的分幅及编号

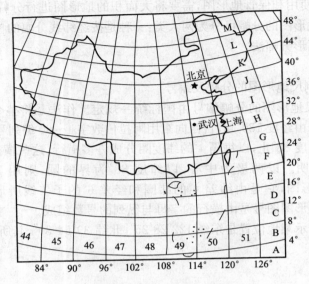

图 6.43　我国 1∶100 万图幅

　　将一幅 1∶100 万比例尺地形图分为 4 幅,构成以 A、B、C、D 为代号的 1∶50 万比例尺地形图。在图 6.44 中,某地所在的 1∶50 万比例尺地形图的编号为 J-51-A。

　　将一幅 1∶100 万比例尺地形图分为 36 幅,构成以(1)、(2)、(3)、……、(36)为代号的 1∶20 万比例尺地形图。在图 6.45 中,某地所在的 1∶20 万比例尺地形图的编号为 J-51-(3)。

　　将一幅 1∶100 万比例尺地形图分为 144 幅,构成以 1、2、3、……、144 为代号的 1∶10 万比例尺地形图。在图 6.46 中,某地所在 1∶10 万比例尺图幅的编号是 J-51-5。

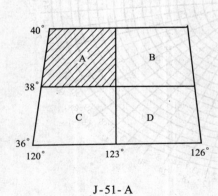

J-51-A

图 6.44　1∶50 万图幅

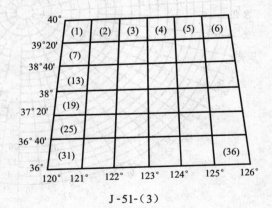

J-51-(3)

图 6.45　1∶20 万图幅

3)1∶5万、1∶2.5万和1∶1万比例尺地形图的分幅及编号

　　将 1∶10 万比例尺地形图划分为 4 幅,构成以 A、B、C、D 为代号的 1∶5 万比例尺地形图。在图 6.47 中,某地所在 1∶5 万比例尺地形图的编号为 J-51-5-B。

　　将 1∶5 万比例尺地形图划分为 4 幅,构成以数字 1、2、3、4 为代号的 1∶2.5 万比例尺地

形图。在图 6.47 中,某地所在 1∶2.5 万比例尺地形图的编号为 J-51-5-B-4。

将 1∶10 万比例尺地形图划分为 64 幅,构成以(1)、(2)、(3)、……、(64)为代号的 1∶1 万比例尺地形图。在图 6.47 中,某地所在 1∶1 万比例尺地形图的编号为 J-51-5-(24)。

测绘部门为了便于实际工作,特印制了专门的图幅接合表,以便各业务单位使用。

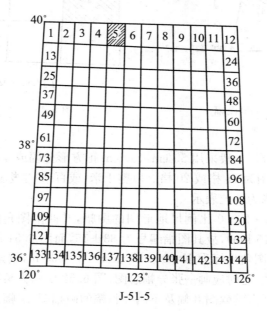

图 6.46　1∶10 万图幅

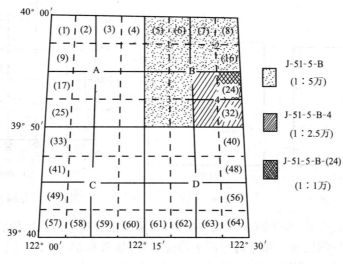

图 6.47　1∶5 万、1∶2.5 万、1∶1 万图幅

4)大比例尺地形图的分幅及编号

将 1∶1 万比例尺地形图分成 4 幅,构成以 a、b、c、d 为代号的 1∶5 000 比例尺地形图。在图 6.48 中,某地所在的 1∶5 000 比例尺地形图的编号为 J-51-5-(24)-b。

将 1∶5 000 比例尺地形图分成 9 幅,构成以 1、2、3、……、9 为代号的 1∶2 000 比例尺地形图。在图 6.49 中,某地所在的 1∶2 000 比例尺地形图的编号为 J-51-5-(24)-b-4。

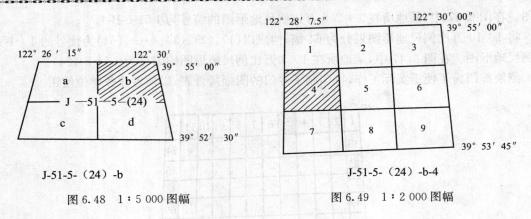

J-51-5-（24）-b

图 6.48　1：5 000 图幅

J-51-5-（24）-b-4

图 6.49　1：2 000 图幅

（2）矩形分幅

大比例尺地形图的分幅一般采用 50 cm×50 cm 正方形分幅或 40 cm×50 cm 矩形分幅，每个小格为 10 cm，每幅图为 25 格或 20 格。以整千米（或百米）坐标进行分幅，图号均用该图图廓西南角的坐标以千米为单位表示。

如图 6.50 所示，某 1：2 000 比例尺地形图的图幅，其西南图角的坐标为 $X=83\ 000$ m（83 km）、$Y=15\ 000$ m（15 km），故其图幅编号为 83+15，而图 6.51 所示为某 1：1 000 比例尺地形图的图幅，其西南图角坐标为 $X=83\ 500$ m、$Y=15\ 500$ m，故该图幅号为 83.5+15.5。

如果测区的范围较大，这时应画一张分幅总图，图 6.52 所示为某测区 1：1 000 比例尺测图时的分幅总图。该测区有整幅图 8 幅及不满一整幅的破幅图 17 幅。

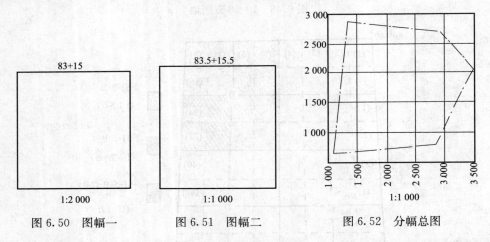

图 6.50　图幅一　　　　图 6.51　图幅二　　　　图 6.52　分幅总图

如果测区为狭长带状，为了减少图版和接图，可采用工程代号与阿拉伯数字相结合的方法进行任意分幅。如按测区统一顺序进行流水号法编号，如图 6.53 中，XX-15（XX 为测区）。也可按测区统一顺序进行行列编号法编号，如图 6.54 中 A-4。

因为大比例尺地形图很多是小面积地区的工程设计施工用图。在分幅编号问题上，要从实际出发，根据用图单位的要求和意见，结合作业的方便灵活处理以达到测图、用图、管图方便为目的。

4.图廓

在 1：500、1：1 000、1：2 000 地形图中，按照下面的规定来进行图廓的处理。

图廓示意图如图 6.55 所示。图名为两个字的其字间距为两个字，三个字的字间距为一个字,四个字以上的字间距一般为 2～3 mm。图名标注在图号上方并与图号一起标在北图廓上方中央。左上角为图幅接合表,可采用图名(或图号)注出。图上每隔 10 cm 绘出一坐标网线交叉点;图廓线上的坐标网线在图廓内侧绘 5 mm 的短线,根据需要也可以连通描绘。

1	2	3	4
5	6	7	8	9	10
11	12	13	14	15	16

图 6.53　流水号法编号

A-1	A-2	A-3	**A-4**	A-5	A-6
B-1	B-2	B-3	B-4		
	C-2	C-3	C-4	C-5	C-6

图 6.54　行列编号法

在图 6.55 中,可以看出图名、图号、图幅接合表、网线交叉点以及其他注记,因为版面篇幅所限,把图做了简化处理。在图中,还可以看出 x 坐标增量为 0.8 km,按 1∶2 000 比例尺可以知道,其图上尺寸为 40 cm;y 坐标增加了 1.0 km,其图上尺寸为 50 cm。

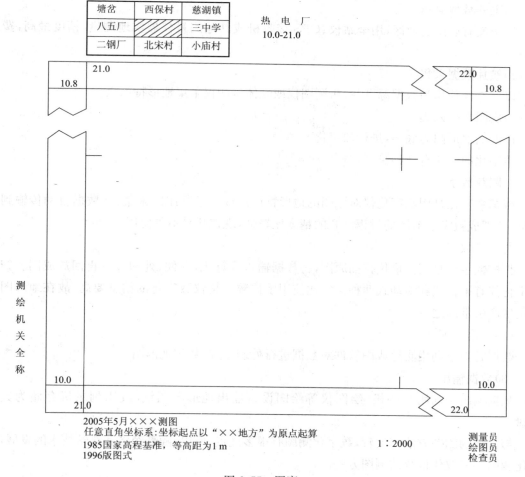

图 6.55　图廓

5. 数字化测图

随着电子计算机技术日新月异的发展及其在测绘领域的广泛应用,20 世纪 80 年代产生了数字化测图,即以计算机为核心,在外连输入输出设备硬件、软件的条件下,通过计算机对地形空间数据进行处理得到数字地图,需要时也可用数控绘图仪绘制所需的地形图或各种专题地图。

广义的数字化测图又称为计算机成图,主要包括地面数字测图、地图数字化成图、航测数字测图、计算机地图制图。在实际工作中,大比例尺数字化测图主要指野外实地测量即地面数字测图,也称野外数字化测图。

数字测图则使野外测量达到自动记录、自动解算处理、自动成图,并且提供了方便使用的数字地图软盘。数字测图点位精度高,自动化程度高,出错(读错、记错、展错)概率小,能自动提取坐标、距离、方位和面积等。绘出的地形图精确、规范、美观。

数字化测图的主要作业过程分为 3 个步骤。

(1)数据采集

由于空间数据的来源不同,采集的仪器和方法不同,目前有如下 3 种方法。

1)野外数据采集

用于没有底图的地区,用全站仪、GPS 接收机或其他测量仪器实地测量,精度最高,费用也高。

2)航片数据采集

以航空像片作为数据源,用解析测图仪或立体量测仪采集地形特征点。

3)底图数据采集

以旧的地形图为底图,进行数字化。

数字化的方法有 2 种。

①跟踪数字化

跟踪数字化是用数字化仪对原图的地形特征点逐点进行跟踪采集,将数据自动传输到计算机,处理成数字地形图的过程。它的精度比较低,现在几乎不再使用。

②扫描数字化

扫描数字化是用扫描仪扫描原图,将数据输入计算机,存储、处理并可再回放成图。扫描数字化仪有平台式和滚动式两种。它比使用手扶数字化仪数字化的精度要高,故在地形图数字化生产中常用之。

(2)数据处理

数据处理是利用测绘成图软件对数据进行处理,绘制数字地形图。

(3)数据输出

数据输出是利用打印机、绘图仪等绘图设备输出地形图图纸,或用刻录机存储为数据光盘。

与传统的测图方法相比较,数字化测图有很多优点,所以,随着经济和科学技术的发展,数字化测图必将取代传统的测图方法。

典型工作任务 3　地形图应用

6.3.1 工作任务

通过地形图应用知识的学习,主要达到以下目标:

(1)能根据地形图求地面点的坐标、距离、高程;

(2)能根据地形图求直线的方位角及坡度;

(3)能根据地形图确定汇水区域及求区域的面积;

(4)能根据地形图进行建筑物或构筑物的选线和设计;

(5)能根据地形图绘制纵横断面;

(6)能根据地形图进行场地平整。

说明:地形图的应用非常广泛,概括起来有十大应用,通过学习地形图的应用,培养学生识图、读图、用图的基本能力,达到会应用地形图解决实际问题的目的。

6.3.2　相关配套知识

地形图的一个突出特点是具有可量性和可定向性。设计人员可在地形图上对地物、地貌做定量分析。如可以确定图上某点的平面坐标和高程、确定图上两点的距离和方位等。地形图的另一个特点是综合性和易读性。在地形图上提供的信息内容非常丰富,如居民地、交通网、境界线等各种社会经济要素,水系、地貌、土壤和植被等自然地理要素,还有控制点、坐标方格网、比例尺等数字要素,此外还有文字、数字和符号等各种注记,尤其是大比例尺地形图更是土建工程规划、设计、施工和竣工管理等不可缺少的重要资料。因此,正确地识读和应用地形图是土建工程技术人员必须具备的基本技能。

1. 求图上任意点的坐标

大比例尺地形图绘有 10 cm×10 cm 的坐标方格网,并在图廓的西、南边上注有方格的纵、横坐标值,如图 6.56 所示。根据图上坐标方格网的坐标可以确定图上某点的坐标。例如,欲求图上 A 点的坐标,首先根据图上坐标注记和 A 点在图上的位置,找出 A 点所在的方格,过 A 点作坐标方格网的平行线与坐标方格相交于 a、b 两点,量出 $Pa=2.46$ cm、$Pb=6.48$ cm,再按地形图比例尺(1∶1 000)换算成实际距离 $Pb×1\ 000÷100=64.8$ m、$Pa×1\ 000÷100=24.6$ m,则 A 点的坐标为:

$$X_A=X_P+Pb×1\ 000÷100=600+64.8=664.8\ \text{m}$$
$$Y_A=Y_P+Pa×1\ 000÷100=600+24.6=624.6\ \text{m} \tag{6.4}$$

图解法求得的坐标精度受图解精度的限制,一般认为,图解精度为图上 0.1 mm,则图解精度不会高于 0.1 M(单位为 mm)。

2. 求图上任意点的高程

地形图上点的高程可根据等高线的高程求得。如图 6.57 所示,若某点 A 恰好在等高线上,则 A 点的高程与该等高线的高程相同,即 $H_A=51.0$ m。若某点 B 不在等高线上,而位于54 m 和 55 m 两根等高线之间,这时可通过 B 点作一条垂直于相邻等高线的线段 mn,量取 mn和 mB,如长度为 9.0 mm、5.4 mm,已知等高距 $h=1$ m,则可按内插法求得 B 点的高程:

$$H_B=H_m+\frac{mB}{mn}×h=54+\frac{5.4}{9.0}×1=54.6\ \text{m} \tag{6.5}$$

求图上某点的高程,通常也可根据等高线用目估法按比例推算该点的高程。例如,mB 约为 mn 的 6/10,则

$$H_B = H_m + \frac{6}{10}h = 54.6 \text{ m}$$

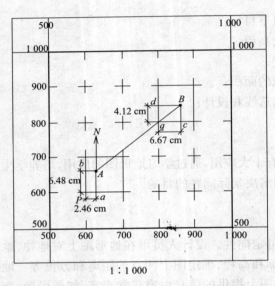

图 6.56　求点的坐标　　　　　　　　　　图 6.57　求点的高程

3. 求图上两点间的距离

求图上两点间的水平距离有下列两种方法。

(1)根据两点的坐标求水平距离

如图 6.58 所示,欲求 AB 的距离,可按式(6.4)先求出图上 A、B 两点的坐标值 X_A、Y_A 和 X_B、Y_B,然后按下式反算 AB 的水平距离:

$$D_{AB} = \sqrt{(X_B - X_A)^2 + (Y_B - Y_A)^2} \tag{6.6}$$

(2)在地形图上直接量距

用脚规在图上直接卡出 A、B 两点的长度,再与地形图上的图示比例尺比较,即可得出 AB 的水平距离。当精度要求不高时,可用比例尺(三棱尺)直接在图上量取。

$$D_{AB} = d_{AB}M \tag{6.7}$$

式中　d_{AB}——A、B 两点之间图上的距离;

　　　M——比例尺分母。

若图解坐标的求得考虑了图纸伸缩变形的影响,则解析法求得距离的精度高于图解法的精度。图纸上若绘有图示比例尺时,一般用图解法量取两点间的距离,这样既方便,又能保证精度。

4. 求图上某直线的坐标方位角

如图 6.59 所示,欲求图上直线 AB 的坐标方位角,有下列两种方法。

(1)解析法

图上 A、B 两点的坐标可按式(6.4)求得,则按下式计算直线 AB 的方位角:

$$a_{AB} = \arctan \frac{y_B - y_A}{X_B - X_A} = \arctan \frac{\Delta y_{AB}}{\Delta X_{AB}} \tag{6.8}$$

当使用电子计算器或三角函数计算 α_{AB} 的角值时,要根据 ΔX_{AB} 和 Δy_{AB} 的正负号,确定其所在的象限,再确定其大小(见项目 5 中表 5.3)。

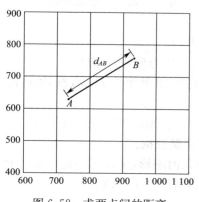

图 6.58　求两点间的距离

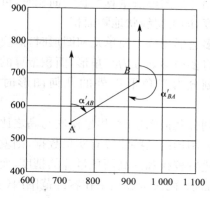

图 6.59　求直线的方位角

(2)图解法

当精度要求不高时,可用图解法用量角器在图上直接量取坐标方位角。如图 6.59 所示,通过 A、B 两点分别精确地作坐标纵轴的平行线,然后用量角器的中心分别对准 A、B 两点量出直线的坐标方位角 a'_{AB} 和直线 BA 的坐标方位角 a'_{BA} ,则直线 AB 的坐标方位角:

$$a_{AB} = \frac{1}{2}\left[a'_{AB} + (a'_{BA} \pm 180°)\right] \tag{6.9}$$

由于坐标量算的精度比角度量测的精度高,因此,通常用解析法获得方位角。

5. 求图上某直线的坡度

在地形图上求得直线的长度以及两端点的高程后,可按下式计算该直线的平均坡度:

$$i = \frac{h}{d \times M} = \frac{h}{D} \tag{6.10}$$

式中　d——图上量得的长度;

　　　M——地形图比例尺分母;

　　　h——直线两端点间的高差。

　　　D——该直线对应的实地水平距离。

坡度通常用千分率(‰)或百分率(%)的形式表示。"+"为上坡,"-"为下坡。

说明:若直线两端位于等高线上,则求得坡度可认为符合实际坡度;假若直线较长,中间通过许多条等高线,且等高线的平距不等,则所求的坡度只是该直线两端点间的平均坡度。

6. 量测图形面积

在规划设计和工程建筑中,常需在地形图上量测一定轮廓范围内的面积。例如,平整土地的填挖面积;规划设计城市某一区域的面积;厂矿用地面积;渠道和道路工程中的填、挖断面的面积;汇水面积等。量测图形面积的方法很多,下面介绍常用的 3 种图形面积量测方法。

(1)几何图形法

若图形是由直线连接的多边形,则可将图形划分为若干种简单的几何图形,如图 6.60 中的三角形、四边形、梯形等。然后用比例尺量取计算时所需的元素(长、宽、高),应用面积计算公式求出各个简单几何图形的面积,再汇总出多边形的面积。

图形面积如为曲线时,可近似地用直线连接成多边形,再按上述方法计算面积。

当用几何图形法量算线状物面积时,可将线状看做为长方形,用分规量出其总长度,乘以实量宽度,即可得线状地物面积。

将多边形划分为简单几何图形时,需要注意以下几点:

1)将多边形划分为三角形,面积量算的精度最高,其次为梯形、长方形。

2)划分为三角形以外的几何图形时,尽量使它的图形个数最少,线段最长,以减少误差。

3)划分几何图形时,尽量使底与高之比接近1∶1(使梯形的中位线接近于高)。

4)若图形的某些线段有实量数据,则就首先选用实量数据。

5)进行校核和提高面积量算的精度,要求对同一几何图形,量取另一组面积计算要素,量算两次面积,两次量算结果在容许范围内(表6.10),方可取其平均值。

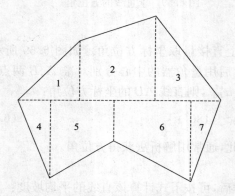

图 6.60 几何图形法量测图形面积

表 6.10 两次量算面积之较差的容许范围

图上面积(mm²)	相对误差
<100	<1/30
100~400	<1/50
400~1 000	<1/100
1 000~3 000	<1/150
3 000~5 000	<1/200
>5 000	<1/250

(2)透明格网法

如曲线包围的是不规则图形,可用绘有边长为1 mm或2 mm的正方形格网的透明膜片,通过蒙图数格法量算图形的面积。此法操作简单,易于掌握,能保证一定精度,在量算图形面积中,被广泛采用。

量算面积时,将透明纸或膜片覆盖在欲量算的图形上,如图6.61所示,欲量算的图形被分割为一定数量的整方格,每一整格代表一定面积值,再将边缘各分散格(也称破格)目估凑成若干整格(通常把破格,一律作半格计)。图形范围内所包含的方格数,乘以每格所代表的面积值,即为所量算图形的面积。如果知道一个方格所代表的实际面积,就可求得整个图形所代表的实际面积。例如:透明方格纸上每一方格为1 mm²,地形图的比例尺为1∶2 000,则每个方格相当于实地4 m²面积。

(3)平行线法

平行线法又称积距法。为了减少边缘破格因目估产生的面积误差,可采用平行线法。

如图6.62所示,量算面积时,将绘有间距 $d=1$ mm或2 mm的平行线组的透明纸(或透明膜片)覆盖在待算的图形上,使图形的上、下边缘线(a、s 两点)处于平行线的中央位置,固定平行线透明纸,则整个图形被平行切割成若干等高(d)的梯形(图上平行的虚线为梯形上、下底的平均值以 c 表示),则图形的总面积(图上)为:

$$p=c_1d+c_2d+c_3d+\cdots+c_nd=d(c_1+c_2+\cdots+c_n)=d\sum c \tag{6.11}$$

上式是图上面积,最后,再根据测图比例尺将其换算为实地面积,即

$$S = d\sum c \times M^2 \tag{6.12}$$

式中 M——测图比例尺分母。

例如:在 1:2 000 比例尺的地形图上,量得各梯形上、下底平均值的总和 $\sum C = 876$ mm, $d = 2$ mm,则此图形的实地面积为:

$$S = 2 \times 876 \times 2\ 000^2 \div 1\ 000^2 = 7\ 008\ \text{m}^2$$

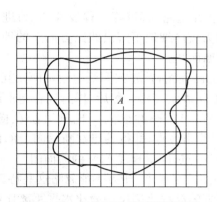

图 6.61 方格网法量测图形面积

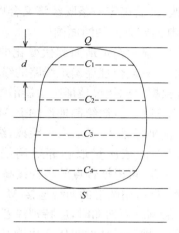

图 6.62 平行线法量测图形面积

(4)求积仪法

在这里不进行介绍,同学们可以参考其他书籍。

7. 按限制坡度选定最短路线

在道路、管线等工程规划中,一般要求按限制坡度选定一条最短路线或等坡度线。其基本作法是:

如图 6.63 所示,设从公路旁 A 点到山头 B 点选定一条路线。限制坡度为 4%,地形图比例尺为 1:2 000,等高距为 1 m。为了满足限制坡度的要求,可根据式(6.13)求出该线路通过相邻两等高线的最短平距,即求出相邻两等高线之间满足设计坡度的最短距离:

$$d = \frac{h}{i \times M} = \frac{1}{0.04 \times 2\ 000} = 12.5\ \text{mm} \tag{6.13}$$

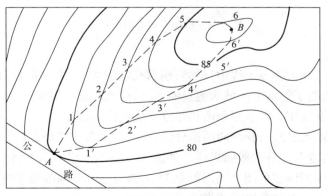

图 6.63 按限制坡度选定最短路线

于是,用脚规张开 12.5 mm,先以 A 点为圆心画圆弧交 81 m 等高线于 1、1′点;再以 1(1′)点画圆弧交 82 m 等高线于 2 点;依次类推直到 B 点。连接相邻点,便得同坡度路线 A−1−2…B。若所画弧不能与相邻等高线相交,则以最短平距直接连接相邻两等高线,这样,该线段为坡度小于 4‰ 的最短线路,符合设计要求。在图上尚可沿另一方向定出第二条 A−1′−2′…B,可以作为比较方案。其实,在图上满足设计要求的线路有多条,在实际工作中,还需在野外考虑工程上的其他因素,如少占或不占良田、避开不良地质地段、工程费用最少等进行修改,最后确定一条既经济又合理的路线。

8. 绘制给定方向的断面图

断面图是显示指定地面起伏变化的剖面图。在道路、管道等工程设计中,为进行填挖土(石)方量的概算或合理地确定线路的纵坡等,均需较详细地了解沿线路方向上的地面起伏情况,为此常根据大比例尺地形图绘制沿线方向的断面图。

如图 6.64 所示,欲绘制地形图上 MN 方向的断面图,首先在图纸上绘出两条互相垂直的坐标轴线,横坐标轴 D 表示水平距离,纵坐标轴 H 表示高程。然后,用脚规在地形图上自 M 点起沿 MN 方向依次量取相邻等高线的平距 M1、12、…并以同一比例尺绘在横轴上,得 M−1′−2′…N,再根据各点的高程按高程比例尺绘出各点,即得各点在断面图上的位置,M、1、2、3、…N;最后用圆滑的曲线连接 M、1、2、3、…N 点,即得直线 MN 的断面图。

注意:绘制纵断面图时,应特别注意 a、b、c 这 3 点的绘制,千万不能忽略这些特殊点。

为了明显地表示地面起伏变化情况,断面图上的高程比例尺一般比水平距离比例尺大 10 倍或 20 倍。

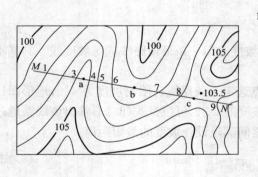
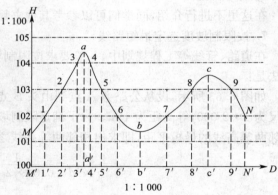

图 6.64　绘制给定方向的断面图

9. 确定汇水范围

在修筑桥涵和水库大坝等工程中,桥梁、涵洞孔径的大小,大坝的设计位置、高度、水库的库容量大小等,都需要了解这个区域水流量的大小,而水流量是根据汇水面积确定的。汇集水流量的面积称为汇水面积。汇水面积由相邻分水线连接而成。

由于地面上的雨水是沿山脊线向两侧分流,所以汇水范围的确定,就是在地形图上自选定的断面起,沿山脊线或其他分水线而求得。如图 6.67 所示,线路在 M 处要修建桥梁或涵洞,则由山脊线 bcdefga 所围成的闭合图形就是 M 上游的汇水范围的边界线。

确定汇水范围时应该注意以下两点:

(1)边界线应与山脊线一致,且与等高线垂直;

（2）边界线是经过一系列山头和鞍部的曲线，并与河谷的指定断面如图 6.65 中 M 处的直线闭合。

图上汇水范围确定后，可用面积求算的方法求得汇水面积，再根据当地的最大降雨量，来确定最大洪水流量，作为设计桥涵孔径及管径尺寸的参考。

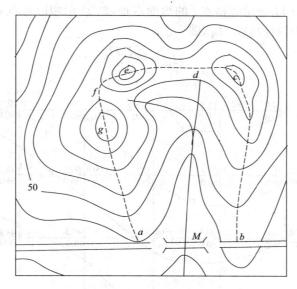

图 6.65　确定汇水范围

10. 场地平整的土（石）方估算

在土建工程建设中，通常要对地区的原地形做必要的改造，使改造后的地形适合于布置和修建各类建筑物，并便于排泄地面水，满足交通运输和铺设地下管道的要求。这种改造地形的工作，称为场地平整。在场地平整工作中，为了使土（石）方工程合理，既填方和挖方基本平衡，常要利用地形图来确定填、挖边界线进行填、挖土（石）方量的概算。场地平整的方法很多，其中方格网法是应用最广泛的一种。下面介绍此法的两种情况。

（1）设计成水平场地

图 6.66 为 1∶1 000 比例尺地形图，拟在图上将原地面平整成某一高程的水平面，使填、挖土（石）方量基本平衡。其步骤如下：

1）绘制方格网

在地形图上的拟建场地内绘制方格网。方格大小根据地形复杂程度、地形图比例尺以及要求的精度而定。方格的方向尽量与边界方向、主要建筑物方向或施工坐标方向一致。一般方格的边长以 10 m 或 20 m 为宜。图中方格为 20 m×20 m。各方格点的点号注于方格点的左下角，如图 6.68 中的 $A_1 A_2 \cdots E_3 E_4$ 等。

2）求各方格网点的地面高程

根据等高线高程，用目估法、内插法求出各方格点的地面高程，并注于方格网点的右上角。如图 6.68 中 A_1 点为 52.0 m，B_1 点为 51.1 m 等。

3）计算设计高程

用加权平均值法计算出原地形的平均高程，即为场地平整成水平面时填、挖方量保持平衡的设计高程。计算时，一般以各方格网点控制面积的大小作为确定"权"的标准。如果把一个方格(10 m×10 m 或 20 m×20 m)的面积作为一个单位面积,定为权=1,那么,位于整个方格网边界的外转角点(如 A_1、A_5、D_5、E_1、E_4)等点的权为 1;位于边界上的方格点(如 A_2、A_3、A_4、B_1、B_5、C_1、C_5、D_1、E_2、E_3)等点的权为 2;位于整个方格网边界的内转角点(如 D_4 点)的权为 3;位于方格网内部中心点(B_2、B_3、B_4、C_2、C_3、C_4、D_2、D_3)等点的权为 4。即每个方格网点的权为该点处四周方格的个数。设 H_i 表示方格点 i 的地面高程,P_i 表示相应各点 i 的权,则各方格网点高程的加权平均值即为设计高程 $H_设$,即

$$H_设 = \frac{\sum P_i H_i}{\sum P_1} \tag{6.14}$$

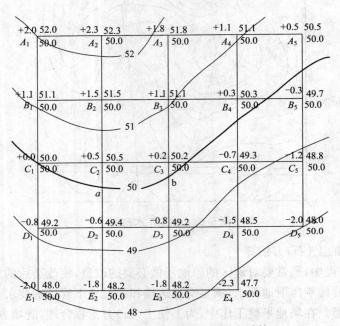

图 6.66　设计成水平场地的土方计算

现将图 6.66 中各方格网点的地面高程代入式(6.14),得该区域的地面设计高程:$H_设 =$ [1×(52.0+50.5+48.0+47.7+48.0)+2×(52.3+51.8+51.1+49.7+48.8+48.2+48.2+49.2+50.0+51.1)+3×48.5+4×(51.5+51.1+50.3+50.5+50.2+49.3+49.4+49.2)]÷(1×5+2×10+3×1+4×8)=50.0 m。并注于各方格网点的右下角。

4)计算方格网点填、挖值(量)

各方格网点地面高程与设计高程之差,即为该点填、挖数值:$h = H_地 - H_设$。并注于相应方格网点的左上角,如 52.0−50.0=+2.0 等。h 为"+"表示挖深,为"−"表示填高。

5)确定填挖边界线

在地形图上根据等高线,用目估法或内插法定出设计高程为 50.0 m 的高程点,即填挖边界点,称为零点,如图 6.66 所示。连接相邻零点的曲线(图 6.66 中 50 m 的等高线)即为填挖边界线。位于填挖边界线以北为挖方区域,以南为填方区域。零点和填挖边界线是计算土方量和施工的依据。零点的位置也可按相似三角形的比例求出。如图 6.67 所示,C_2 点挖深 0.5 m,D_2 点填高 0.6 m,则零点至 C_2 点的距离为:

$$x_1 = \frac{L}{|h_1| + |h_2|} \times |h_1| \tag{6.15}$$

式中　L——方格网边长；

$|h_1|$、$|h_2|$——方格两端点填、挖值的绝对值；

　　x_1——零点距填挖值为 h_1 的方格点的距离。

将各数值代入式(6.15)得：

$$x_1(ac_2) = \frac{20}{0.5 + 0.6} \times 0.5 = 9.1(\text{m})$$

同法可得 $x_2(bc_3)$ 为 4 m。

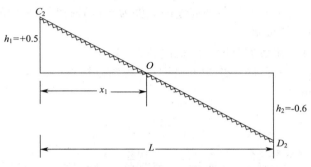

图 6.67　用比例内插法求填挖边界线

同理，可求出各零点的位置。然后在图上逐点连接出零点位置。

6)计算填、挖土(石)方量

计算填、挖土(石)方量有 3 种情况：一种是整个方格为挖方，如图 6.68 中方格 $B_2C_2C_3B_3$；一种是整个方格全为填方，如 $D_2E_2E_3D_3$；还有一种是既有挖方又有填方的方格，如方格 $C_2D_2D_3C_3$。

现以方格 $B_2C_2C_3B_3$、$C_2D_2D_3C_3$、$D_2E_2E_3D_3$ 为例，说明土石方量得计算方法。

①方格 $B_2C_2C_3B_3$ 全为挖方，则

$$V_{挖} = \frac{1}{4}(1.5 + 1.1 + 0.5 + 0.2) \times A_{挖}$$

$$= +0.825 A_{挖} = +0.825 \times 20 \times 20 = 330(\text{m}^3) \tag{6.16}$$

②方格 $C_2D_2D_3C_3$ 既有挖方又有填方，则

$$V_{填} = \frac{1}{4}(0 + 0 - 0.6 - 0.8) \times A_{填} = -0.35 A_{填} = -0.35 A_{填}(\text{m}^3) \tag{6.17}$$

其中 $A_{填}$ 应按曲边梯形(或近似梯形)的面积计算。即

$$A_{填} = \frac{1}{2}[X_1(c_2a) + X_2(c_3b)] \times L = \frac{1}{2}(9.1 + 4) \times 20 = 131(\text{m}^2)$$

代入式(6.17)得

$$V_{填} = -0.35 A_{填} = -0.35 \times 131 = -45.85 \text{ m}^3$$

$$V_{挖} = \frac{1}{4}(0.5 + 0.2 + 0 + 0) \times A_{挖} = +0.175 A_{挖} = +0.175 A_{挖}(\text{m}^3) \tag{6.18}$$

$A_{挖}$ 应仿照 $A_{填}$ 进行计算(或 $A_{挖} = 400 - A_{填}$)。有时填挖边界线将方格分为五边形和三角形，则先计算三角形的面积，而五边形的面积等于正方形的面积减去三角形的面积。

③方格 $D_2E_2E_3D_3$ 全为填方，则

$$V_{填} = \frac{1}{4}(-0.8 - 0.6 - 1.8 - 1.8) \times A_{填}$$

$$= -1.25 A_{填} = -1.25 \times 400 = -500(\text{m}^3) \tag{6.19}$$

式中　$A_{挖}$、$A_{填}$——方格网中相应的填、挖面积。

根据各方格的填、挖土(石)方量,可求得整个场地的总填、挖土(石)方量。填、挖土(石)方总量应基本平衡。

$$V_{挖}=\sum V_{挖} \tag{6.20}$$
$$V_{填}=\sum V_{填} \tag{6.21}$$

(2)设计成一定坡度的倾斜场地

如图 6.68 所示,根据原地形情况,欲将方格网范围内平整为倾斜场地,设计要求:倾斜面的坡度,从北到南的坡度为-2%,自西向东的坡度为-1.5%;倾斜平面的设计高程应使填、挖土(石)方量基本平衡。其步骤如下:

1)绘制方格网,并求出各方格网点的地面高程

与设计成水平场地一样,同法绘制方格网,并将各方格点的地面高程注在图上。图 6.68 中方格网边长为 20 m。

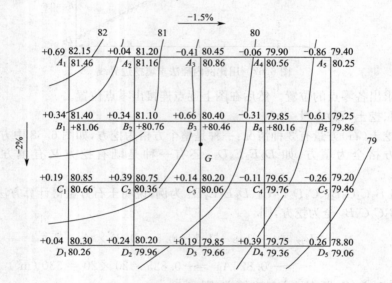

图 6.68　设计成倾斜场地的土方计算

2)计算各方格网点的设计高程

根据填、挖土(石)方量平衡的原则,按式(6.14)计算该场地的设计高程。此高程为整个场地几何图形中心(图中 G 点)的设计高程。如用图 6.70 中的数据计算得 $H_{设}=80.26$ m。

重心点及其设计高程确定以后,根据方格网点间距和设计坡度,自重心点沿方格方向,向四周推算各方格点的设计高程,并在图中标出。

南北两方格点间设计高差$=20\times2\%=0.4$(m)。

东西两方格点间设计高差$=20\times1.5\%=0.3$(m)。重心点 G 的设计高程为 80.26 m,其北 B_3 点设计高程为 $80.26+0.2=80.46$(m);其南 C_3 点设计高程为 $80.26-0.2=80.06$ m,D_3 点设计高程为 $80.06-0.4=79.66$(m)。同理可推得其他各方格点的设计高程。将设计高程注于方格网点的右下角,并进行计算校核:

①从一个角点起沿边界逐点的推算一周后回到起点,设计高程应该闭合;

②对角线各点设计高程的差值应完全一致。

3)计算方格点填、挖数值

根据图 6.68 中地面高程与设计高程值,按式 $h = H_地 - H_设$ 计算各方格点的填、挖数值,并注于相应点的左上角。

4)计算填、挖方量

根据方格点的填、挖数值,可仿照整理成水平场地的方法,确定填挖边界线,按式(6.16)～式(6.21)计算各方格点的填、挖土(石)方量及整个场地的总填、挖土(石)方量。方法同于平整成水平场地。

🔑 知识拓展

数字地形图在工程中的应用

随着科学技术的发展,数字地形图在工程建设中得到了广泛的应用。

目前,数字化成图软件很多,数字地形图的某一种应用在不同软件中的操作方法不一定相同,用户可参考相应的软件操作手册和使用说明书进行学习。购买软件时一般附有软件的操作手册和使用说明书,也可以在网站上免费下载。

下面简要介绍数字地图在工程建设中的应用。

1. 基本几何要素的量测

地形图的基本几何要素主要包括点的坐标、两点间距离和方向、任一线段长度、实体面积和表面积等。

2. 计算土方量

计算土石方量的方法很多,有 DTM 法、断面法、方格网法、等高线法等。

(1)DTM 法

由 DTM 模型计算土方量是根据实地测定的地面点坐标(x,y,z)和设计高程,通过生成三角网,计算每一个三棱锥的填挖量,最后累计得到指定范围内填方和挖方的土方量,并绘出填挖方分界线。

DTM 法计算土石方量又可分为根据坐标文件计算、根据图上高程点计算和依图上三角网计算 3 种。

(2)断面法

断面法土方计算主要用在公路土方计算和区域土方计算,即道路断面法土方计算和场地断面法土方计算。二者的计算方法有较大差异。

(3)方格网法

方格网法计算土方量是根据实地测定的地面点坐标(x,y,z)和设计高程,通过生成方格网来计算每一个长方体的填挖方量,最后累计得到指定范围内填方和挖方的土方量,并绘出填挖方分界线。

(4)等高线法

将白纸图扫描矢量化得到的数字地形图没有高程数据文件,所以无法用前面的几种方法计算土方量,但这些图上都有等高线,可利用等高线来计算土方量。

等高线法可计算任两条闭合的等高线之间的土方量。两条等高线之间的高差是已知的,所以只需计算两条等高线所围的面积,就可以求出这两条等高线之间的土方量。

(5)土方量平衡计算

当一个场地需要平整时,常常要进行土方平衡,即挖方量刚好等于填方量。施工时以填挖方边界线为界,从较高处挖得的土方直接填到区域内较低的地方,就可完成场地平整。这样可以大幅度减少运输费用,减少工程造价。

3.绘制断面图

绘制断面图有两种方法:一种是由图面生成;另一种是由里程文件生成(主要用于公路纵横断面设计)。

4.公路曲线设计与测设

当设计人员给出圆曲线或缓和曲线的基本要素,系统就可以根据基本要素算出测设曲线的放样参数,并绘出曲线以及注记曲线的特征点。

5.面积的计算与调整

面积的计算在工程中运用非常广泛,是地形图在工程建设中应用的一个重要环节。在量算面积时,还可以根据需要调整面积大小,也可以根据面积去调整边界线或边界点,为征地提供了方便。

6.由图形生成数据文件

在数字地形图中,可以指定图上的点或图形生成数据文件,即把点或图形转换为坐标数据,并保存在指定的文件中。一般有 4 种生成数据文件的功能:

(1)指定点生成数据文件;

(2)高程点生成数据文件;

(3)控制点生成数据文件;

(4)等高线生成数据文件。

 项目小结

1. 地形的概念:地形包括地物和地貌;地物用地物符号表示,等高线表示地貌;表示地形时应依据地形图图式。

2. 比例尺分类:根据大小分为大比例尺、中比例尺和小比例尺三种。

3. 比例尺精度:地形图上 0.1 mm 所代表的实地水平长度称为比例尺精度。比例尺精度反映测图的详略程度,比例尺精度越大测图越粗略,比例尺精度越小测图越详细。

4. 地形图图式:不同比例尺的图式有所不同,应用时应选用最新版本。

5. 地物符号分类:依比例尺符号、半依比例尺符号、不依比例尺符号 3 种类型。同一地物在不同比例的地形图上符号可能不同。

6. 等高线:地面上高程相等的相邻各点所连成的平滑的闭合曲线。

(1)等高距 h:根据测图比例尺选择等高距 h。

(2)首曲线:依等高距 h 绘制,用细线表示,不注记高程。

(3)计曲线:依 5 倍的等高距(5h)绘制,用粗线表示,要注记高程。

(4)间曲线:依 1/2 等高距($\frac{1}{2}h$)绘制,用长虚线表示;助曲线依 1/4 等高距($\frac{1}{4}h$)绘制,用短虚线表示。间曲线和助曲线表示局部地貌,需要时绘制,在图内可不闭合。

7. 等高距 h、等高线平距 D、坡度 i 三者的关系:$i = \dfrac{h}{D}$。

8. 平面图的测绘方法:经纬仪视距法即极坐标法,通过测量地形点的极坐标(β, D),确定点位,进而绘制地形的方法。这种方法也可用全站仪进行。

9. 地貌图的测绘不但要测定地形点的平面位置,还要测绘地形点的高程,进而绘制等高线。

10.等高线的手工勾绘一般采用内插法进行。先根据等高距 h 勾绘细等高线,然后加粗计曲线并注记高程。同一张地形图上的等高距 h 应统一。

11.地形图广泛应用于工程建设的勘测、设计、施工、维修改造等各个环节。

 复习思考题

1. 地形包括哪两部分? 分别如何表示?

2. 平面图与地形图的区别是什么?

3. 1：500 的地形图上 20.50 cm 的长度表示的实地水平距离为多少米? 实地水平距离 84.3 m 在该图上的相应长度为多少厘米?

4. 地形图上 0.1 mm 所代表的实地长度称为比例尺精度。1：500 的图比例尺精度是多少米? 1：1 000 的比例尺精度为多少米? 测 1：50 000 的图时小于多少米的地物不需测量?

5. 地物符号有哪些类型?

6. 若等高距为 $h=2$ m,则在两个相邻地形点 149.7 m 和 158.6 m(高程)之间,有几条首曲线和计曲线? 高程分别为多少米?

7. 粗等高线与细等高线的区别是什么?

8. 什么是地性线? 地形线的等高线有哪些特点?

9. 视距测量水平视线观测时,上丝 1.425 m,下丝 1.689 m,中丝 1.557 m,仪高 1.480 m,则视距 D 和高差 h 分别是多少米?

10. 视距测量视线仰视观测时,上丝 2.372 m,下丝 1.501 m,中丝 1.937 m,仪高 1.550 m,竖盘 $L=82°16'$,则视距 D 和高差 h 分别是多少米?

11. 已知地形图比例尺为 1：2 000,基本等高距为 1 m,如线路限制坡度为 20‰,则相邻等高线间的线路在图上不得小于多少毫米?

12. 当外界条件较好时,视距测量的距离精度是多少?

13. 经纬仪配合小平板仪测地形图时,需观测哪些数据?

14. 在比例尺为 1：1 000 的地形图上量得一池塘的面积为 136.78 cm²,问池塘的实际面积是多少平方千米?

15. 图 6.69 为某地形图的一部分,各等高线高程如图所示,A 点位于线段 MN 上,点 A 到点 M 和点 N 的图上水平距离为 $MA=3$ mm,$NA=7$ mm,求 A 点高程为多少米? 若此图的比例尺为 1：2 000,则 $N→A→M$ 的坡度是多少?

16. 如图 6.70 所示为地形图的一部分,方格网边长为 10 cm。现量得 $AP=58.4$ mm,$BP=41.6$ mm,$CP=61.7$ mm,$DP=38.3$ mm。求 P 点坐标。

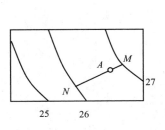

图 6.69　第 15 题图

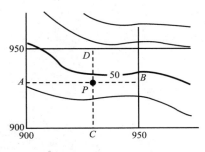

图 6.70　第 16 题图

参 考 文 献

[1] 武汉测绘科技大学测量学编写组. 测量学. 3版. 北京:测绘出版社,1991.

[2] 杨松林. 测量学. 北京:中国铁道出版社,2002.

[3] 全志强. 建筑工程测量. 北京:测绘出版社,2010.

[4] 王晓春. 地形测量. 北京:测绘出版社,2010.

[5] 王洪章. 工程测量. 北京:人民交通出版社,2008.

[6] 杨国清. 控制测量学. 郑州:黄河水利出版社,2005.

[7] 中国有色金属工业协会. GB 50026—2007 工程测量规范. 北京:计划出版社,2007.

[8] 黄文彬. GPS测量技术. 北京:测绘出版社,2011.

[9] 潘正风. 数字化测图原理与方法. 2版. 武汉:武汉大学出版社,2009.

[10] 王金玲. 测量学基础. 北京:中国电力出版社,2007.

[11] 中华人民共和国国家质量监督检验检疫总局,中国国家标准化管理委员会. GB/T 20257.4—2007 国家
     基本比例尺地形图图式. 北京:中国标准出版社,2008.

[12] 邱国屏. 铁路测量. 北京:中国铁道出版社,2006.

[13] 张志刚. 普通测量. 成都:西南交通大学出版社,2006.

[14] 全志强. 铁路测量. 北京:中国铁道出版社,2008.

[15] 夏春玲. 工程测量. 天津:天津科学技术出版社,2010.